중학 수학 내신 대비 기출문제집

2-1 기말고사

정답과 풀이는 EBS 중학사이트(mid.ebs.co.kr)에서 다운로드 받으실 수 있습니다.

교재 내용 문의	교재 내용 문의는 EBS 중학사이트(mid.ebs.co.kr)의 교재 Q&A 서비스를 활용하시기 바랍니다.	교재 정오표 공지	발행 이후 발견된 정오 사항을 EBS 중학사이트 정오표 코너에서 알려 드립니다. **교재 검색 → 교재 선택 → 정오표**	교재 정정 신청	공지된 정오 내용 외에 발견된 정오 사항이 있다면 EBS 중학사이트를 통해 알려 주세요. **교재 검색 → 교재 선택 → 교재 Q&A**

중학 수학 내신 대비 기출문제집

2-1 기말고사

Structure

구성 및 특징

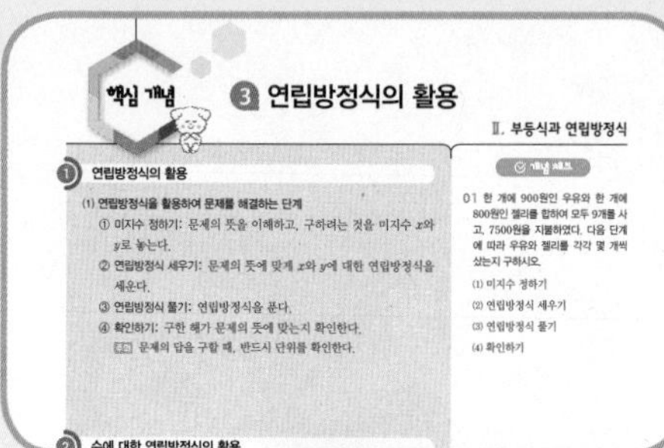

핵심 개념 + 개념 체크

체계적으로 정리된 교과서 개념을 통해 학습한 내용을 복습하고, 개념 체크 문제를 통해 자신의 실력을 점검할 수 있습니다.

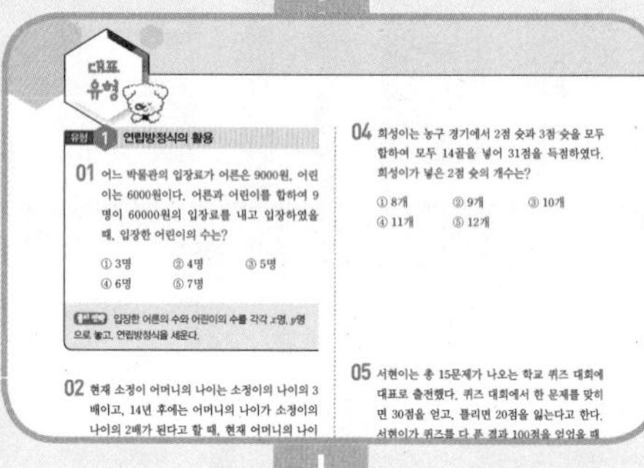

대표 유형 학습

중단원별 출제 빈도가 높은 대표 유형을 선별하여 유형별 유제와 함께 제시하였습니다.
대표 유형별 풀이 전략을 함께 파악하며 문제 해결 능력을 기를 수 있습니다.

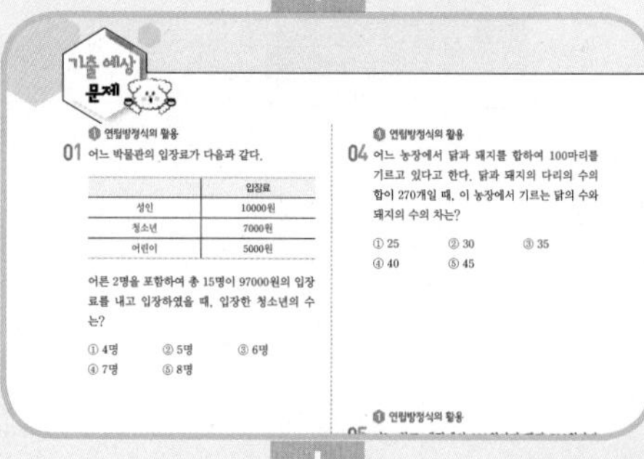

기출 예상 문제

학교 시험을 분석하여 기출 예상 문제를 구성하였습니다. 학교 선생님이 직접 출제하신 적중률 높은 문제들로 대표 유형을 복습할 수 있습니다.

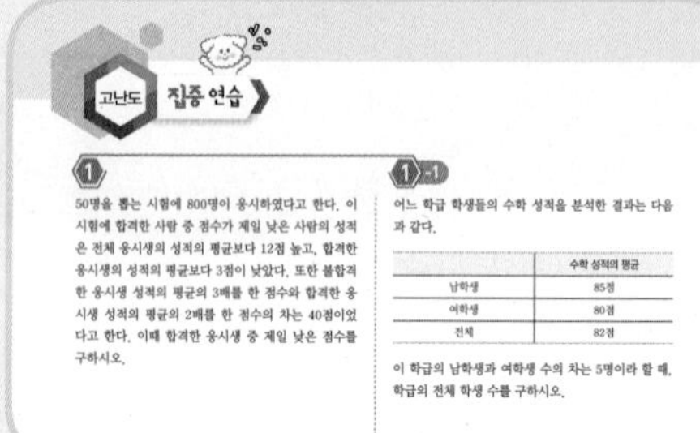

고난도 집중 연습

중단원별 틀리기 쉬운 유형을 선별하여 구성하였습니다. 쌍둥이 문제를 다시 한 번 풀어보며 고난도 문제에 대한 자신감을 키울 수 있습니다.

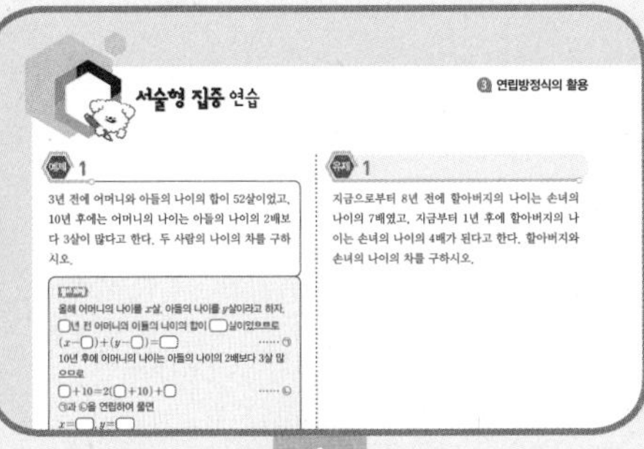

서술형 집중 연습

서술형으로 자주 출제되는 문제를 제시하였습니다. 예제의 빈칸을 채우며 풀이 과정을 서술하는 방법을 연습하고, 유제와 해설의 채점 기준표를 통해 서술형 문제에 완벽하게 대비할 수 있습니다.

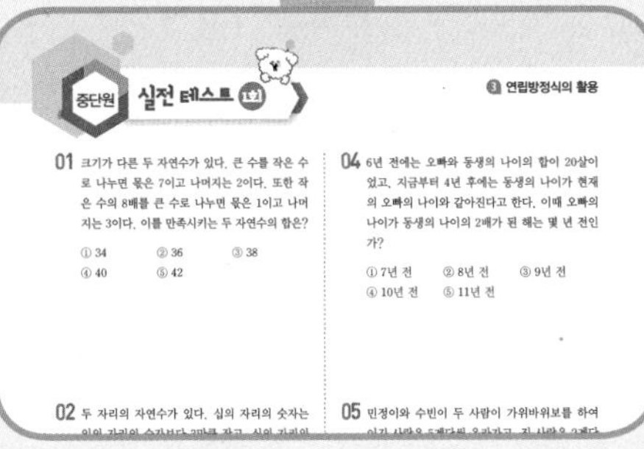

중단원 실전 테스트(2회)

고난도와 서술형 문제를 포함한 실전 형식 테스트를 2회 구성했습니다. 중단원 학습을 마무리하며 자신이 보완해야 할 부분을 파악할 수 있습니다.

부록

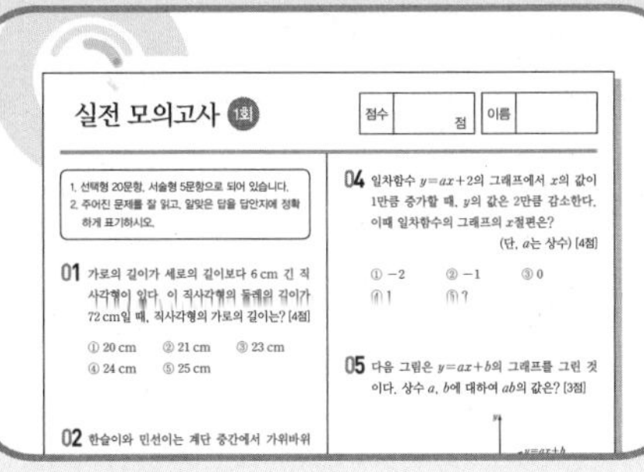

실전 모의고사(3회)

실제 학교 시험과 동일한 형식으로 구성한 3회분의 모의고사를 통해, 충분한 실전 연습으로 시험에 대비할 수 있습니다.

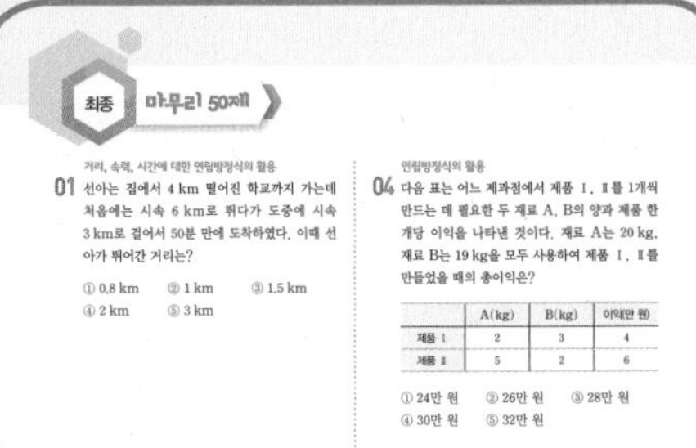

최종 마무리 50제

시험 직전, 최종 실력 점검을 위해 50문제를 선별했습니다. 유형별 문항으로 부족한 개념을 바로 확인하고 학교 시험 준비를 완벽하게 마무리할 수 있습니다.

Contents

이 책의 차례

학습 계획표

매일 일정한 분량을 계획적으로 학습하고, 공부한 후 '학습한 날짜'를 기록하며 체크해 보세요.

	대표 유형 학습	기출 예상 문제	고난도 집중 연습	서술형 집중 연습	중단원 실전 테스트 1회	중단원 실전 테스트 2회
연립방정식의 활용	/	/	/	/	/	/
일차함수와 그 그래프	/	/	/	/	/	/
일차함수의 활용	/	/	/	/	/	/
일차함수와 일차방정식의 관계	/	/	/	/	/	/

	실전 모의고사 1회	실전 모의고사 2회	실전 모의고사 3회	최종 마무리 50제
부록	/	/	/	/

Ⅱ. 부등식과 연립방정식

3

연립방정식의 활용

대표 유형

1 연립방정식의 활용

2 수에 대한 연립방정식의 활용

3 도형에 대한 연립방정식의 활용

4 거리, 속력, 시간에 대한 연립방정식의 활용

5 농도에 대한 연립방정식의 활용

6 비율에 대한 연립방정식의 활용

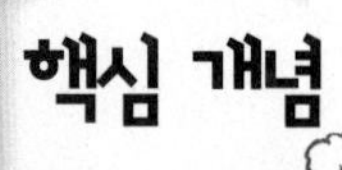

3 연립방정식의 활용

1 연립방정식의 활용

(1) **연립방정식을 활용하여 문제를 해결하는 단계**

① 미지수 정하기: 문제의 뜻을 이해하고, 구하려는 것을 미지수 x와 y로 놓는다.

② 연립방정식 세우기: 문제의 뜻에 맞게 x와 y에 대한 연립방정식을 세운다.

③ 연립방정식 풀기: 연립방정식을 푼다.

④ 확인하기: 구한 해가 문제의 뜻에 맞는지 확인한다.

주의 문제의 답을 구할 때, 반드시 단위를 확인한다.

2 수에 대한 연립방정식의 활용

(1) **두 수에 관한 문제:** 두 수를 각각 x, y라 한다.

(2) **두 자리 자연수에서 자릿수에 관한 문제**

십의 자리의 숫자가 x, 일의 자리의 숫자가 y인 두 자리 자연수에서

① 처음 수: $10x+y$

② 십의 자리의 숫자와 일의 자리의 숫자를 바꾼 수: $10y+x$

3 도형에 대한 연립방정식의 활용

도형의 둘레의 길이, 넓이에 대한 공식을 이용한다.

(1) **직사각형의 둘레의 길이에 관한 문제**

(직사각형의 둘레의 길이)

$=2\times\{(\text{가로의 길이})+(\text{세로의 길이})\}$

(2) **사다리꼴의 넓이에 관한 문제**

(사다리꼴의 넓이)

$=\frac{1}{2}\times\{(\text{윗변의 길이})+(\text{아랫변의 길이})\}\times(\text{높이})$

참고 도형에 관한 문제는 그림을 그려 해결하면 편리하다.

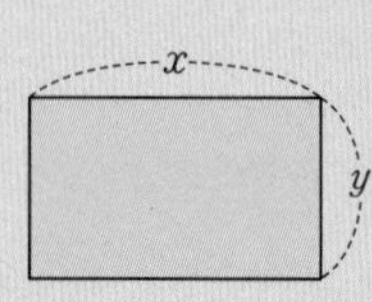

둘레의 길이 : $2(x+y)$

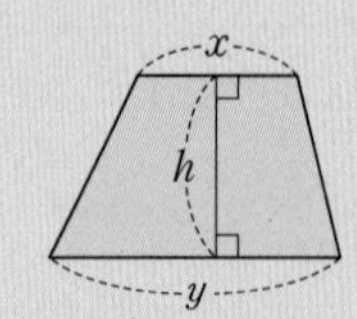

넓이 : $\frac{1}{2}\times(x+y)\times h$

개념 체크

01 한 개에 900원인 우유와 한 개에 800원인 젤리를 합하여 모두 9개를 사고, 7500원을 지불하였다. 다음 단계에 따라 우유와 젤리를 각각 몇 개씩 샀는지 구하시오.

(1) 미지수 정하기

(2) 연립방정식 세우기

(3) 연립방정식 풀기

(4) 확인하기

02 서로 다른 두 자연수의 합이 53, 차가 21일 때, 두 수를 각각 구하시오.

03 가로의 길이가 세로의 길이의 2배인 직사각형의 둘레의 길이가 30 cm일 때, 직사각형의 세로의 길이를 구하시오.

4 거리, 속력, 시간에 대한 연립방정식의 활용

거리, 속력, 시간에 대한 문제는 다음의 관계를 이용하여 방정식을 세운다.

$$(거리)=(속력)\times(시간),\ (속력)=\frac{(거리)}{(시간)},\ (시간)=\frac{(거리)}{(속력)}$$

참고 주로 이동한 거리의 총합에 대한 식, 이동한 시간의 총합에 대한 식을 세운다.

주의 방정식을 세우기 전에 단위를 통일한다.

개념 체크

04 현우는 집에서 3 km 떨어진 공원을 가는데 처음에는 시속 3 km로 걸어가다가 중간에 시속 6 km로 뛰어서 40분 만에 도착했다. 현우가 걸어간 거리와 뛰어간 거리를 각각 구하시오.

	걸어갈 때	뛰어갈 때	총
거리	x km	y km	
속력			—
시간			

5 농도에 대한 연립방정식의 활용

(1) $(소금물의 농도)=\frac{(소금의 양)}{(소금물의 양)}\times100(\%)$

(2) $(소금의 양)=\frac{(소금물의 농도)}{100}\times(소금물의 양)$

참고 주로 섞기 전과 후의 소금물의 양, 섞기 전과 후의 소금의 양에 대한 식을 세운다.

주의 소금물에 물을 더 넣거나 증발시켜도 소금의 양은 변하지 않는다.

05 2 %의 소금물 A와 6 %의 소금물 B를 섞어서 3 %의 소금물 500 g을 만들었다. 두 종류의 소금물을 각각 몇 g씩 섞었는지 구하시오.

	A	B	섞은 후
농도			
소금물의 양	x g	y g	
소금의 양			

6 비율에 대한 연립방정식의 활용

(1) **일에 대한 문제**

전체 일의 양을 1로 놓고, 한 사람이 일정한 시간(1일, 1시간 등) 동안 할 수 있는 일의 양을 각각 x, y라 놓은 다음 연립방정식을 세운다.

(2) **증가, 감소에 대한 문제**

① x가 a % 증가했을 때

: 증가량이 $\frac{a}{100}x$이므로 증가한 후의 양은

$$x+\frac{a}{100}x=\left(1+\frac{a}{100}\right)x$$

② y가 b % 감소했을 때

: 감소량이 $\frac{b}{100}y$이므로 감소한 후의 양은

$$y-\frac{b}{100}y=\left(1-\frac{b}{100}\right)y$$

06 올해 A 회사의 지원자 수는 작년에 비해 남자가 10 % 줄고, 여자가 30 % 늘었다. 올해의 전체 지원자 수는 20명이 늘어난 620명일 때, 올해 남자 지원자 수를 구하시오.

	남자 지원자 수	여자 지원자 수	전체 지원자 수
작년	x명	y명	
변화			
올해			

대표 유형

유형 1 연립방정식의 활용

01 어느 박물관의 입장료가 어른은 9000원, 어린이는 6000원이다. 어른과 어린이를 합하여 9명이 60000원의 입장료를 내고 입장하였을 때, 입장한 어린이의 수는?

① 3명 ② 4명 ③ 5명
④ 6명 ⑤ 7명

풀이 전략 입장한 어른의 수와 어린이의 수를 각각 x명, y명으로 놓고, 연립방정식을 세운다.

02 현재 소정이 어머니의 나이는 소정이의 나이의 3배이고, 14년 후에는 어머니의 나이가 소정이의 나이의 2배가 된다고 할 때, 현재 어머니의 나이는?

① 41살 ② 42살 ③ 43살
④ 44살 ⑤ 45살

03 가은이에게는 쌍둥이 동생 2명이 있다. 가은이와 동생들의 나이의 합은 31살이고, 가은이의 나이는 동생의 나이의 2배보다 1살 더 적다. 이때 가은이의 나이를 구하시오.

04 희성이는 농구 경기에서 2점 슛과 3점 슛을 모두 합하여 모두 14골을 넣어 31점을 득점하였다. 희성이가 넣은 2점 슛의 개수는?

① 8개 ② 9개 ③ 10개
④ 11개 ⑤ 12개

05 서현이는 총 15문제가 나오는 학교 퀴즈 대회에 대표로 출전했다. 퀴즈 대회에서 한 문제를 맞히면 30점을 얻고, 틀리면 20점을 잃는다고 한다. 서현이가 퀴즈를 다 푼 결과 100점을 얻었을 때, 서현이가 맞힌 문제의 개수는?

① 8개 ② 9개 ③ 10개
④ 11개 ⑤ 12개

06 준우와 현수가 가위바위보를 하여 이긴 사람은 세 계단씩 올라가고, 진 사람은 한 계단씩 내려가기로 했다. 게임이 끝난 후 처음 위치보다 준우는 8계단, 현수는 16계단 올라가 있었다. 두 사람이 비기는 경우는 없었다고 할 때, 두 사람이 가위바위보를 한 전체 횟수는?

① 10회 ② 11회 ③ 12회
④ 13회 ⑤ 14회

유형 2 수에 대한 연립방정식의 활용

07 두 자리 자연수에 대하여, 이 수의 각 자리의 숫자의 합은 17이다. 이 수의 십의 자리의 숫자와 일의 자리의 숫자를 바꾼 수는 처음 수보다 9만큼 작다. 이때 처음 수를 구하시오.

풀이 전략 십의 자리의 숫자를 x, 일의 자리의 숫자를 y라 놓고, 처음의 두 자리 자연수가 $10x+y$임을 활용하여 연립방정식을 세운다.

08 두 자리의 자연수에 대하여, 일의 자리의 숫자는 십의 자리의 숫자의 2배보다 1만큼 크다. 이 수의 일의 자리의 숫자와 십의 자리의 숫자를 바꾼 수는 처음 수의 2배보다 4만큼 작을 때, 처음 수를 구하시오.

09 서로 다른 두 자연수가 있다. 두 수의 합은 45이고, 큰 수는 작은 수의 2배보다 6만큼 크다. 이때 두 수의 차는?

① 16 ② 17 ③ 18
④ 19 ⑤ 20

유형 3 도형에 대한 연립방정식의 활용

10 둘레의 길이가 26 cm인 직사각형이 있다. 이 직사각형의 가로의 길이가 세로의 길이의 2배보다 1 cm만큼 더 길 때, 직사각형의 넓이를 구하시오.

풀이 전략 가로의 길이를 x cm, 세로의 길이를 y cm라 놓고, 직사각형의 둘레의 길이가 $2(x+y)$ cm임을 활용하여 연립방정식을 세운다.

11 길이가 34 cm인 철사로 직사각형을 만들었다. 철사를 모두 사용하여 가로의 길이가 세로의 길이보다 7 cm만큼 긴 직사각형을 만들었을 때, 직사각형의 넓이는?

① 54 cm^2 ② 60 cm^2 ③ 66 cm^2
④ 72 cm^2 ⑤ 78 cm^2

12 아랫변의 길이가 윗변의 길이의 2배보다 1 cm만큼 짧은 사다리꼴이 있다. 이 사다리꼴의 높이가 6 cm이고 넓이가 33 cm^2일 때, 윗변의 길이는?

① 1 cm ② 2 cm ③ 3 cm
④ 4 cm ⑤ 5 cm

유형 4 거리, 속력, 시간에 대한 연립방정식의 활용

13 채원이는 집에서 출발하여 처음에는 시속 4 km로 걷다가 중간에 시속 3 km로 걸어서 학교에 도착했다. 집에서 학교까지의 거리는 6 km이고, 1시간 45분이 걸렸을 때, 채원이가 시속 4 km로 걸은 거리는?

① 2 km ② 2.5 km ③ 3 km
④ 3.5 km ⑤ 4 km

풀이 전략 시속 4 km로 걸은 거리를 x km, 시속 3 km로 걸은 거리를 y km라 하고, (거리)=(시간)×(속력)의 관계를 이용하여 연립방정식을 세운다.

14 수아가 등산을 하는데 올라갈 때는 A 등산로를 이용하여 시속 3 km로 걷고, 내려올 때는 C 등산로를 이용하여 시속 6 km로 걸어서 총 2시간이 걸렸다. C 등산로가 A 등산로보다 3 km 더 길 때, 수아가 총 걸은 거리는?

① 6 km ② 7 km ③ 8 km
④ 9 km ⑤ 10 km

15 그림과 같이 다온이와 현덕이가 각자의 집에서 서로를 향하여 출발하였다. 다온이네 집과 현덕이네 집 사이의 거리는 800 m이고, 다온이는 분속 50 m, 현덕이는 분속 30 m로 걸어서 중간에서 만났다. 이때 다온이가 현덕이보다 더 걸은 거리는?

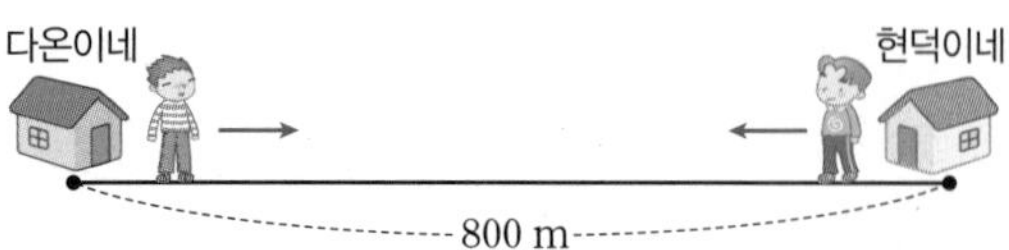

① 200 m ② 250 m ③ 300 m
④ 350 m ⑤ 400 m

16 수민이가 집에서 공원으로 출발한 지 30분 후에 수민이의 언니가 수민이를 따라 집에서 공원으로 출발하였다. 수민이는 분속 50 m로 걷고, 언니는 자전거를 타고 분속 150 m로 따라갔다. 수민이의 언니가 출발해서 수민이를 만날 때까지 걸린 시간은?

① 10분 ② 15분 ③ 20분
④ 25분 ⑤ 30분

유형 5 농도에 대한 연립방정식의 활용

17 1 %의 소금물과 4 %의 소금물을 섞어서 3 %의 소금물 300 g을 만들었다. 이때 넣은 4 %의 소금물의 양은?

① 100 g ② 150 g ③ 200 g
④ 250 g ⑤ 300 g

풀이 전략 $(\text{소금의 양})=\frac{(\text{소금물의 농도})}{100}\times(\text{소금물의 양})$임을 이용하여 섞기 전과 후의 소금물의 양, 소금의 양의 관계를 이용하여 연립방정식을 세운다.

18 농도가 다른 두 설탕물 A, B가 있다. A 설탕물 100 g과 B 설탕물 100 g을 섞었더니, 8 %의 설탕물이 되었다. 또한 A 설탕물 300 g과 B 설탕물 100 g을 섞었더니, 7 %의 설탕물이 되었다. 이때 A 설탕물의 농도를 구하시오.

19 4 %의 A 용액 x g과 6 %의 A 용액을 섞은 후 물 y g을 넣어 희석하여 3 %의 A 용액 400 g을 만들었다. 넣은 4 %의 A 용액과 6 %의 A 용액의 비가 1 : 2일 때, $y-x$의 값은?

① 50 ② 75 ③ 100
④ 125 ⑤ 150

20 두 식품 A, B에 대하여 A 식품과 B 식품을 합하여 500 g을 섭취하여 255 kcal의 열량을 얻었다고 한다. A 식품과 B 식품 100 g당 들어 있는 열량이 각각 45 kcal, 60 kcal이다. 섭취한 A 식품의 양을 x g, 섭취한 B 식품의 양을 y g이라 할 때, $x-y$의 값은?

① 50 ② 75 ③ 100
④ 125 ⑤ 150

유형 6 비율에 대한 연립방정식의 활용

21 어떤 일을 원석이와 아준이가 함께 작업하면 완료하는 데 6일이 걸린다. 이 일을 원석이가 먼저 3일 동안 작업하고, 나머지를 아준이가 완료하는 데 8일이 걸린다. 같은 일을 아준이가 혼자 작업하면 완료하는 데 며칠이 걸리는가?

① 10일 ② 11일 ③ 12일
④ 13일 ⑤ 14일

풀이 전략 전체 일의 양을 1로 놓고, 한 사람이 일정한 시간(1일, 1시간 등) 동안 할 수 있는 일의 양을 x, y로 놓은 다음 연립방정식을 세운다.

22 어떤 작업을 규린이가 10일 동안 한 후 나머지를 승원이가 8일 동안 하면 마칠 수 있고, 규린이가 8일 동안 한 후 나머지를 승원이가 12일 동안 하면 마칠 수 있다. 같은 작업을 규린이가 혼자 해서 마치는 데 p일이 걸리고, 승원이가 혼자해서 마치는 데 q일이 걸린다고 할 때, $q-p$의 값은?

① 10 ② 11 ③ 12
④ 13 ⑤ 14

23 작년에 A 중학교의 전체 학생 수는 1000명이었다. 올해는 작년보다 남학생 수가 4 % 증가하고, 여학생 수는 2 % 감소하여 전체적으로 7명이 증가하였다. 올해의 남학생 수와 여학생 수의 차는?

① 65 ② 68 ③ 71
④ 74 ⑤ 77

24 재영이는 원가가 1000원인 A 제품과 원가가 2000원인 B제품을 합하여 150개를 구입한 다음, 두 제품에 15 %의 이익을 붙여 학교 행사 부스에서 판매하기로 했다. 재영이가 두 제품에 15 %의 이익을 붙여 판매한 결과, 33000원의 이익을 얻었을 때, 구입한 A 제품의 개수를 구하시오.

❶ 연립방정식의 활용

01 어느 박물관의 입장료가 다음과 같다.

	입장료
성인	10000원
청소년	7000원
어린이	5000원

어른 2명을 포함하여 총 15명이 97000원의 입장료를 내고 입장하였을 때, 입장한 청소년의 수는?

① 4명 ② 5명 ③ 6명
④ 7명 ⑤ 8명

❶ 연립방정식의 활용

02 기훈이는 25개의 O, X퀴즈 문제를 푸는데, 문제를 맞추면 4점을 얻고, 틀리면 2점이 감점된다고 한다. 기훈이는 25문제를 모두 풀어서 88점을 맞았다고 한다. 이때 기훈이가 맞힌 문제의 개수는?

① 19개 ② 20개 ③ 21개
④ 22개 ⑤ 23개

❶ 연립방정식의 활용

03 어진이와 석민이가 가위바위보를 하여 이긴 사람은 3계단씩 올라가고, 진 사람은 2계단씩 내려가기로 했다. 두 사람이 게임을 끝냈을 때, 어진이는 처음 위치보다 11계단 올라가 있었고, 석민이는 처음 위치보다 4계단 내려가 있었다. 두 사람이 가위바위보를 한 횟수는? (단, 비기는 경우는 없다.)

① 5회 ② 6회 ③ 7회
④ 8회 ⑤ 9회

❶ 연립방정식의 활용

04 어느 농장에서 닭과 돼지를 합하여 100마리를 기르고 있다고 한다. 닭과 돼지의 다리의 수의 합이 270개일 때, 이 농장에서 기르는 닭의 수와 돼지의 수의 차는?

① 25 ② 30 ③ 35
④ 40 ⑤ 45

❶ 연립방정식의 활용

05 어느 학교 매점에서 800원짜리 빵과 700원짜리 음료수를 판매하고 있다. 어느 쉬는 시간에 빵과 음료수가 합쳐서 34개 판매되었고, 판매 금액은 25100원이었다. 이날 판매된 음료수의 개수는?

① 19개 ② 20개 ③ 21개
④ 22개 ⑤ 23개

❶ 연립방정식의 활용

06 올해 민성이와 민성이 아버지의 나이의 합은 56살이고, 12년 후에는 아버지의 나이가 민성이의 나이의 3배가 된다고 한다. 민성이와 아버지의 나이의 차를 구하시오.

정답과 풀이 5쪽

❶ 연립방정식의 활용

07 규리네 과수원에서는 배를 수확해서 상자에 넣어 포장하려고 한다. 배를 한 상자에 10개씩 넣으면 3개가 부족하고, 9개씩 넣으면 8개가 남는다. 이때 배의 개수는?

① 100개 ② 107개 ③ 114개
④ 121개 ⑤ 128개

❷ 수에 대한 연립방정식의 활용

08 서로 다른 두 수 중 큰 수를 작은 수로 나누면 몫과 나머지가 모두 7이다. 또한 큰 수의 절반은 작은 수의 3배보다 10만큼 클 때, 두 수의 차는?

① 76 ② 79 ③ 82
④ 85 ⑤ 88

❷ 수에 대한 연립방정식의 활용

09 두 수의 차는 70이고, 두 수 중 큰 수를 작은 수로 나누면 몫은 6이고, 나누어떨어진다고 한다. 두 수 중 작은 수를 구하시오.

❷ 수에 대한 연립방정식의 활용

10 두 자리의 자연수에 대하여, 일의 자리의 숫자의 2배에 1을 더한 것이 십의 자리의 숫자이다. 이 수는 일의 자리의 숫자와 십의 자리의 숫자를 바꾼 수의 2배보다 1만큼 작을 때, 처음 수를 구하시오.

❸ 도형에 대한 연립방정식의 활용

11 어떤 끈을 서로 다른 길이의 두 개의 끈으로 나누었다. 두 끈 중 길이가 긴 끈의 길이는 길이가 짧은 끈의 길이의 3배보다는 2 cm가 더 짧고, 길이가 짧은 끈의 길이의 2배보다는 5 cm가 더 길다. 길이가 긴 끈의 길이는?

① 16 cm ② 17 cm ③ 18 cm
④ 19 cm ⑤ 20 cm

❸ 도형에 대한 연립방정식의 활용

12 둘레의 길이가 20 cm인 직사각형이 있다. 이 직사각형의 세로의 길이가 가로의 길이의 3배보다 2 cm가 짧을 때, 직사각형의 세로의 길이는?

① 6 cm ② 7 cm ③ 8 cm
④ 9 cm ⑤ 10 cm

③ 도형에 대한 연립방정식의 활용

13 둘레의 길이가 30 cm인 직사각형이 있다. 이 직사각형의 가로의 길이를 5 cm 줄이고, 세로의 길이를 2배로 늘였더니 둘레의 길이가 변하지 않았다. 처음 직사각형의 가로의 길이는?

① 6 cm ② 7 cm ③ 8 cm
④ 9 cm ⑤ 10 cm

③ 도형에 대한 연립방정식의 활용

14 높이가 4 cm이고, 윗변의 길이가 아랫변의 길이의 2배보다 1 cm만큼 더 긴 사다리꼴이 있다. 이 사다리꼴의 넓이가 14 cm^2일 때, 윗변의 길이는?

① 1 cm ② 2 cm ③ 3 cm
④ 4 cm ⑤ 5 cm

④ 거리, 속력, 시간에 대한 연립방정식의 활용

15 예서는 오전 9시에 집에서 출발하여 공원에 갔다. 처음에는 시속 6 km로 빠르게 걷다가, 중간에 친구를 만나서 함께 시속 4 km로 걸어 9시 35분에 공원 입구에 도착하였다. 예서네 집에서 공원 입구까지의 거리는 3 km라 할 때, 예서가 시속 6 km로 걸은 거리는?

① 0.5 km ② 1 km ③ 1.5 km
④ 2 km ⑤ 2.5 km

④ 거리, 속력, 시간에 대한 연립방정식의 활용

16 윤서가 등산을 하는데 올라가는 등산로는 내려오는 등산로보다 1 km가 더 길다고 한다. 윤서는 올라갈 때 시속 3 km, 내려올 때는 시속 5 km로 걸어서 총 3시간이 걸렸을 때, 윤서가 등산할 때 걸은 전체 거리는?

① 5 km ② 7 km ③ 9 km
④ 11 km ⑤ 13 km

④ 거리, 속력, 시간에 대한 연립방정식의 활용

17 동생이 집에서 오전 9시에 출발하여 공원을 향해 분속 40 m로 걸어가고 있다. 동생이 출발한 이후, 형이 동생이 놓고 간 도시락을 발견하여 가져다주기 위해 9시 30분에 집에서 자전거를 타고 분속 100 m로 동생을 따라갔다. 두 사람이 만나는 시간은?

① 9시 40분 ② 9시 45분 ③ 9시 50분
④ 9시 55분 ⑤ 10시

④ 거리, 속력, 시간에 대한 연립방정식의 활용

18 희재와 연호가 지름이 $\frac{2}{\pi}$ km인 원 모양의 호수의 둘레를 같은 지점에서 동시에 출발하여 처음으로 만나는 시간을 측정했다. 희재와 연호가 걷는 속력이 다를 때, 둘이서 같은 지점에서 서로 반대 방향으로 돌면 10분 후에 만나고, 같은 방향으로 돌면 40분 후에 만난다고 한다. 두 사람의 속력의 차는?

① 분속 50 m ② 분속 75 m ③ 분속 100 m
④ 분속 125 m ⑤ 분속 150 m

5 농도에 대한 연립방정식의 활용

19 2 %의 소금물과 5 %의 소금물을 섞어서 3 %의 소금물 600 g을 만들었다. 이때 넣은 5 %의 소금물의 양은?

① 100 g ② 150 g ③ 200 g
④ 250 g ⑤ 300 g

5 농도에 대한 연립방정식의 활용

20 다음 표는 두 식품 A, B에 들어있는 단백질과 탄수화물의 함유율을 나타낸 것이다.

식품	단백질	탄수화물
A	20 %	30 %
B	20 %	10 %

두 식품에서 단백질 40 g, 탄수화물 30 g을 섭취하기 위해 섭취해야 하는 식품 A의 양과 식품 B의 양이 각각 몇 g인지 구하시오.

5 농도에 대한 연립방정식의 활용

21 금속 A는 구리와 주석을 같은 비율로 포함하고 있는 합금이고, 금속 B는 구리와 주석을 3 : 1로 포함한 합금이다. 두 금속 A, B를 녹여서 구리와 주석을 2 : 1의 비율로 포함한 새로운 합금 390 g을 만들려고 한다. 이때 필요한 금속 A의 양은?

① 130 g ② 140 g ③ 150 g
④ 160 g ⑤ 170 g

6 비율에 대한 연립방정식의 활용

22 어느 학교의 올해 학생 수는 작년에 비해 남학생 수가 11 % 감소하고, 여학생 수가 8 % 증가하였다고 한다. 이 학교의 올해 전체 학생 수는 작년에 비해 4명이 늘어 1004명이 되었다. 올해의 남학생 수를 구하시오.

6 비율에 대한 연립방정식의 활용

23 은솔이네 반은 학생 수가 25명이고, 남학생의 40 %, 여학생의 20 %가 안경을 썼다고 한다. 안경을 쓴 학생의 수가 학급 학생 전체의 28 %일 때, 은솔이네 반의 남학생 수는?

① 10명 ② 11명 ③ 12명
④ 13명 ⑤ 14명

6 비율에 대한 연립방정식의 활용

24 소윤이와 장훈이가 일을 같이 하면 6일 만에 마칠 수 있는 일을 소윤이가 먼저 9일 동안 일을 하고, 장훈이가 4일 동안 일을 해서 마쳤다. 같은 작업을 소윤이가 먼저 3일 동안 했을 때, 장훈이가 남은 일을 혼자하면 완료하는 데 며칠이 걸리는가?

① 6일 ② 7일 ③ 8일
④ 9일 ⑤ 10일

50명을 뽑는 시험에 800명이 응시하였다고 한다. 이 시험에 합격한 사람 중 점수가 제일 낮은 사람의 성적은 전체 응시생의 성적의 평균보다 12점 높고, 합격한 응시생의 성적의 평균보다 3점이 낮았다. 또한 불합격한 응시생 성적의 평균의 3배를 한 점수와 합격한 응시생 성적의 평균의 2배를 한 점수의 차는 40점이었다고 한다. 이때 합격한 응시생 중 제일 낮은 점수를 구하시오.

어느 학급 학생들의 수학 성적을 분석한 결과는 다음과 같다.

	수학 성적의 평균
남학생	85점
여학생	80점
전체	82점

이 학급의 남학생과 여학생 수의 차는 5명이라 할 때, 학급의 전체 학생 수를 구하시오.

은비와 동생이 이번 달에 받은 용돈의 비는 6 : 5이고, 이번 달 현재까지 사용한 용돈의 비는 4 : 3이다. 현재 은비와 동생이 사용하고 남은 용돈이 각각 8000원과 8500원일 때, 두 사람이 사용한 용돈의 합을 구하시오.

어느 회사의 지원자의 남녀의 비는 3 : 4이고, 불합격자의 남녀의 비는 4 : 5였다. 회사에 합격자의 수는 총 80명이고, 합격자의 남녀의 비는 3 : 5일 때, 전체 지원자의 수를 구하시오.

정답과 풀이 8쪽

일정한 속력으로 달리고 있는 지하철 맨 앞부분이 다리에 도달한 순간부터 맨 뒷부분이 다리를 통과할 때까지 시간을 측정했다고 한다. 지하철이 길이가 1 km인 다리를 통과하는 데 1분이 걸리고, 길이가 300 m인 다리를 통과하는 데는 25초가 걸린다고 한다. 이때 지하철의 속력을 초속 x m, 지하철의 길이를 y m라 할 때, $|x-y|$의 값을 구하시오.

일정한 속력으로 달리는 기차가 있다. 이 기차가 길이 180 m인 터널을 완전히 통과하는 데 17초가 걸리고, 길이 240 m인 터널을 완전히 통과하는 데 20초가 걸린다고 한다. 이때 기차의 길이를 구하시오.

길이가 30 km인 강을 배를 타고 왕복하는 데 강물을 따라 내려올 때는 2시간이 걸렸고, 강물을 거슬러 올라갈 때는 3시간이 걸렸다고 한다. 이때 흐르는 강물의 속력을 구하시오. (단, 강물이 흐르는 속력은 일정하고, 흐르지 않는 물에서의 배의 속력은 일정하다.)

길이가 20 km인 강을 배를 타고 왕복하려고 한다. 평소에 강을 거슬러 올라갈 때는 1시간 15분이 걸리는데, 장마철에는 강물의 속력이 평소의 1.5배 빨라져서 1시간 20분이 걸린다고 한다. 평소에 강을 따라 내려갈 때 걸리는 시간을 구하시오. (단, 강물이 흐르는 속력은 일정하고, 흐르지 않는 물에서의 배의 속력은 일정하다.)

서술형 집중 연습

예제 1

3년 전에 어머니와 아들의 나이의 합이 52살이었고, 10년 후에는 어머니의 나이는 아들의 나이의 2배보다 3살이 많다고 한다. 두 사람의 나이의 차를 구하시오.

풀이 과정

올해 어머니의 나이를 x살, 아들의 나이를 y살이라고 하자.

☐년 전 어머니와 아들의 나이의 합이 ☐살이었으므로

$(x-\square)+(y-\square)=\square$ …… ㉠

10년 후에 어머니의 나이는 아들의 나이의 2배보다 3살 많으므로

$\square+10=2(\square+10)+\square$ …… ㉡

㉠과 ㉡을 연립하여 풀면

$x=\square$, $y=\square$

따라서 $x-y=\square$이므로 어머니와 아들의 나이의 차는 ☐살이다.

유제 1

지금으로부터 8년 전에 할아버지의 나이는 손녀의 나이의 7배였고, 지금부터 1년 후에 할아버지의 나이는 손녀의 나이의 4배가 된다고 한다. 할아버지와 손녀의 나이의 차를 구하시오.

예제 2

두 자리 자연수에 대하여, 이 수는 각 자리의 숫자의 합의 4배이다. 이 수의 십의 자리의 숫자와 일의 자리의 숫자를 바꾼 수는 처음 수보다 36만큼 크다. 이때 처음 수를 구하시오.

풀이 과정

십의 자리의 숫자를 x, 일의 자리의 숫자를 y라고 하자.

이 수는 각 자리의 숫자의 합의 4배이므로

$10x+y=4(\square)$ …… ㉠

이 수의 십의 자리의 숫자와 일의 자리의 숫자를 바꾼 수는 처음 수보다 36만큼 크므로

$\square=10x+y+\square$ …… ㉡

㉠과 ㉡을 연립하여 풀면

$x=\square$, $y=\square$

따라서 처음 수는 ☐이다.

유제 2

두 자리 자연수에 대하여, 이 수의 각 자리 숫자의 합은 9이고, 이 수의 십의 자리의 숫자와 일의 자리의 숫자를 바꾼 수는 처음 수보다 9만큼 크다고 한다. 이때 처음 수를 구하시오.

승윤이가 약속 장소에 가기 위해 오전 10시에 집에서 3 km 떨어진 약속 장소를 향해 출발하였다. 처음에는 시속 4 km로 걷다가 중간에 문구점에 들러 선물을 20분간 구매하고, 이후 시속 3 km로 걸어서 약속 장소에 오전 11시 10분에 도착하였다. 승윤이가 문구점에 도착하기 전까지 걸은 거리를 구하시오.

풀이 과정

승윤이가 시속 4 km로 걸은 거리를 x km, 시속 3 km로 걸은 거리를 y km라고 하자.
승윤이의 집에서 약속 장소까지의 거리는 ☐ km이므로
$x+y=$☐ …… ㉠
집에서 약속 장소까지 가는데 걸린 시간이 1시간 10분이므로
$\frac{x}{4}+$☐$+\frac{y}{3}=$☐ …… ㉡
㉠과 ㉡을 연립하여 풀면
$x=$☐, $y=$☐
따라서 승윤이가 문구점에 도착하기 전까지 걸은 거리는
☐ km이다.

승훈이는 약수터에 갔다왔다. 갈 때는 시속 4 km로 걸어서 약수터에 도착하여 30분 동안 약수를 받고 쉰 다음, 돌아올 때는 다른 길을 택하여 시속 3 km로 걸어왔더니 총 1시간 50분이 걸렸다. 약수터에 가는 길보다 약수터에서 돌아오는 길이 500 m만큼 더 멀었다고 할 때, 승훈이가 걸은 전체 거리를 구하시오.

예제 4

어느 학교의 내년의 예상 학생 수는 올해에 비하여 남학생이 10 % 줄고, 여학생이 15 % 늘어서 전체 학생 수는 2 % 증가할 예정이다. 올해 이 학교의 전체 학생 수는 500명일 때, 올해의 남학생 수를 구하시오.

풀이 과정

올해의 남학생 수를 x명, 올해의 여학생 수를 y명이라고 하자.
올해의 전체 학생 수는 ☐명이므로
$x+y=$☐ …… ㉠
내년의 예상 학생 수는 올해의 학생 수에 비해 2 % 증가할 예정이므로 ☐명이 증가할 예정이다. 따라서
☐$x+$☐$y=$☐ …… ㉡
㉠과 ㉡을 연립하여 풀면
$x=$☐, $y=$☐이다.
따라서 올해의 남학생 수는 ☐명이다.

어느 학교의 올해의 도서관에는 작년에 비하여 시집이 10 % 늘고, 소설책이 10 % 줄었다고 한다. 시집과 소설책을 모두 세어 보니 작년에 비해 3권이 줄어 547권이 되었을 때, 올해 도서관에 있는 시집이 몇 권인지 구하시오.

01 크기가 다른 두 자연수가 있다. 큰 수를 작은 수로 나누면 몫은 7이고 나머지는 2이다. 또한 작은 수의 8배를 큰 수로 나누면 몫은 1이고 나머지는 3이다. 이를 만족시키는 두 자연수의 합은?

① 34　② 36　③ 38　④ 40　⑤ 42

02 두 자리의 자연수가 있다. 십의 자리의 숫자는 일의 자리의 숫자보다 3만큼 작고, 십의 자리의 숫자와 일의 자리의 숫자를 바꾼 수는 처음 수의 2배보다 20만큼 작다. 이때 바꾼 수는?

① 41　② 52　③ 63　④ 74　⑤ 85

03 A, B 두 종류의 아이스크림이 있다. A 아이스크림 5개와 B 아이스크림 4개의 총 가격은 4300원이고, A 아이스크림 한 개의 가격은 B 아이스크림 한 개의 가격보다 400원 더 싸다고 한다. 이때 A 아이스크림 한 개와 B 아이스크림의 한 개의 가격의 합은?

① 1000원　② 1100원　③ 1200원　④ 1300원　⑤ 1400원

04 6년 전에는 오빠와 동생의 나이의 합이 20살이었고, 지금부터 4년 후에는 동생의 나이가 현재의 오빠의 나이와 같아진다고 한다. 이때 오빠의 나이가 동생의 나이의 2배가 된 해는 몇 년 전인가?

① 7년 전　② 8년 전　③ 9년 전　④ 10년 전　⑤ 11년 전

05 민정이와 수빈이 두 사람이 가위바위보를 하여 이긴 사람은 5계단씩 올라가고, 진 사람은 2계단씩 올라가기로 하였다. n번의 가위바위보가 끝난 후 처음 위치보다 민정이는 79계단을, 수빈이는 82계단을 올라가 있었다. n의 값은? (단, 비기는 경우는 없다.)

① 20　② 21　③ 22　④ 23　⑤ 24

고난도

06 큰 상자에 과수원에서 수확한 사과와 배가 14 : 11의 비율로 담겨 있다. 판매 가능한 과일을 선별하였더니 판매 가능한 사과와 배의 비가 3 : 2였고, 판매 불가능한 사과와 배의 비는 2 : 3이었다. 판매 가능한 사과와 배의 총 개수가 2000개일 때, 처음 큰 상자에 담겨 있던 사과와 배의 총 개수는?

① 2300개　② 2400개　③ 2500개　④ 2600개　⑤ 2700개

07 아랫변의 길이가 윗변의 길이의 3배보다 3 cm 더 긴 사다리꼴이 있다. 높이가 6 cm이고 넓이가 69 cm^2일 때, 윗변과 아랫변의 길이의 차는?

① 10 cm ② 11 cm ③ 12 cm
④ 13 cm ⑤ 14 cm

08 전체 학생 수가 350명인 어느 중학교에서 남학생의 30 %와 여학생의 45 %가 봉사 활동에 참여하여 전체 학생의 36 %가 참여하였다. 이때 봉사 활동에 참여한 남학생 수는?

① 51명 ② 54명 ③ 57명
④ 60명 ⑤ 63명

09 어제 어느 분식점에서 돈가스와 라면을 합하여 60개를 팔았다. 오늘은 어제보다 돈가스는 30 %, 라면은 20 % 많이 팔아 전체적으로 14개를 더 팔았다. 어제와 오늘 판매한 라면의 총 개수는?

① 84개 ② 86개 ③ 88개
④ 90개 ⑤ 92개

10 바류와 콘류의 두 종류의 아이스크림의 원가는 각각 500원, 800원이다. 어느 가게에서 이 두 종류의 아이스크림을 200개를 사서 바류 아이스크림은 20 %, 콘류 아이스크림은 25 %의 이익을 붙여 정가를 정하였다. 두 종류를 모두 판매하면 26000원의 이익이 생길 때, 이 가게에서 구입한 바류와 콘류의 아이스크림의 개수의 차는?

① 60개 ② 65개 ③ 70개
④ 75개 ⑤ 80개

11 8 %의 소금물을 5 %의 소금물로 만들기 위해 물을 더 넣었다. 더 넣은 물의 양은 처음 소금물의 양보다 150 g이 적다고 할 때, 5 %의 소금물의 양은?

① 520 g ② 540 g ③ 560 g
④ 580 g ⑤ 600 g

고난도

12 둘레의 길이가 4 km인 어느 공원을 성희는 분속 80 m로, 해인이는 분속 100 m로 걸으려고 한다. 같은 지점에서 성희가 먼저 출발하고 5분 후에 해인이가 반대 방향으로 출발하여 걸으면 성희가 출발한 지 몇 분 후에 두 사람은 처음으로 만나는가?

① 22분 ② 23분 ③ 24분
④ 25분 ⑤ 26분

서술형

13 농도가 다른 두 소금물 A, B에 대하여 소금물 A를 300 g, 소금물 B를 200 g 섞으면 9 %의 소금물이 되고, 각각 200 g씩 섞으면 8 %의 소금물이 된다. 두 소금물 A, B에 대한 농도를 각각 구하시오.

14 구리와 주석이 3 : 1의 비율로 포함된 청동 A와 구리와 주석이 5 : 1의 비율로 포함된 청동 B를 녹여서 구리와 주석이 4 : 1의 비율로 포함된 청동 300 g을 만들려고 한다. 이때 필요한 청동 A와 청동 B의 무게를 각각 구하시오. (단, 두 청동 A, B는 구리와 주석만 포함한다.)

15 우석이와 정민이가 달리기를 하는 데 우석이는 출발 지점에서 초속 5 m로, 정민이는 우석이보다 16 m 앞에서 초속 4 m로 동시에 출발하였다. 우석이와 정민이가 만나는 것은 출발한 지 몇 초 후인지 구하시오.

고난도

16 일정한 속력으로 달리는 A, B 두 기차가 있다. 길이가 800 m인 A 기차가 어느 다리를 완전히 지나는 데 41초가 걸리고, 길이가 350 m인 B 기차가 A 기차의 2배의 속력으로 이 다리를 완전히 지나는 데 13초가 걸렸다. 이때 다리의 길이와 A 기차의 속력을 구하시오.

중단원 실전 테스트 2회

01 합이 47이고, 차는 23인 두 자연수가 있다. 큰 수를 작은 수로 나누었을 때 나머지는?

① 7 ② 8 ③ 9
④ 10 ⑤ 11

02 두 자리 자연수가 있다. 일의 자리의 숫자의 3배는 십의 자리의 숫자의 4배보다 11만큼 작고, 십의 자리의 숫자와 일의 자리의 숫자를 바꾼 수는 처음 수보다 18만큼 작다. 이때 바꾼 수는?

① 35 ② 46 ③ 57
④ 68 ⑤ 79

03 사과 6개와 배 4개가 들어 있는 한 상자의 가격은 10800원이고 사과 4개와 배 6개가 들어 있는 한 상자의 가격은 11200원이다. 이때 사과 1개와 배 1개의 가격은 각각 얼마인가?

① 900원, 1100원 ② 900원, 1200원
③ 1000원, 1100원 ④ 1000원, 1200원
⑤ 1100원, 1200원

04 현재 아버지의 나이와 딸의 나이의 차는 33살이고, 12년 후에는 아버지의 나이가 딸의 나이의 2배보다 3살이 많다고 한다. 5년 후의 아버지와 딸의 나이의 합은?

① 75살 ② 76살 ③ 77살
④ 78살 ⑤ 79살

05 어느 프로 축구 리그는 매 경기마다 승리하면 승점 3점, 비기면 승점 1점, 지면 0점을 주고, 승점의 합으로 순위를 정한다고 한다. 이 리그에서 A 팀은 25경기 중에서 7경기를 졌을 때, 승점의 합이 40점이라고 한다. 이때 A 팀이 이긴 경기의 수와 비긴 경기 수의 차는?

① 3 ② 4 ③ 5
④ 6 ⑤ 7

고난도

06 크고 작은 두 개의 호스가 있다. 이 두 개의 호스로 탱크에 물을 채우는 데 큰 호스로 6시간, 작은 호스로 3시간 동안 넣거나 큰 호스로 4시간, 작은 호스로 6시간 동안 넣으면 가득 찬다고 한다. 이 두 호스를 한꺼번에 사용하여 이 탱크의 물을 가득 채우는 데 걸리는 시간은?

① 4시간 46분 ② 4시간 48분 ③ 4시간 50분
④ 4시간 52분 ⑤ 4시간 54분

07 모양과 크기가 같은 직사각형을 여러 개를 붙여서 새로운 도형을 만들려고 한다. [그림 1]과 [그림 2]는 모두 직사각형 5개를 이어 붙인 것이다. 이 직사각형의 넓이는?

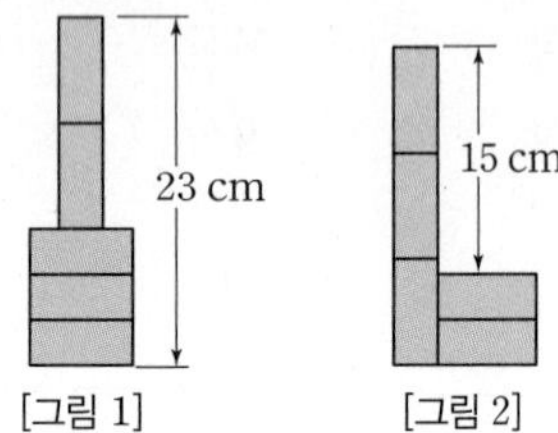

① 20 cm^2 ② 21 cm^2 ③ 22 cm^2
④ 23 cm^2 ⑤ 24 cm^2

08 전체 학생이 200명인 2학년 학생 중에서 남학생의 $\frac{4}{9}$와 여학생의 $\frac{1}{2}$이 수영을 좋아한다고 한다. 수영을 좋아하는 학생은 2학년 전체 학생 수의 47 %일 때, 2학년 전체의 남학생 수와 여학생 수의 차는?

① 10명 ② 12명 ③ 14명
④ 16명 ⑤ 18명

09 어느 중학교의 올해 전체 학생 수는 작년보다 7명이 감소한 573명이 되었다. 남학생은 작년에 비해 5 % 증가하고, 여학생은 7 % 감소하였다고 할 때, 올해의 여학생 수는?

① 279명 ② 280명 ③ 281명
④ 282명 ⑤ 283명

10 어느 의류 매장에 셔츠와 바지 각각 3개를 할인 행사하여 판매하려고 한다. 셔츠와 바지를 각각 30 %, 40 % 할인하여 모두 판매한다고 할 때, 할인하기 전의 셔츠와 바지 판매 가격의 합은 81000원이고, 할인한 후 셔츠와 바지의 판매 가격의 합은 할인하기 전보다 29100원이 적다. 바지의 할인된 판매 가격은?

① 8400원 ② 9000원 ③ 9600원
④ 10200원 ⑤ 10800원

11 5 %의 소금물 300 g이 있다. 이 소금물의 일부를 덜어 내고 10 %의 소금물을 넣었더니 6 %의 소금물 220 g이 되었다. 덜어 낸 소금물과 더 넣은 소금물의 양의 합은?

① 166 g ② 168 g ③ 170 g
④ 172 g ⑤ 174 g

고난도

12 명수와 수진이는 한 바퀴가 480 m인 운동장을 일정한 속력으로 뛰고 있다. 명수가 50 m를 뛰는 동안 수진이는 30 m를 뛴다고 한다. 명수와 수진이가 같은 지점에서 동시에 출발하여 서로 반대 방향으로 뛰면 1분 후에 처음 만난다고 할 때, 명수와 수진이의 속력의 차는?

① 초속 1 m ② 초속 2 m ③ 초속 3 m
④ 초속 4 m ⑤ 초속 5 m

13 중학교 농구 대회 결승전에서 두 학교 A, B가 농구 시합을 하였다. 전반전에는 B 학교가 A 학교보다 10점을 더 얻었지만 후반전에는 B 학교가 A 학교보다 후반전에서 얻은 점수의 0.5배를 얻었다. 결국 A 학교가 112 : 92로 우승했다고 할 때, B 학교가 전반전과 후반전에 얻은 점수를 각각 구하시오.

14 두 식품 A, B에서 열량 580 kcal, 탄수화물 204 g을 얻으려고 한다. 다음은 두 식품 A, B를 각각 100 g씩 섭취하였을 때 얻을 수 있는 열량과 탄수화물의 양을 나타낸 표이다. 식품 A와 식품 B를 각각 몇 g을 섭취해야 하는지 구하시오.

	열량(kcal)	탄수화물(g)
A	80	30
B	60	18

15 설악산 등산을 하는데 올라갈 때는 시속 2.5 km로 걷고, 내려올 때는 올라갈 때보다 2 km 더 먼 길을 시속 4.5 km로 걸어서 모두 6시간 40분이 걸렸다고 한다. 이때 설악산 등산을 하는데 올라간 거리와 내려온 거리를 각각 구하시오.

고난도

16 일정한 속력으로 달리는 열차가 1 km 길이의 다리를 완전히 지나가는 데 30초가 걸렸고 2 km 길이의 터널을 통과할 때는 45초 동안 열차가 터널에 완전히 가려져 보이지 않았다. 이 열차의 길이는 몇 m이고 속력은 초속 m인지 각각 구하시오.

Ⅲ. 함수

1

일차함수와 그 그래프

대표 유형

1 일차함수의 함숫값과 그래프 위의 점

2 일차함수의 평행이동

3 일차함수의 그래프의 x절편, y절편

4 일차함수의 그래프

5 일차함수의 그래프와 도형의 넓이

6 일차함수의 식

핵심 개념 1 일차함수와 그 그래프

1 함수와 함숫값

(1) **함수**

두 변수 x, y에 대하여 x의 값이 변함에 따라 y의 값이 하나씩 정해지는 대응 관계가 성립할 때, y를 x의 함수라 하고 $y=f(x)$로 나타낸다.

(2) **함숫값**

함수 $y=f(x)$에서 x의 값에 따라 하나씩 정해지는 y의 값 $f(x)$를 x에 대한 함숫값이라고 한다.

2 일차함수와 그 그래프

(1) 함수 $y=f(x)$에서 $f(x)$가 x에 대한 일차식일 때, 즉 $y=ax+b$ (a, b는 상수, $a\neq0$)로 나타내어질 때, 이 함수를 x에 대한 일차함수라고 한다.

(2) 일차함수 $y=ax+b$의 그래프는 $y=ax$의 그래프를 y축의 방향으로 b만큼 평행이동한 직선이다.

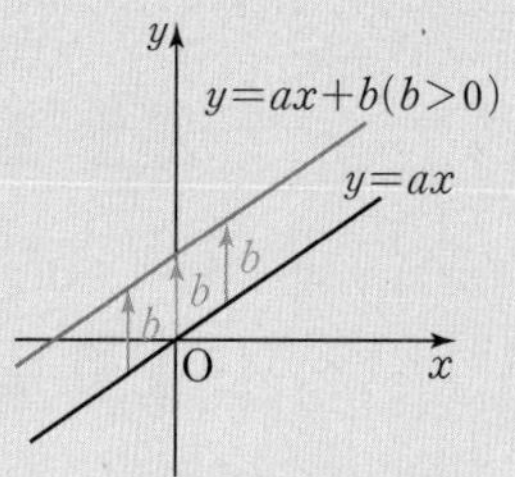

(3) **일차함수의 그래프의 x절편, y절편**

① x절편: 그래프가 x축과 만나는 점의 x좌표 ➡ $y=0$일 때 x의 값, 즉 $-\frac{b}{a}$

② y절편: 그래프가 y축과 만나는 점의 y좌표 ➡ $x=0$일 때 y의 값, 즉 b

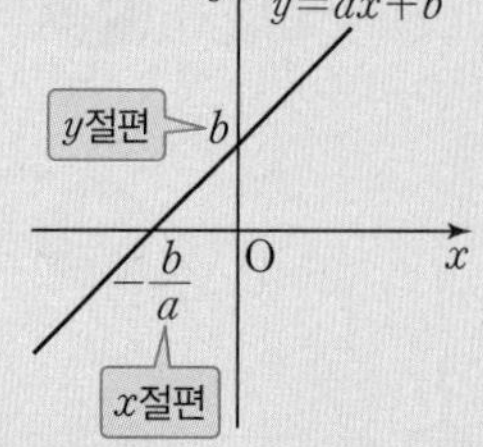

(4) **x절편과 y절편을 이용하여 일차함수의 그래프 그리기**

① x절편, y절편을 구한다.

② x축, y축과 만나는 두 점을 좌표평면 위에 나타낸다.

③ 두 점을 직선으로 연결한다.

3 일차함수의 그래프의 기울기

(1) 일차함수 $y=ax+b$에서

$$(\text{기울기})=\frac{(y\text{의 값의 증가량})}{(x\text{의 값의 증가량})}=a$$

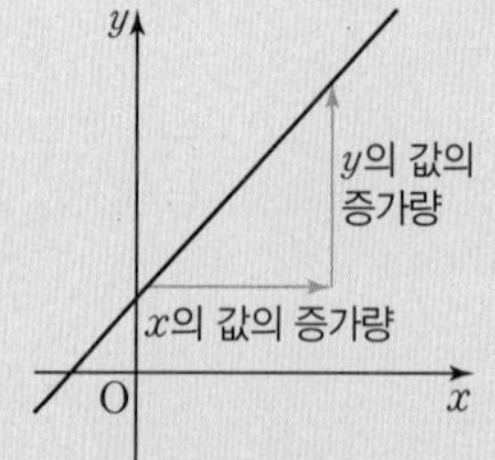

(2) **기울기와 y절편을 이용하여 일차함수의 그래프 그리기**

① y절편을 이용하여 y축과 만나는 한 점을 좌표평면 위에 나타낸다.

② 기울기를 이용하여 그래프가 지나는 다른 한 점을 찾는다.

③ 두 점을 직선으로 연결한다.

개념 체크

01 두 변수 x, y 사이의 관계가 다음과 같을 때, 주어진 표를 완성하고 y는 x의 함수인지 아닌지 말하시오.

(1) 자연수 x의 약수 y

x	1	2	3	4	…
y					…

(2) 자연수 x의 약수의 개수 y

x	1	2	3	4	…
y					…

02 함수 $f(x)=3x-1$에 대하여 다음 함숫값을 구하시오.

(1) $f(-2)$ (2) $f(0)$
(3) $f(1)$ (4) $f(2)$

03 다음 물음에 답하시오.

(1) 일차함수 $y=2x$의 그래프를 이용하여 일차함수 $y=2x-3$의 그래프를 그리시오.

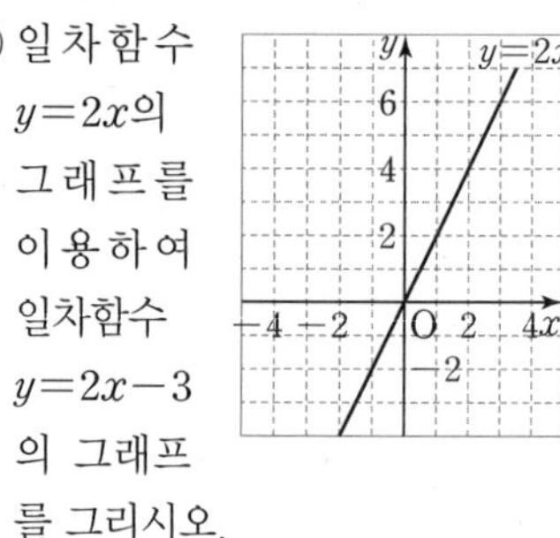

(2) 일차함수 $y=2x-3$의 그래프의 x절편과 y절편을 각각 구하시오.

04 다음 두 점을 지나는 일차함수의 그래프의 기울기를 구하시오.

(1) $(1, 3)$, $(3, 9)$
(2) $(-2, 3)$, $(1, -6)$

05 일차함수 $y=\frac{3}{2}x-1$의 그래프에 대하여 다음 물음에 답하시오.

(1) 기울기와 y절편을 각각 구하시오.

(2) (1)을 이용하여 그래프를 그리시오.

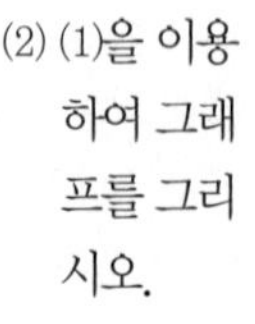

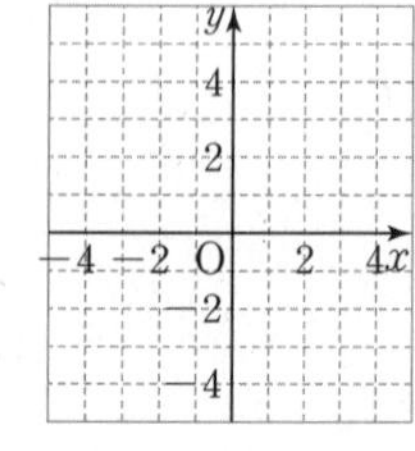

4 일차함수 $y=ax+b$의 그래프의 성질

일차함수 $y=ax+b$의 그래프에서

(1) $a>0$이면 x의 값이 증가할 때 y의 값도 증가하고, $a<0$이면 x의 값이 증가할 때 y의 값은 감소한다.

$a>0$

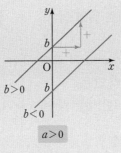

(2) $b>0$이면 y축과 양의 부분에서 만난다. 즉, (y절편)>0이고, $b<0$이면 y축과 음의 부분에서 만난다. 즉, (y절편)<0이다.

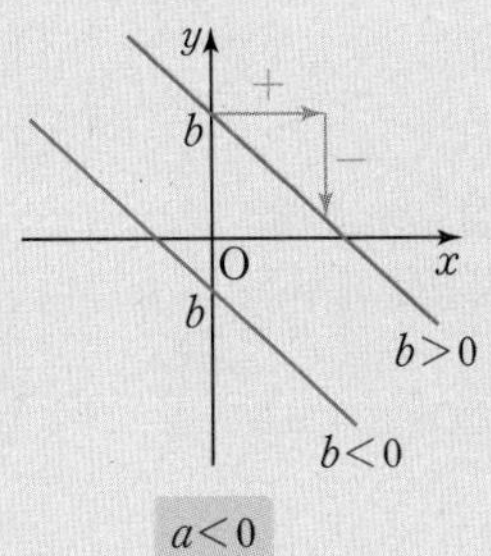

$a<0$

5 일차함수의 그래프의 평행, 일치

(1) 두 일차함수 $y=ax+b$와 $y=cx+d$에서
① $a=c$, $b\neq d$이면 두 그래프는 서로 평행하다.
② $a=c$, $b=d$이면 두 그래프는 일치한다.

$a=c$, $b\neq d$

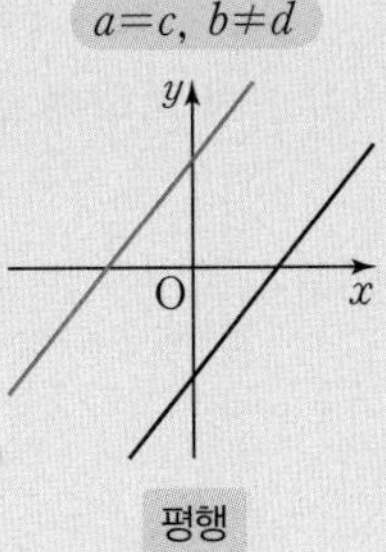

평행

$a=c$, $b=d$

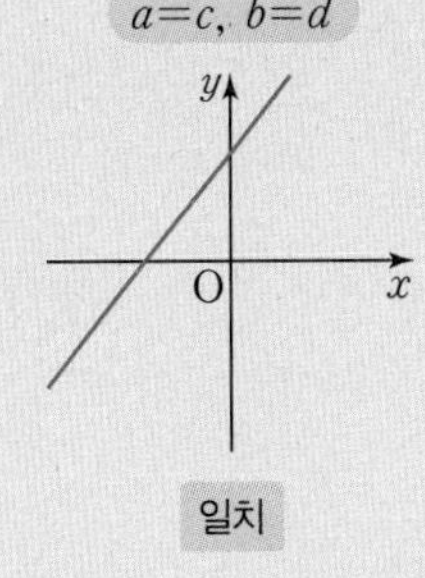

일치

(2) 평행한 두 일차함수의 그래프의 기울기는 같다.

6 일차함수의 식 구하기

(1) 기울기 a와 y절편 b가 주어질 때
일차함수의 식은 $y=ax+b$이다.

(2) 기울기 a와 한 점 (p, q)가 주어질 때
① 일차함수의 식을 $y=ax+b$라고 놓는다.
② $y=ax+b$에 $x=p$, $y=q$를 대입하여 b의 값을 구한다.

(3) 서로 다른 두 점 (p, q), (r, s)가 주어질 때 $(p\neq r)$
① 기울기 a를 구한다. 즉, $a=\frac{s-q}{r-p}=\frac{q-s}{p-r}$
② 한 점의 좌표를 $y=ax+b$에 대입하여 b의 값을 구한다.

(4) x절편 m과 y절편 n이 주어질 때
① 두 점 $(m, 0)$, $(0, n)$을 지나는 직선의 기울기를 구한다.
즉, (기울기)$=\frac{n-0}{0-m}=-\frac{n}{m}$
② y절편은 n이므로 구하는 일차함수의 식은 $y=-\frac{n}{m}x+n$이다.

개념 체크

06 다음은 일차함수 $y=-3x+2$의 그래프에 대한 설명이다. 옳은 것만을 모두 고르시오.

> ㄱ. 오른쪽 위로 향하는 직선이다.
> ㄴ. 원점을 지난다.
> ㄷ. y축과 양의 부분에서 만난다.
> ㄹ. 일차함수 $y=4x+2$의 그래프보다 y축에 가깝다.
> ㅁ. 일차함수 $y=\frac{3}{2}x+2$의 그래프보다 y축에 가깝다.

07 다음 물음에 맞는 일차함수의 식을 보기에서 모두 고르시오.

> 보기
> ㄱ. $y=x-4$
> ㄴ. $y=-x-2$
> ㄷ. $y=-(x-2)$
> ㄹ. $y=-x+1$
> ㅁ. $y=2-x$

(1) 일차함수 $y=-x+2$의 그래프와 서로 평행하다.
(2) 일차함수 $y=-x+2$의 그래프와 일치한다.

08 다음과 같은 직선을 그래프로 하는 일차함수의 식을 구하시오.

(1) 기울기가 5이고, y절편이 -4인 직선
(2) 기울기가 -3이고, 점 $(0, -2)$를 지나는 직선
(3) 기울기가 -2이고, 점 $(1, -2)$를 지나는 직선
(4) 기울기가 3이고, x절편이 -3인 직선
(5) 두 점 $(0, -2)$, $(2, -4)$를 지나는 직선
(6) 두 점 $(1, 0)$, $(3, 4)$를 지나는 직선
(7) x절편이 -3, y절편이 4인 직선
(8) x절편이 -1, y절편이 -2인 직선

대표 유형

유형 1 일차함수의 함숫값과 그래프 위의 점

01 $f(-2)=k$인 일차함수 $f(x)=x+a$의 그래프가 점 $(3, -2)$를 지날 때, k의 값은? (단, a는 상수)

① -7 ② -3 ③ 1
④ 3 ⑤ 7

풀이 전략 일차함수 $y=ax+b$의 그래프가 점 (m, n)을 지나면 $y=ax+b$에 $x=m$, $y=n$을 대입하였을 때 등식이 성립한다.

02 일차함수 $f(x)=2x-4$가 $f(2a)=a+2$, $f(-b)=b+2$를 만족시킬 때, $a+b$의 값은?

① -3 ② -2 ③ -1
④ 0 ⑤ 7

03 두 일차함수 $y=ax+1$, $y=3x-1$의 그래프가 모두 점 $(2, b)$를 지날 때, $a+b$의 값은? (단, a는 상수)

① 5 ② 7 ③ 9
④ 11 ⑤ 13

유형 2 일차함수와 평행이동

04 일차함수 $y=2x+3$의 그래프를 y축의 방향으로 $-k$만큼 평행이동하였더니 일차함수 $y=2x+1$의 그래프가 되었다. 이때 상수 k의 값은?

① -4 ② -2 ③ 0
④ 2 ⑤ 4

풀이 전략 일차함수 $y=ax+b$의 그래프는 $y=ax$의 그래프를 y축의 방향으로 b만큼 평행이동한 직선이다.

05 일차함수 $y=-3x+b$의 그래프를 y축의 방향으로 -5만큼 평행이동하였더니 일차함수 $y=ax+2$의 그래프가 되었다. 이때 상수 a, b에 대하여 $a+b$의 값은?

① -8 ② -4 ③ 0
④ 4 ⑤ 8

06 일차함수 $y=3x+a$의 그래프를 y축의 음의 방향으로 2만큼 평행이동하였더니 일차함수 $y=3x-5$의 그래프가 되었다. 일차함수 $y=2x+a$의 그래프를 y축의 양의 방향으로 5만큼 평행이동한 직선을 그래프로 하는 일차함수의 식은? (단, a는 상수)

① $y=2x$ ② $y=2x+1$ ③ $y=2x+2$
④ $y=2x+3$ ⑤ $y=2x+4$

07 일차함수 $y=-3x+1$의 그래프를 y축의 방향으로 a만큼 평행이동한 직선을 그래프로 하는 일차함수를 $y=f(x)$라고 하자. $f(a)=7$을 만족시킬 때, a의 값은?

① -5　② -4　③ -3
④ -2　⑤ -1

유형 3 일차함수의 그래프의 x절편, y절편

08 일차함수 $y=ax+6$의 그래프의 x절편이 2이고, 이 그래프가 점 $(k,\ -2k)$를 지날 때, $a+k$의 값은? (단, a는 상수)

① -3　② -1　③ 1
④ 3　⑤ 5

풀이 전략 x절편은 $y=0$일 때 x의 값이고 y절편은 $x=0$일 때 y의 값이다.

09 점 $(-2,\ 6)$을 지나는 일차함수 $y=ax+2$의 그래프의 x절편은? (단, a는 상수)

① -2　② -1　③ 0
④ 1　⑤ 2

10 일차함수 $y=-3x+6$의 그래프의 y절편과 일차함수 $y=-x+2a$의 그래프의 x절편이 같을 때, 상수 a의 값은?

① -3　② -2　③ -1
④ 1　⑤ 3

유형 4 일차함수의 그래프

11 일차함수 $f(x)=-4x+k$ (k는 상수)의 그래프에서 x의 값이 2에서 k까지 증가할 때, y의 값은 6에서 -3까지 감소한다. 이때 $f\left(\frac{1}{16}\right)$의 값은?

① 1　② 2　③ 3
④ 4　⑤ 5

풀이 전략 (기울기)$=\dfrac{(y\text{의 값의 증가량})}{(x\text{의 값의 증가량})}$을 이용하여 함숫값을 구한다.

12 일차함수 $y=f(x)$에 대하여 $f(x)=-5x+2$일 때, $\dfrac{f(-1)-f(-2)}{-1-(-2)}$의 값은?

① -5　② -3　③ -1
④ 1　⑤ 3

대표 유형

13 일차함수 $y=4x-2$의 그래프와 두 점 $(1,\ k-1)$, $(4,\ 3k+7)$을 지나는 일차함수의 그래프가 서로 평행할 때, k의 값은?

① 1　　② 2　　③ 3
④ 4　　⑤ 5

14 $a<b$, $ab<0$일 때, 다음 중 일차함수 $y=\frac{a}{b}x+b$의 그래프가 될 수 있는 것은?

①  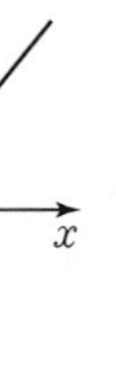

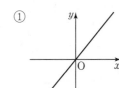

② 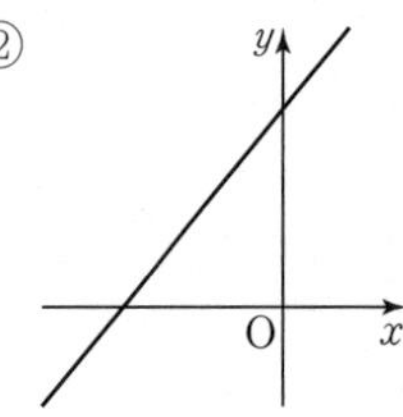

③ 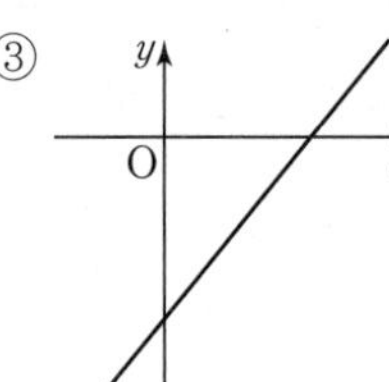

④ 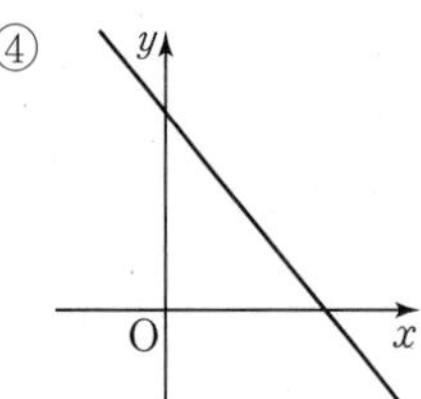

⑤ 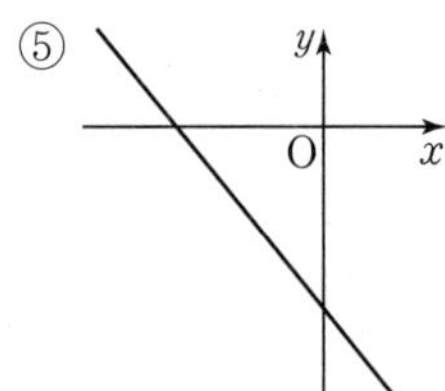

15 두 일차함수 $y=f(x)$, $y=g(x)$의 그래프가 오른쪽 그림과 같다. $f(5)-g(5)$의 값은?

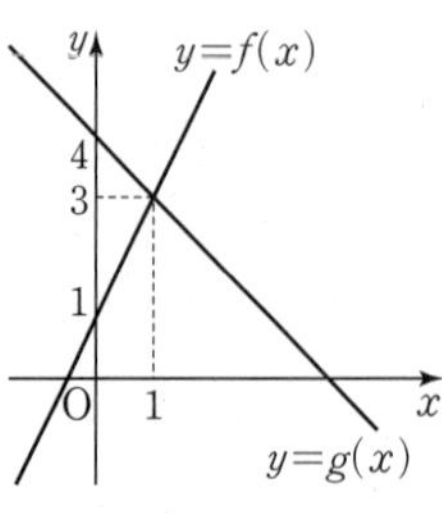

① 4　　② 6
③ 8　　④ 10
⑤ 12

유형 5 일차함수의 그래프와 도형의 넓이

16 일차함수 $y=-\frac{4}{5}x+4$의 그래프와 x축, y축으로 둘러싸인 도형의 넓이는?

① 10　　② 14　　③ 16
④ 18　　⑤ 20

풀이 전략 일차함수의 그래프와 x축, y축으로 둘러싸인 도형의 넓이는
➡ $\frac{1}{2}\times\overline{OA}\times\overline{OB}$

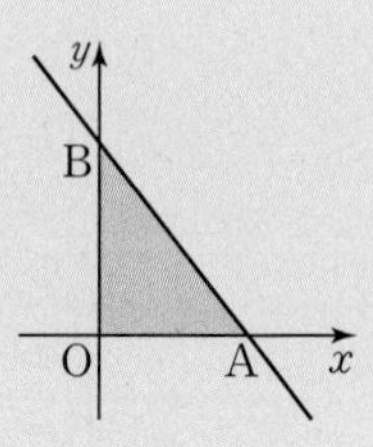

17 두 직선 $y=-x+5$, $y=\frac{7}{5}x-7$과 y축으로 둘러싸인 도형의 넓이는?

① 20　　② 24　　③ 30
④ 36　　⑤ 40

18 오른쪽 그림과 같이 일차함수 $y=ax+6$의 그래프가 x축, y축과 만나는 점을 각각 A, B라고 하자. △AOB의 넓이가 15일 때, 상수 a의 값은?

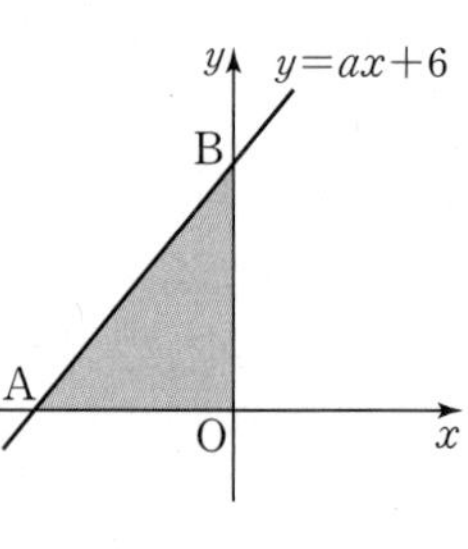

① $\frac{3}{5}$　　② $\frac{4}{5}$　　③ 1
④ $\frac{6}{5}$　　⑤ $\frac{7}{5}$

19 오른쪽 그림과 같이 두 일차함수 $y=ax+3$, $y=-x+3$의 그래프와 x축으로 둘러싸인 삼각형 ABC의 넓이가 12일 때, 양수 a의 값은?

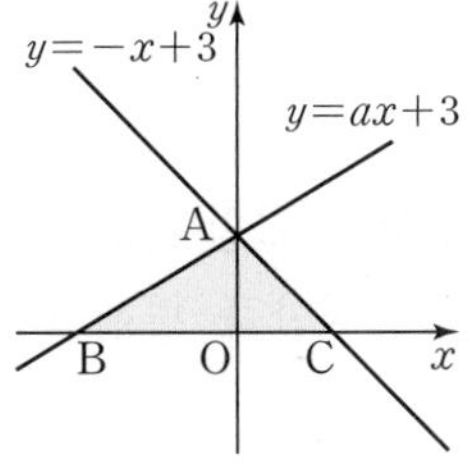

① $\frac{2}{5}$ ② $\frac{3}{5}$ ③ $\frac{4}{5}$
④ 1 ⑤ $\frac{6}{5}$

유형 6 일차함수의 식

20 x의 값이 2만큼 증가할 때 y의 값도 1만큼 증가하는 일차함수의 그래프가 y축과 만나는 점의 좌표는 $(0,\ -2)$이다. 이 일차함수의 그래프가 점 $(4a+2,\ a+5)$를 지날 때, a의 값은?

① 3 ② 4 ③ 5
④ 6 ⑤ 7

풀이 전략 기울기가 a이고, y절편이 b인 직선을 그래프로 하는 일차함수의 식은 $y=ax+b$이다.

21 일차함수 $y=ax+b$의 그래프는 오른쪽 그림과 같은 직선과 평행하고 점 $(-2,\ 4)$를 지나는 직선이다. $y=f(x)$에 대하여 $f(3)$의 값은?

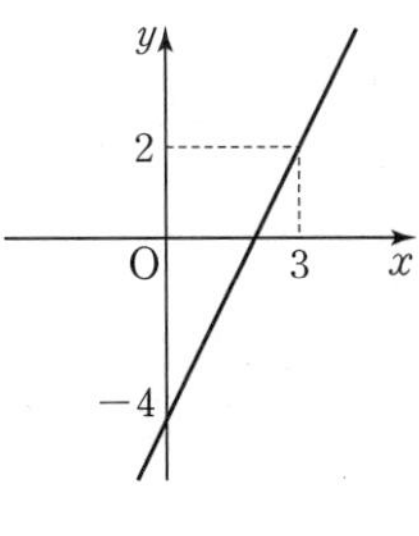

(단, a, b는 상수)

① 13 ② 14 ③ 15
④ 16 ⑤ 17

22 오른쪽 그림은 두 점 $(2,\ -3)$, $(7,\ 7)$을 지나는 일차함수 $y=f(x)$의 그래프이다. $f(5)=m$이고 $f(n)=0$일 때, $m+n$의 값은?

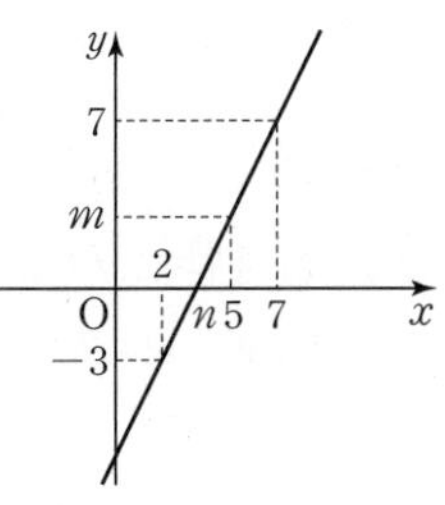

① $\frac{11}{2}$ ② 6 ③ $\frac{13}{2}$
④ 7 ⑤ $\frac{15}{2}$

23 일차함수 $y=ax+b$의 그래프의 x절편이 -4, y절편이 -3일 때, 일차함수 $f(x)=(a+b)x+\frac{a}{b}$에서 $f(-1)$의 값은?

(단, a, b는 상수)

① $\frac{13}{4}$ ② $\frac{7}{2}$ ③ $\frac{15}{4}$
④ 4 ⑤ $\frac{17}{4}$

24 일차함수 $y=\frac{2}{3}x+2$의 그래프와 x축 위에서 만나고, $y=-\frac{2}{3}x+6$의 그래프와 y축 위에서 만나는 직선을 그래프로 하는 일차함수의 식을 $y=ax+b$라고 하자. 이때 상수 a, b에 대하여 ab의 값은?

① 6 ② 8 ③ 10
④ 12 ⑤ 14

기출 예상 문제

1 일차함수의 함숫값과 그래프 위의 점

01 일차함수 $f(x)=5x-3$에서 $f(a)-f(b)=14$일 때, $a-b$의 값은?

① $\frac{13}{5}$ ② $\frac{14}{5}$ ③ 3
④ $\frac{16}{5}$ ⑤ $\frac{17}{5}$

1 일차함수의 함숫값과 그래프 위의 점

02 일차함수 $f(x)=ax+1$의 그래프는 점 $(2, -9)$를 지나고, 일차함수 $g(x)=-3x+b$는 $g(-1)=-3$을 만족시킬 때, $f(3)+g(-4)$의 값은? (단, a, b는 상수)

① -8 ② -7 ③ -6
④ -5 ⑤ -4

2 일차함수의 평행이동

03 점 $(-1, 3)$을 지나는 일차함수 $y=ax-5$의 그래프를 y축의 음의 방향으로 1만큼 평행이동하면 점 $\left(\frac{k}{2}, 2\right)$를 지날 때, $a+k$의 값은? (단, a는 상수)

① -10 ② -8 ③ -6
④ -4 ⑤ -2

2 일차함수의 평행이동

04 일차함수 $y=ax-6$의 그래프를 y축의 방향으로 b만큼 평행이동한 그래프가 두 점 $(3, -1)$, $(-2, 5)$를 지날 때, $a+b$의 값은? (단, a는 상수)

① 7 ② $\frac{36}{5}$ ③ $\frac{37}{5}$
④ $\frac{38}{5}$ ⑤ $\frac{39}{5}$

3 일차함수의 그래프의 x절편, y절편

05 일차함수 $y=ax-6$의 그래프의 x절편이 -3이고, 이 그래프가 점 $(2k, -3k)$를 지날 때, $a+k$의 값은? (단, a는 상수)

① -8 ② -6 ③ -4
④ -2 ⑤ 0

3 일차함수의 그래프의 x절편, y절편

06 두 일차함수 $y=\frac{1}{2}x-3$과 $y=-3x+a$의 그래프가 x축과 만나는 점을 각각 P, Q라고 할 때, $\overline{PQ}=3$을 만족시키는 모든 상수 a의 값의 합은?

① 30 ② 33 ③ 36
④ 39 ⑤ 42

4 일차함수의 그래프

07 일차함수 $y=f(x)$가 $\frac{f(4)-f(1)}{3}=-3$을 만족시키고, 그래프가 점 $(-4, 5)$를 지날 때, $f(-2)$의 값은?

① -2 ② -1 ③ 0
④ 1 ⑤ 2

4 일차함수의 그래프

08 두 상수 a, b에 대하여 일차함수 $y=abx+(a+b)$의 그래프는 제3사분면을 제외한 모든 사분면을 지날 때, 다음 중 일차함수 $y=ax-b$의 그래프로 알맞은 것은? (단, $a>b$)

①
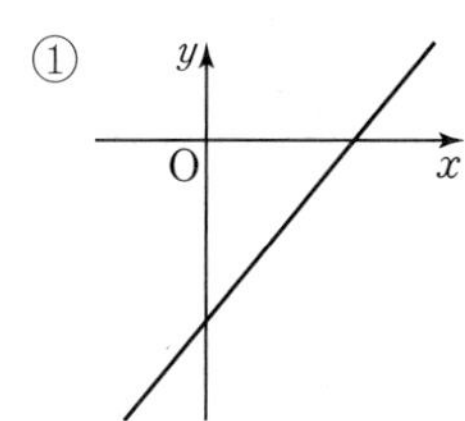

②
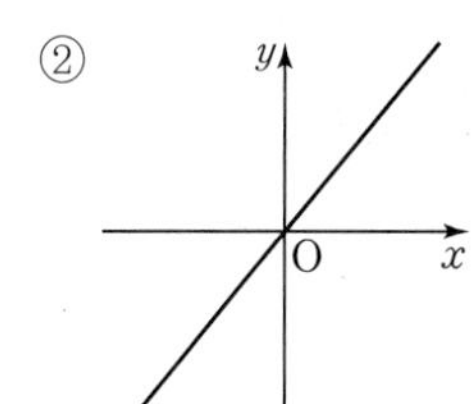

③
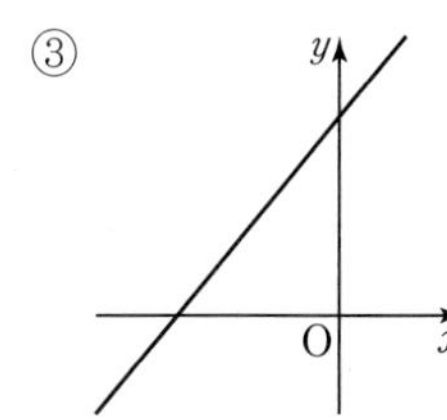

④
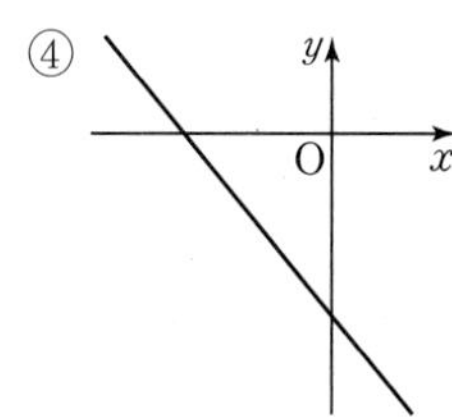

⑤
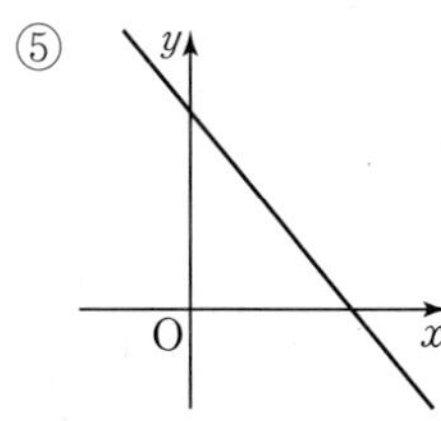

5 일차함수의 그래프와 도형의 넓이

09 일차함수 $y=-4x-3$의 그래프를 y축의 방향으로 -5만큼 평행이동한 그래프와 x축, y축으로 둘러싸인 도형의 넓이는?

① 8 ② 10 ③ 12
④ 14 ⑤ 16

5 일차함수의 그래프와 도형의 넓이

10 두 일차함수 $y=-ax+b$, $y=ax-4$의 그래프가 x축 위에서 만난다. 이 두 그래프와 y축으로 둘러싸인 도형의 넓이가 8일 때, 상수 a, b에 대하여 $a+b$의 값은? (단, $a>0$, $b>0$)

① 5 ② 6 ③ 7
④ 8 ⑤ 9

6 일차함수의 식

11 일차함수 $y=-2x-16$의 그래프와 x축 위에서 만나고, 일차함수 $y=2x+4$의 그래프와 y축 위에서 만나는 직선을 그래프로 하는 일차함수를 $y=f(x)$라 할 때, $f(10)$의 값은?

① 9 ② 10 ③ 11
④ 12 ⑤ 13

6 일차함수의 식

12 오른쪽 그림은 일차함수 $y=(a-3)x+2b$의 그래프를 y축의 방향으로 -4만큼 평행이동한 것이다. 이때 상수 a, b에 대하여 $a+b$의 값은?

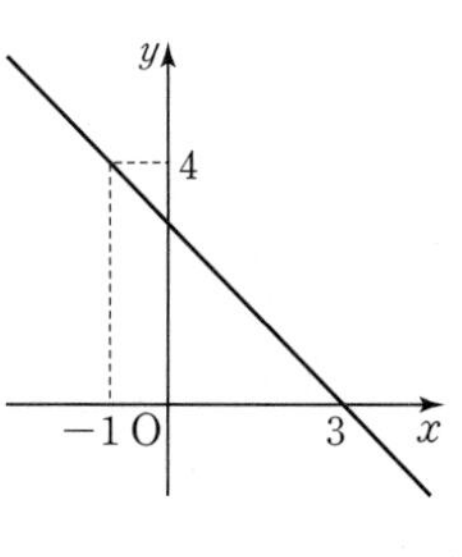

① $\frac{11}{2}$ ② 6 ③ $\frac{13}{2}$
④ 7 ⑤ $\frac{15}{2}$

일차함수 $y=f(x)$가 서로 다른 두 상수 a, b에 대하여 $f(b)-f(3a)=-3(3a-b)$를 만족시킨다. 일차함수 $y=f(x)$의 그래프가 점 $(-1, 3)$을 지날 때, $f(3)$의 값은?

① 13 ② 14 ③ 15
④ 16 ⑤ 17

1-1

일차함수 $f(x)=ax+b$에 대하여

$\dfrac{f(x+3)-f(x)}{3}=-3$이고 $f(2)=3$일 때,

$f(-2)$의 값은? (단, a, b는 상수)

① 6 ② 9 ③ 12
④ 15 ⑤ 18

2

오른쪽 그림과 같이 x축과 점 A에서 만나는 두 일차함수 $y=ax+b$와 $y=\dfrac{1}{5}x+1$의 그래프가 y축과 만나는 점을 각각 B와 C라고 하자.
△ACB의 넓이가 10일 때, 상수 a, b에 대하여 $a+b$의 값은?

① 3 ② 4 ③ 5
④ 6 ⑤ 7

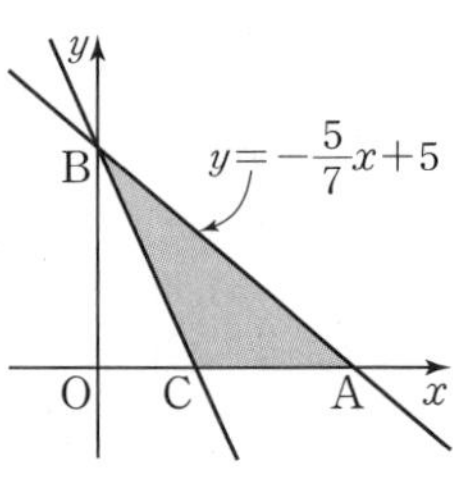

오른쪽 그림과 같이 일차함수 $y=-\dfrac{5}{7}x+5$의 그래프가 x축, y축과 만나는 점을 각각 A, B라고 하자. 점 B를 지나는 직선이 x축과 만나는 점을 C라 할 때, △ABC의 넓이가 10이다. 두 점 B, C를 지나는 직선을 그래프로 하는 일차함수의 식을 구하시오.

(단, $\overline{OA}>\overline{OC}$)

3

오른쪽 그림에서 두 점 A, D는 각각 일차함수 $y=3x$, $y=-3x+15$의 그래프 위의 점이고, 두 점 B, C는 x축 위의 점이다. 사각형 ABCD가 정사각형일 때, 점 B의 좌표를 구하시오.

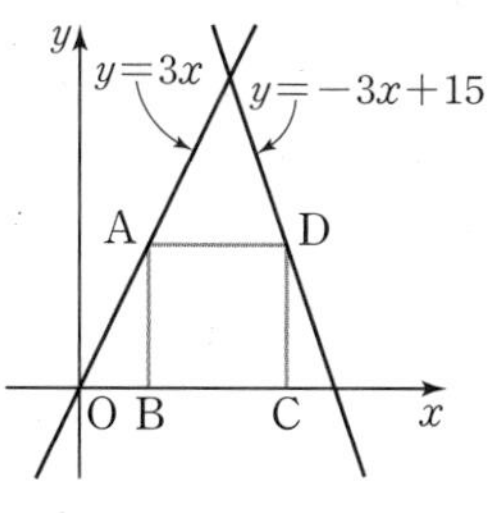

3-1

오른쪽 그림과 같은 $\overline{AB}:\overline{BC}=1:2$인 직사각형 ABCD에서 두 점 A, D는 각각 일차함수 $y=2x$와 $y=-2x+18$의 그래프 위에 있고, 두 점 B, C는 x축 위에 있다. 이때 직사각형 ABCD의 넓이를 구하시오.

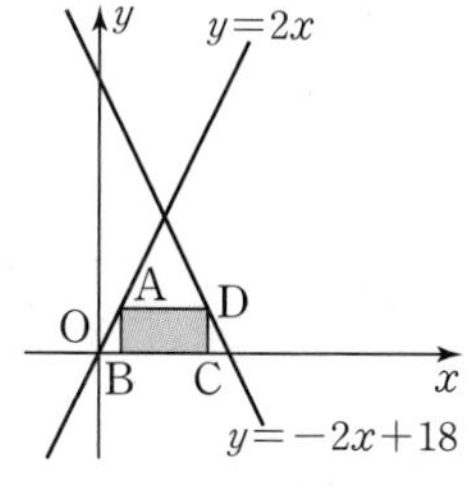

4

일차함수 $y=ax-3$의 그래프는 점 $(4,\ k)$를 지난다. $\frac{1}{2}\le a\le 3$일 때, 일차함수 $y=-4x+3k-5$의 그래프가 제3사분면을 지나지 않도록 하는 상수 k의 값의 범위를 구하시오.

4-1

오른쪽 그림과 같이 좌표평면 위에 네 점 A(1, 5), B(1, 2), C(3, 2), D(3, 5)를 꼭짓점으로 하는 직사각형 ABCD가 있다. 일차함수 $y=ax+1$의 그래프가 이 직사각형과 만나도록 하는 상수 a의 값의 범위에 대하여 일차함수 $y=2x-2a+3$의 그래프가 제2사분면을 지나지 않도록 하는 상수 a의 값의 범위를 구하시오.

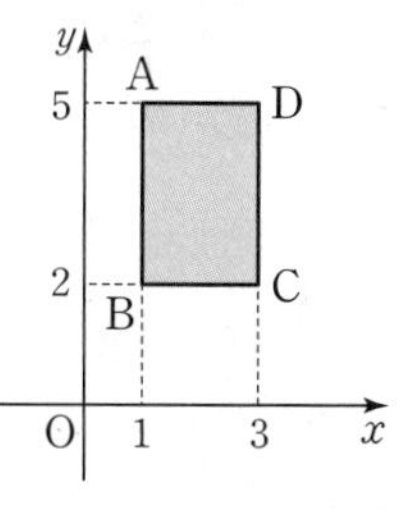

서술형 집중 연습

예제 1

두 일차함수 $y=f(x)$, $y=g(x)$가
$f(x)=ax+3b$, $g(x)=bx+a$이고,
$f(1)=7$, $g(-2)=-3$일 때, 상수 a, b에 대하여 $a+b$의 값을 구하시오.

풀이 과정

$f(1)=7$이므로 $f(x)=ax+3b$에
$x=\square$, $y=\square$을 대입하면
$a+3b=7$ …… ㉠
$g(-2)=-3$이므로 $g(x)=bx+a$에
$x=\square$, $y=\square$을 대입하면
$-2b+a=-3$ …… ㉡
㉠, ㉡을 연립하여 풀면
$a=\square$, $b=\square$
따라서 $a+b=\square$

유제 1

일차함수 $y=3x-4$의 그래프가 두 점 $(a,\ a-b)$, $(b+2,\ a+2b)$를 지날 때, $a+b$의 값을 구하시오.

예제 2

일차함수 $y=-2ax+3$의 그래프를 y축의 방향으로 -5만큼 평행이동한 그래프의 x절편이 $\frac{3}{4}$일 때, 상수 a의 값을 구하시오.

풀이 과정

일차함수 $y=-2ax+3$의 그래프를 y축의 방향으로 -5만큼 평행이동하면 $y=-2ax+3+(\square)$에서
$y=-2ax-\square$
이 그래프의 x절편이 $\frac{3}{4}$이므로
$y=-2ax-\square$에
$x=\square$, $y=\square$을 대입하면
$\square=-2a\times\square-\square$
따라서 $a=\square$

유제 2

일차함수 $y=3x-5$의 그래프를 y축의 방향으로 a만큼 평행이동하면 두 점 $(2,\ 3)$, $(-2,\ b)$를 지난다. 이때 $a+b$의 값을 구하시오.

예제 3

세 점 $(0, 2)$, $(a, -6)$, $(6, b)$를 지나는 직선과 x축 및 y축으로 둘러싸인 도형의 넓이가 12일 때, $a+b$의 값을 구하시오. (단, $a>0$)

풀이 과정

두 점 $(0, 2)$, $(a, -6)$을 지나는 직선의 기울기는

$\frac{-6-\square}{a-\square}=\square$이고 y절편이 $\square$이므로

이 직선을 그래프로 하는 일차함수의 식을

$y=\square x+\square$로 놓을 수 있다.

이 직선의 x절편은 $\square$이고

직선과 x축 및 y축으로 둘러싸인 도형의 넓이가 12이므로

$\frac{1}{2}\times\square\times2=12$에서 $a=\square$

일차함수 $y=\square x+\square$의 그래프가 점 $(6, b)$를 지나므로 $b=\square$

따라서 $a+b=\square$

유제 3

오른쪽 그림과 같이 y축 위의 한 점에서 만나는 두 일차함수 $y=\frac{3}{5}x+a$, $y=bx+3$의 그래프와 x축으로 둘러싸인 삼각형의 넓이가 12일 때, 상수 a, b에 대하여 $a+b$의 값을 구하시오. (단, $b<0$)

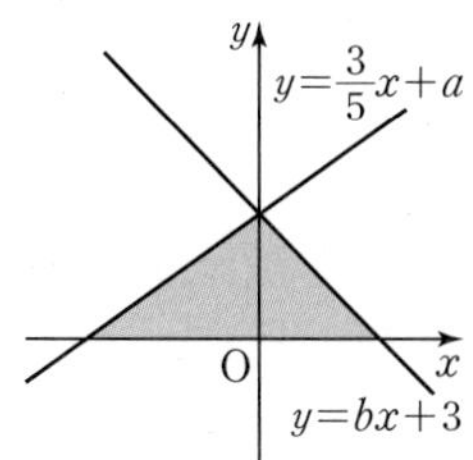

예제 4

오른쪽 그림의 직선과 평행하고, 점 $(1, 2)$를 지나는 일차함수의 그래프의 y절편을 구하시오.

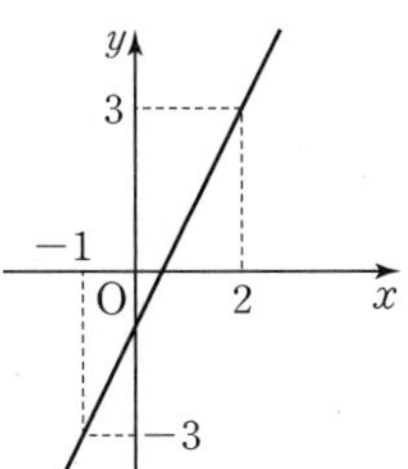

풀이 과정

주어진 그래프가 두 점 $(-1, -3)$, $(2, 3)$을 지나므로

(기울기)$=\frac{3-\square}{2-\square}=\square$

따라서 구하는 일차함수의 그래프의 기울기는 $\square$이다.

구하는 일차함수의 식을

$y=\square x+b$ (b는 상수)로 놓자.

이 그래프가 점 $(1, 2)$를 지나므로

$x=\square$, $y=\square$를 대입하면 $b=\square$

따라서 일차함수 $y=\square x+\square$의 y절편은 $\square$이다.

유제 4

두 점 $(-2, 1)$, $(3, -4)$를 지나는 직선과 평행하고, x절편이 3인 함수 $y=f(x)$의 그래프가 $f(a)=-2a+5$를 만족시킬 때, a의 값을 구하시오.

01 다음 중 y가 x의 함수인 것의 개수는?

ㄱ. 한 변의 길이가 x인 정사각형의 둘레의 길이 y
ㄴ. 어떤 수 x에 가장 가까운 정수 y
ㄷ. 약수의 개수가 x개인 자연수 y
ㄹ. 올해 14살 재환이의 x년 후의 나이 y살
ㅁ. x g의 소금이 들어 있는 소금물 100 g의 농도 y %

① 1개 ② 2개 ③ 3개
④ 4개 ⑤ 5개

02 $y=2x(b-ax)+x+4$가 x에 대한 일차함수가 되도록 하는 상수 a, b의 조건은?

① $a=0$, $b\neq0$ ② $a=0$, $b\neq-\frac{1}{2}$
③ $a\neq0$, $b=0$ ④ $a\neq0$, $b=-\frac{1}{2}$
⑤ $a\neq0$, $b\neq-\frac{1}{2}$

03 일차함수 $f(x)=3-2ax$에 대하여 $f(2)=-5$, $f(2-b)=1$일 때, $a+b$의 값은? (단, a, b는 상수)

① 3 ② $\frac{7}{2}$ ③ 4
④ $\frac{9}{2}$ ⑤ 5

04 일차함수 $y=a(x-2)$의 그래프를 y축의 방향으로 -3만큼 평행이동한 그래프가 두 점 $(1, -2)$, $(-3, b)$를 지날 때, $a+b$의 값은? (단, a는 상수)

① -7 ② -5 ③ -3
④ -1 ⑤ 1

05 일차함수 $f(x)=ax+b$에 대하여 $\frac{f(6)-f(4)}{2}=-2$이고 일차함수 $y=f(x)$의 그래프의 x절편이 5일 때, $f(-2)$의 값은? (단, a, b는 상수)

① 10 ② 12 ③ 14
④ 16 ⑤ 18

고난도

06 오른쪽 그림과 같이 일차함수 $y=-4x+a$의 그래프와 x축과 y축이 만나는 점을 각각 D, A라 하고, 일차함수 $y=\frac{2}{3}x+2b$의 그래프와 x축과 y축이 만나는 점을 각각 C와 B라고 한다. $\overline{AB}:\overline{BO}=5:2$이고, $\overline{CD}=\frac{95}{4}$일 때, 상수 a, b에 대하여 $a+b$의 값은?

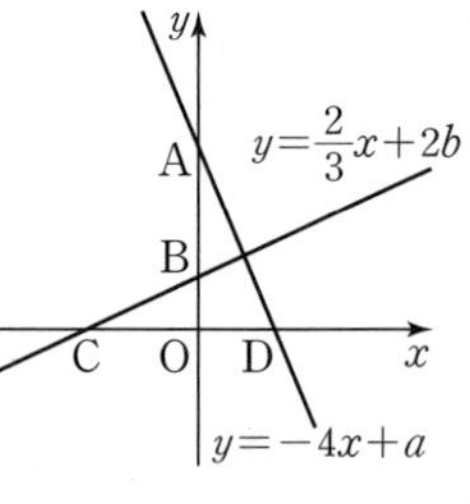

① 20 ② 25 ③ 30
④ 35 ⑤ 40

07 오른쪽 그림과 같이 점 $(6,\ 8)$을 지나고 y절편이 3인 일차함수의 그래프에서 x의 값이 5만큼 증가할 때, y의 값의 증가량은?

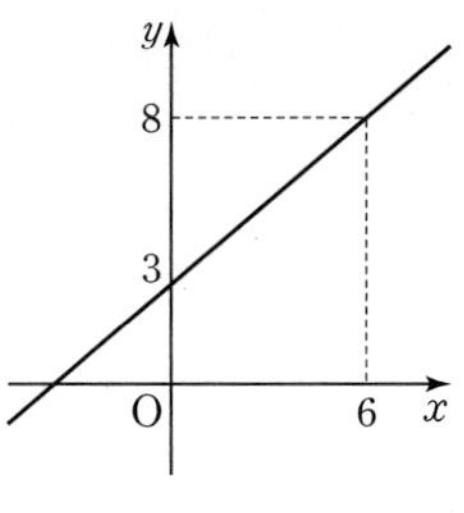

① $\frac{11}{3}$ ② $\frac{23}{6}$ ③ 4
④ $\frac{25}{6}$ ⑤ $\frac{13}{3}$

08 세 점 $(-3,\ k-1)$, $(-5,\ 4)$, $(-1,\ k-1)$이 한 직선 위에 있을 때, k의 값은?

① 3 ② 4 ③ 5
④ 6 ⑤ 7

09 다음 〈보기〉에서 일차함수 $y=4x-5$의 그래프에 대한 설명으로 옳은 것의 개수는?

보기
ㄱ. 오른쪽 위로 향하는 직선이다.
ㄴ. 점 $(4,\ 1)$을 지난다.
ㄷ. x절편은 -4, y절편은 -5이다.
ㄹ. 제1, 2, 3사분면을 지난다.
ㅁ. 일차함수 $y=4x$의 그래프를 y축의 방향으로 -5만큼 평행이동한 것이다.

① 1개 ② 2개 ③ 3개
④ 4개 ⑤ 5개

10 일차함수 $y=\frac{b}{a}x+2b$의 그래프의 x절편이 3, y절편이 -4일 때, 일차함수 $y=abx+2a+b$의 그래프의 기울기와 y절편의 합은?
(단, a, b는 상수)

① -5 ② -4 ③ -3
④ -2 ⑤ -1

11 $ab>0$, $bc<0$일 때, 일차함수 $y=\frac{b}{a}x+\frac{c}{a}$의 그래프가 지나지 <u>않는</u> 사분면을 구하시오.

고난도

12 오른쪽 그림과 같이 일차함수 $y=-\frac{4}{3}x+8$의 그래프가 x축, y축과 만나는 점을 각각 A, B라고 하자. 일차함수 $y=ax$의 그래프가 △OAB의 넓이를 이등분할 때, 상수 a의 값은?

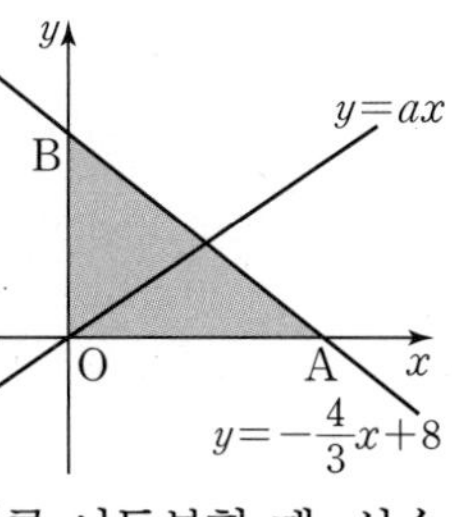

① $\frac{5}{6}$ ② 1 ③ $\frac{7}{6}$
④ $\frac{4}{3}$ ⑤ $\frac{3}{2}$

서술형

13 일차함수 $f(x)=ax+b$의 그래프가 두 점 $(-3,\ -2k)$, $(2,\ 3-2k)$를 지날 때, $f(200)-f(150)$의 값을 구하시오.

(단, a, b는 상수)

14 일차함수 $y=-\frac{4}{3}x+12$의 그래프와 이 그래프를 y축의 방향으로 -4만큼 평행이동한 그래프가 있다. 이 두 그래프와 x축, y축으로 둘러싸인 도형의 넓이를 구하시오.

15 일차함수 $y=ax+1$의 그래프가 두 점 $\mathrm{A}(3,\ 8)$, $\mathrm{B}(6,\ 3)$을 이은 선분 AB와 만나도록 하는 상수 a의 값의 범위를 구하시오.

고난도

16 네 일차함수 $y=2x+6$, $y=x-3$, $y=-2x+6$, $y=-x-3$의 그래프로 둘러싸인 도형의 넓이를 구하시오.

중단원 실전 테스트 2회

01 다음 〈보기〉 중 일차함수인 것의 개수는?

보기

ㄱ. $y=2(2x-3)-4x$

ㄴ. $y=2x-x^2$

ㄷ. $4(x-y)=3-3y$

ㄹ. $y=\frac{1}{x}+3$

ㅁ. $2x^2-y=2x^2+x-1$

① 1개 ② 2개 ③ 3개
④ 4개 ⑤ 5개

02 일차함수 $y=a-3x$의 그래프가 두 점 $(-1, 7)$, $(b, -5)$를 지날 때, $a+b$의 값은? (단, a는 상수)

① 4 ② 5 ③ 6
④ 7 ⑤ 8

03 일차함수 $y=-7x+p$의 그래프를 y축의 방향으로 -3만큼 평행이동한 그래프의 x절편과 y절편의 합이 $\frac{8}{7}$일 때, 상수 p의 값은?

① 4 ② 5 ③ 6
④ 7 ⑤ 8

04 두 점 $(-6, k-5)$, $(-3, 2k+7)$을 지나는 직선 $y=f(x)$가 일차함수 $y=6x-2$의 그래프와 평행할 때, $f(2)$의 값은?

① 41 ② 43 ③ 45
④ 47 ⑤ 49

05 일차함수 $y=f(x)$가 $\frac{f(a)-f(-1)}{a+1}=3$을 만족시키고, 그 그래프가 점 $(-2, 3)$을 지날 때, $f(4)$의 값은? (단, $a\neq-1$)

① 15 ② 17 ③ 19
④ 21 ⑤ 23

06 오른쪽 그림은 점 $A(0, 7)$과 점 $B(12, 5)$를 x축 위의 점 P와 연결한 것이다. $\overline{AP}+\overline{BP}$의 값이 최소가 될 때, 점 P의 x좌표는?

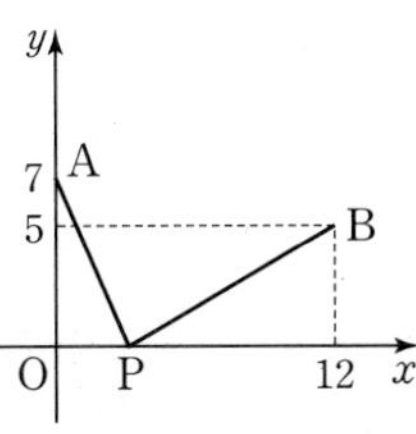

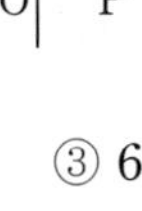

① 4 ② 5 ③ 6
④ 7 ⑤ 8

07 다음 일차함수 중 그래프가 x의 값이 증가할 때 y의 값이 감소하면서 제1사분면을 지나지 않는 것은?

① $y=2x$
② $y=-3x+5$
③ $y=-\frac{4}{3}x-2$
④ $y=\frac{2}{3}x-1$
⑤ $y=6x+1$

08 오른쪽 그림과 같이 세 점 $(-6,\ 2)$, $(2,\ -4)$, $(a,\ -7)$이 한 직선 위에 있을 때, a의 값은?

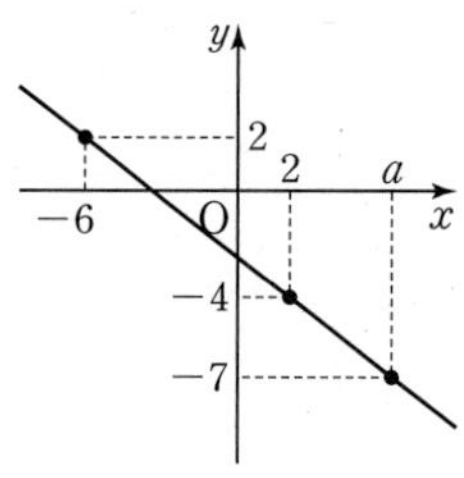

① $\frac{14}{3}$
② $\frac{16}{3}$
③ 6
④ $\frac{20}{3}$
⑤ $\frac{22}{3}$

09 다음 〈보기〉 중 일차함수 $y=-(ax+b)$의 그래프에 대한 설명으로 옳은 것의 개수는?

보기

ㄱ. $a>0$이면 오른쪽 위로 향하는 직선이다.
ㄴ. $a>0$, $b>0$이면 제1사분면을 지나지 않는다.
ㄷ. $b>0$이면 제2사분면을 반드시 지난다.
ㄹ. $a<0$이면 x의 값이 증가할 때 y의 값도 증가한다.
ㅁ. x축과 점 $(a,\ 0)$에서 만나고, y축과 점 $(0,\ b)$에서 만난다.
ㅂ. $b<0$이면 y축과 양의 부분에서 만난다.
ㅅ. a의 절댓값이 작을수록 x축에 가깝다.

① 2개
② 3개
③ 4개
④ 5개
⑤ 6개

10 세 점 $(a-2,\ 0)$, $(0,\ 4)$, $(2-a,\ b-3)$을 지나는 직선과 x축, y축으로 둘러싸인 도형의 넓이가 16일 때, $b-a$의 값은? (단, $a<0$)

① 9
② 11
③ 13
④ 15
⑤ 17

11 y절편이 x절편의 5배인 함수의 그래프가 두 점 $(-1,\ k)$, $(k,\ 6)$을 지날 때, k의 값은? (단, 이 그래프는 원점을 지나지 않는다.)

① $-\frac{5}{2}$
② $-\frac{11}{4}$
③ -3
④ $-\frac{13}{4}$
⑤ $-\frac{7}{2}$

고난도

12 $f(x)=ax+b$ (a, b는 상수)라고 할 때, 일차함수 $y=f(x)$의 그래프의 x절편, y절편이 각각 5, 3이다. 이때 $f(m+n)-f(m-n)=6nk$를 만족시키는 k의 값은?

① $-\frac{1}{5}$
② $-\frac{2}{5}$
③ $-\frac{3}{5}$
④ $-\frac{4}{5}$
⑤ -1

13 일차함수 $y=-\frac{2}{3}x+4$의 그래프가 오른쪽 그림과 같이 x절편이 $a+3b$, y절편이 $a-b$일 때, $a+b$의 값을 구하시오.

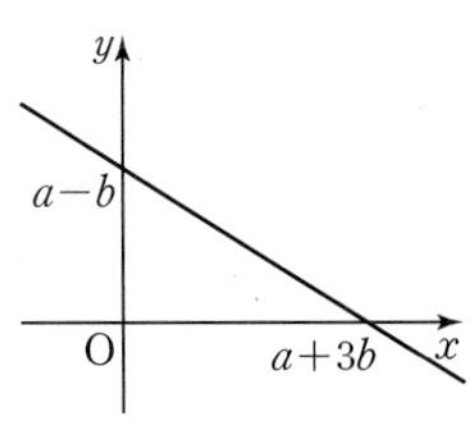

14 오른쪽 그림과 같이 두 일차함수 $y=ax+b$, $y=3x-9$의 그래프가 x축과 만나는 점을 각각 A, B라 할 때, $\overline{OA}=2\overline{OB}$이다. 두 일차함수의 그래프가 y축 위의 점 C에서 만날 때, $a+b$의 값을 구하시오.

(단, a, b는 상수)

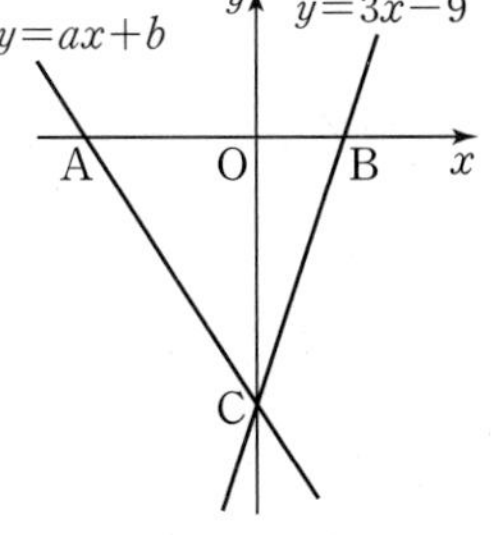

15 오른쪽 그림과 같이 일차함수 $y=-ax+6$의 그래프가 x축, y축과 만나는 점을 각각 A, B라고 하자. $\triangle$AOB의 넓이가 9일 때, 일차함수 $y=ax-a$의 그래프와 x축, y축으로 둘러싸인 도형의 넓이를 구하시오. (단, a는 상수)

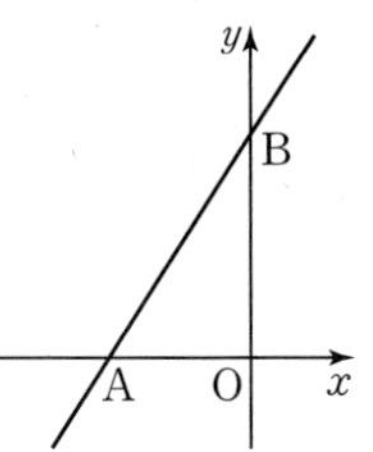

고난도

16 오른쪽 그림과 같이 일차함수 $y=ax+2$의 그래프가 직사각형 ABCD의 넓이를 P와 Q 두 부분으로 나눈다. P와 Q의 넓이의 비가 5 : 3일 때, 상수 a의 값을 구하시오. (단, 직사각형의 각 변은 좌표축과 평행하다.)

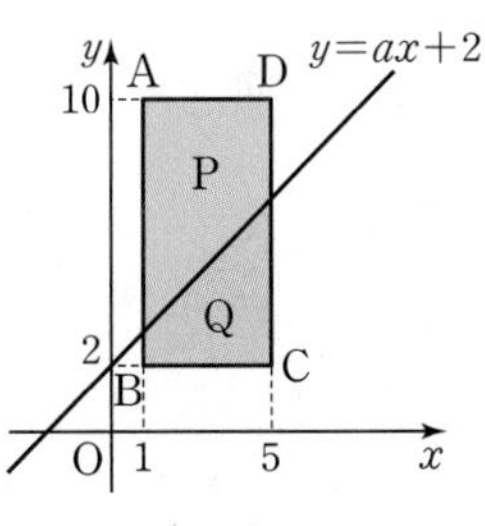

Ⅲ. 함수

2

일차함수의 활용

대표 유형

1 거리, 속력, 시간 문제

2 온도, 길이, 높이 문제

3 도형의 둘레의 길이, 넓이 문제

4 물의 양 문제

5 그래프 문제

6 개수, 금액 문제

핵심 개념

2 일차함수의 활용

1 거리, 속력, 시간 문제

(거리)=(시간)×(속력)임을 이용하여 y를 x에 대한 식으로 나타낸다.

(1) 시간에 따른 이동 거리

① x분 후의 거리를 y m라고 한다.

② 분속 a m로 이동한다면 x분 후 이동 거리는 ax m이다.

③ 속력이 분속 a m으로 일정할 때, 시간을 x분, 거리를 y m라고 하면 $y=ax$

예 둘레길 x km를 시속 3 km로 걷고 중간에 1시간 휴식을 취했을 때, 총 걸린 시간을 y시간이라고 하면 ➡ $y=\frac{1}{3}x+1$

2 온도, 길이, 높이 문제

(1) 온도

① x분 후의 온도를 y ℃라고 한다.

② 1분에 온도가 a ℃씩 상승한다면 x분 후에는 ax ℃ 상승한다.

③ 처음 온도가 b ℃이면 $y=ax+b$

(2) 용수철의 길이

① x g의 물체를 매달았을 때 용수철의 길이를 y cm라고 한다.

② 무게가 1 g인 물체를 매달 때마다 용수철의 길이가 a cm씩 증가한다면 x g인 물체를 매달았을 때 용수철 길이는 ax cm 길어진다.

③ 처음 용수철의 길이가 b cm이면 $y=ax+b$

(3) 높이

① x분 후 높이를 y m라고 한다.

② 1분에 높이가 a m씩 높아진다면 x분 후에는 ax m 높아진다.

③ 처음 높이가 b m이면 $y=ax+b$

3 도형의 둘레의 길이, 넓이 문제

x초 후에 구하려고 하는 넓이를 y cm^{2}라고 하여 관계식을 구한다.

예 다음 그림과 같은 직사각형 ABCD에서 점 P, Q가 각각 점 A, B를 출발하여 변을 따라 점 D, C까지 1초에 1 cm씩 이동한다. x초 후 직사각형 PQCD의 넓이를 y cm^{2}라고 하면

$\overline{QC}=\overline{PD}=(8-x)$ cm에서

$y=2\times(8-x)=-2x+16$

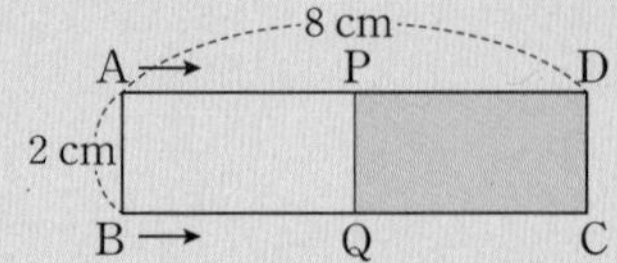

개념 체크

01 철수는 분속 50 m의 일정한 속력으로 걷고 있다. 철수가 x분 동안 이동한 거리를 y m라고 하자.

(1) x와 y 사이의 관계식을 구하시오.

(2) 30분 동안 철수가 이동한 거리를 구하시오.

02 처음 온도가 10 ℃인 물을 가열할 때, 물의 온도는 1분에 3 ℃씩 일정하게 오른다고 한다. x분 후에 y ℃가 된다고 하자.

(1) x와 y 사이의 관계식을 구하시오.

(2) 20분 후 물의 온도를 구하시오.

03 길이가 10 cm인 용수철이 있다. 이 용수철에 1 g의 물체를 매달 때마다 길이가 2 cm씩 늘어난다고 한다. x g의 물체를 매달았을 때, 용수철의 길이를 y cm라고 하자.

(1) x와 y 사이의 관계식을 구하시오.

(2) 용수철에 4 g짜리 물체를 매달았을 때, 용수철의 길이를 구하시오.

04 다음 그림과 같은 직사각형 ABCD에서 점 P, Q가 각각 점 A, B를 출발하여 변을 따라 점 D, C까지 1초에 1 cm씩 이동한다. 직사각형 PQCD의 넓이가 4 cm^{2}이 되는 것은 점 P, Q가 출발하고 몇 초 후인지 구하시오.

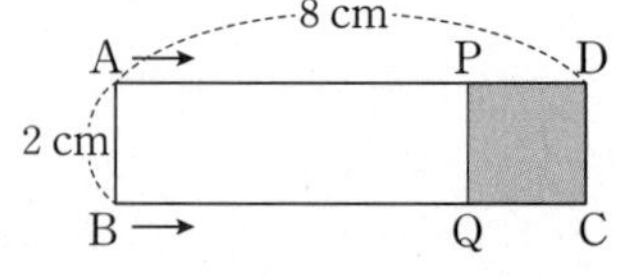

4 물의 양 문제

(1) **물을 채우는 경우**

① x분 후의 수면의 높이를 y cm라 한다.

② 1분에 높이가 a cm씩 높아진다면 x분 후에는 ax cm 높아진다.

③ 처음 높이가 b cm이면 $y=ax+b$

(2) **물을 빼는 경우**

① x분 후의 남은 물의 양을 y L라 한다.

② 1분에 a L씩 물을 뺀다면 x분 후에는 ax L만큼의 물을 뺄 수 있다.

③ 처음 물의 양이 b L이면 $y=-ax+b$

(3) **두 가지의 호스를 함께 사용하는 경우**

① x분 후의 남은 물의 양을 y L라 한다.

② A 호스는 1분에 p L씩 물을 채우고, B 호스는 1분에 q L의 물을 뺀다면 x분 후에 A 호스를 통해서 px L만큼의 물이 들어오고, B 호스를 통해서 qx L만큼의 물이 빠져나간다.

③ 처음 물의 양이 k L라면 $y=k+px-qx=(p-q)x+k$

5 그래프 문제

(1) **하나의 그래프가 주어지는 경우**

: 그래프의 기울기가 변화율임을 이용하여 문제를 해결한다.

(2) **두 개의 그래프가 주어지는 경우**

: 각각의 그래프를 일차함수의 식으로 나타내어 교점의 좌표를 구한다.

6 개수, 금액 문제

(1) **단계별로 개수가 늘어나는 경우**

① x단계에 필요한 성냥개비의 개수를 y개라 하자.

② 다음 단계로 넘어갈 때 추가로 필요한 성냥개비의 개수가 a개이면 x단계까지 가는데 $a(x-1)$개의 성냥개비가 추가로 필요하다.

③ 1단계에서 필요한 성냥개비 개수가 b개이면
$y=a(x-1)+b$

(2) **금액 문제**

① x분 후의 요금을 y원이라 하자.

② c분의 기본시간 이후 1분당 a원씩의 추가요금이 생긴다면 x분 후의 추가로 내야 하는 요금은 $a(x-c)$원이다.

③ 기본요금이 b원이면 $y=a(x-c)+b$

개념 체크

05 총 20 L를 넣을 수 있는 수조에 1분에 2 L씩 일정한 속도로 물을 넣고 있다. x분 후 수조에 들어 있는 물의 양을 y L라고 하자.

(1) x와 y 사이의 관계식을 구하시오.

(2) 수조가 가득 차는 것은 물을 넣기 시작하고 몇 분 후인지 구하시오.

06 다음과 같이 x단계에서는 y개의 성냥개비를 규칙적으로 놓으려고 한다.

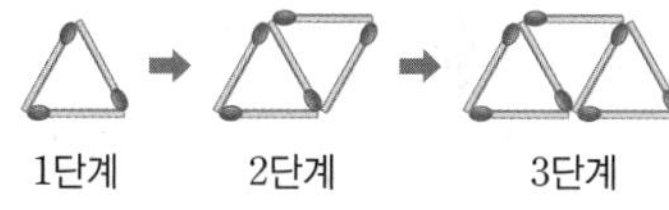

(1) x와 y 사이의 관계식을 구하시오.

(2) 6단계에 필요한 성냥개비의 개수를 구하시오.

07 학급별로 볼펜을 구입하려고 한다. 볼펜 30자루가 들어 있는 한 박스가 20000원이고, 추가로 구입하는 경우는 1자루에 500원이라고 한다. x명인 학급에서 필요한 학급비를 y원이라고 하자. (단, $x\geq30$)

(1) x와 y 사이의 관계식을 구하시오.

(2) 볼펜 34자루를 구입하려는 학급이 필요한 학급비는 얼마인지 구하시오.

대표 유형

유형 1 거리, 속력, 시간 문제

01 대원이와 기원이가 운동장에서 달리기 연습을 하는데, 기원이가 대원이보다 500 m 앞에서 출발하였다. 대원이는 1분에 0.2 km, 기원이는 1분에 0.1 km의 일정한 속력으로 달린다. x분 후 둘 사이의 거리가 y km라고 할 때, 두 사람이 만나게 되는 것은 몇 분 후가 되는가?

① 4분 후 ② 5분 후 ③ 6분 후
④ 7분 후 ⑤ 8분 후

풀이 전략 두 사람 사이의 거리를 y km라 하고 x분 후에 만나는 상황을 식으로 나타낸다.

02 지면으로부터 승강기 바닥까지의 높이 80 m에서 출발하여 초속 2 m의 속력으로 일정하게 내려오는 승강기가 있다. x초 후의 지면으로부터 승강기 바닥까지의 높이를 y m라고 할 때, 승강기 바닥이 지면으로부터 20 m 높이에 도착하는 것은 출발한 지 몇 초 후인가? (단, 승강기는 중간에 멈추지 않는다.)

① 15초 후 ② 20초 후 ③ 25초 후
④ 30초 후 ⑤ 35초 후

03 A 역을 출발한 열차가 거리가 400 km 떨어진 B 역까지 분속 2 km의 속력으로 달리고 있다. x분 후 열차와 B 역 사이의 거리를 y km라고 할 때, 열차가 B 역까지 100 km 남은 지점을 통과하는 것은 A 역을 출발하고 얼마 후인가?

① 1시간 30분 후 ② 2시간 후
③ 2시간 30분 후 ④ 3시간 후
⑤ 3시간 30분 후

04 영희는 아침 7시 정각에 집을 출발하여 매분 40 m의 일정한 속력으로 집으로부터 2100 m 떨어진 학교에 가고 있다. x분 후 영희와 학교 사이의 거리를 y m라고 할 때, 영희가 학교에서 980 m 떨어진 지점을 지날 때의 시각은?

① 7시 25분 ② 7시 28분
③ 7시 30분 ④ 7시 42분
⑤ 7시 45분

유형 2 온도, 길이, 높이 문제

05 길이가 30 cm인 양초에 불을 붙이면 1분에 0.4 cm씩 일정하게 길이가 짧아진다고 한다. 불을 붙인 지 1시간 후의 양초의 길이는?

① 3 cm ② 4 cm ③ 5 cm
④ 6 cm ⑤ 7 cm

풀이 전략 불을 붙인 지 x분 후의 양초의 길이를 y cm라고 하고 x와 y 사이의 관계를 식으로 나타낸다.

06 섭씨온도가 0 ℃일 때, 화씨온도는 32 °F이다. 섭씨온도가 5 ℃ 올라갈 때마다 화씨온도는 9 °F 올라간다고 한다. 섭씨온도가 30 ℃일 때, 화씨온도는?

① 82 °F ② 83 °F ③ 84 °F
④ 85 °F ⑤ 86 °F

07 어떤 용수철은 길이가 10 cm이고, 3 g인 물체를 매달 때마다 1 cm씩 일정하게 늘어난다고 한다. 18 g인 물체를 매달았을 때, 용수철의 길이는?

① 12 cm ② 13 cm ③ 14 cm
④ 15 cm ⑤ 16 cm

08 비커에 담긴 20 ℃의 물을 가열하면서 온도를 재었더니 2분마다 10 ℃씩 일정하게 올라갔다. 물이 100 ℃가 되는 것은 가열하기 시작한 지 몇 분 후인가?

① 10분 후 ② 12분 후 ③ 14분 후
④ 16분 후 ⑤ 18분 후

09 지면으로부터 12 km까지는 100 m씩 높아질 때마다 기온이 0.6 ℃씩 일정하게 내려간다고 한다. 지면의 기온이 22 ℃일 때, 기온이 −2 ℃인 지점의 지면으로부터의 높이는?

① 2 km ② 3 km ③ 4 km
④ 5 km ⑤ 6 km

유형 3 도형의 둘레의 길이, 넓이 문제

10 오른쪽 그림에서 점 P가 점 B에서 출발하여 점 C까지 $\overline{BC}$ 위를 매초 2 cm의 속력으로 일정하게 움직일 때, △ABP와 △DPC의 넓이의 합이 20 cm^2가 되는 것은 몇 초 후인가?

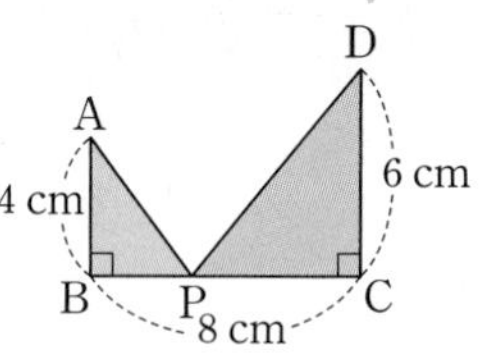

① 2초 후 ② 3초 후 ③ 4초 후
④ 5초 후 ⑤ 6초 후

풀이 전략 $\overline{BP}$의 길이를 x cm, △ABP와 △DPC의 넓이의 합을 y cm^2라고 하고 x와 y 사이의 관계를 식으로 나타낸다.

11 오른쪽 그림과 같은 직사각형 ABCD에서 점 P는 점 B를 출발하여 변 BC를 따라 점 C까지 초속 4 cm의 속력으로 일정하게 움직이고 있다. 점 P가 점 B를 출발하여 x초가 지난 후의 사각형 ABPD의 넓이를 y cm^2라고 할 때, x와 y 사이의 관계식은?

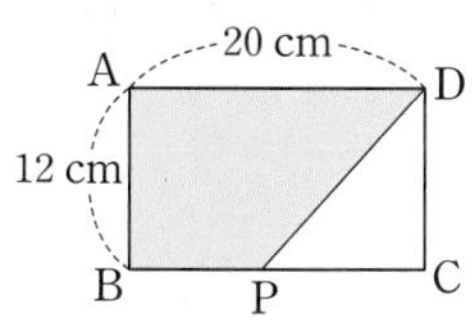

① $y=12x+60$ ② $y=24x+60$
③ $y=24x+120$ ④ $y=48x+120$
⑤ $y=48x+240$

12 다음 그림과 같이 크기가 같은 사다리꼴을 이어 붙여 새로운 도형을 만들려고 한다. x개의 사다리꼴로 만든 도형의 둘레의 길이를 y cm라고 할 때, x와 y 사이의 관계식은?

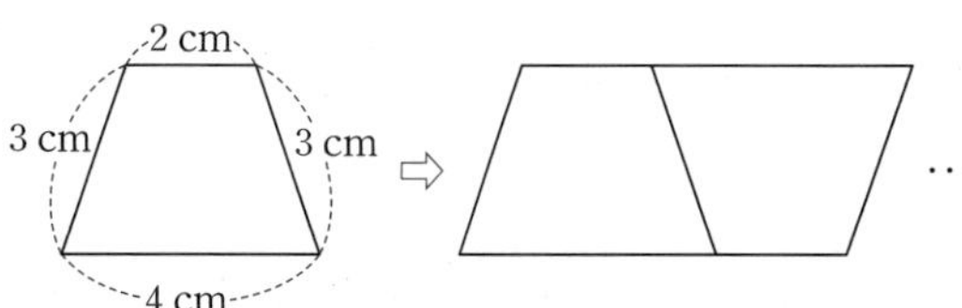

① $y=3x+9$ ② $y=3x+12$
③ $y=6x+6$ ④ $y=6x+12$
⑤ $y=9x+3$

유형 4 물의 양 문제

13 어느 댐에서 낮 12시부터 수문을 개방하여 20분당 50톤의 물을 일정하게 흘려보내려고 한다. 흘려보낸 물의 양이 1500톤이 되는 시각은 오후 몇 시 몇 분인가?

① 오후 9시 20분　② 오후 9시 40분
③ 오후 10시　④ 오후 10시 20분
⑤ 오후 10시 40분

풀이 전략 x분이 지났을 때 흘려보낸 물의 양을 y톤이라고 하고 x와 y 사이의 관계를 식으로 나타낸다.

14 물이 들어 있는 원기둥 모양의 물통이 있다. 이 물통에 일정한 속력으로 물을 채우기 시작하여 10분과 30분 후에 물의 높이를 재었더니 각각 30 cm, 40 cm였다. 처음 물통에 들어 있던 물의 높이는?

① 5 cm　② 10 cm　③ 15 cm
④ 20 cm　⑤ 25 cm

15 180 L의 물이 들어 있는 물통에서 1분마다 20 L의 비율로 물이 흘러나간다. 물이 흘러나가기 시작하여 x분 후에 물통에 남아 있는 물의 양을 y L라고 할 때, x와 y 사이의 관계식은?

① $y=-20x+160$　② $y=-20x+180$
③ $y=-20x+200$　④ $y=20x+160$
⑤ $y=20x+180$

16 30 L의 물이 들어 있는 100 L들이 물탱크에 일정한 속력으로 물을 넣어 물탱크를 가득 채우려고 한다. 4분 마다 10 L씩 물을 일정한 속력으로 넣었을 때, 물탱크를 가득 채우는 데 걸리는 시간은?

① 20분　② 22분　③ 24분
④ 26분　⑤ 28분

17 50 L들이 물통에 5 L의 물이 들어 있다. 한 쪽에서는 1분마다 25 L씩 들어가는 호스로 물을 넣고, 한 쪽에서는 1분마다 10 L씩 빠져나가는 호스로 물을 뺀다면, 몇 분 후에 물통을 가득 채울 수 있겠는가?

① 2분 후　② 3분 후　③ 4분 후
④ 5분 후　⑤ 6분 후

유형 5 그래프 문제

18 오른쪽 그림은 공기 중에서 기온에 따른 소리의 속력을 나타낸 그래프이다.

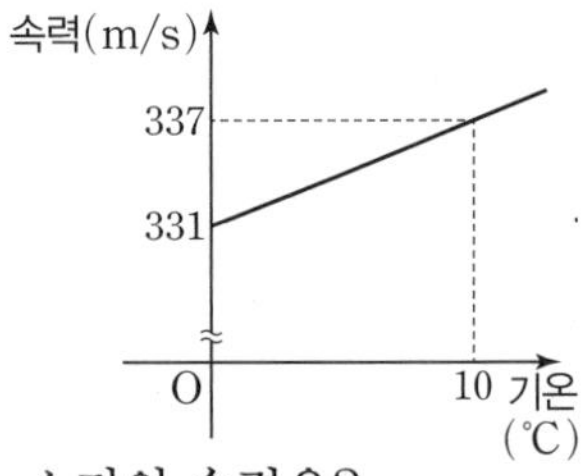

속력(m/s)
337
331
O
10 기온(℃)

기온이 30 ℃일 때, 소리의 속력은?

① 초속 349 m　② 초속 350 m
③ 초속 351 m　④ 초속 352 m
⑤ 초속 353 m

풀이 전략 기온이 x ℃일 때 소리의 속력을 초속 y m라고 하고 x와 y 사이의 관계를 식으로 나타낸다.

19 어떤 환자가 400 mL 들이의 수액을 매분 일정한 양만큼 맞고 있다. 오른쪽 그림은 x분 후 남아 있는 수액의 양을 y mL라고 할 때, x와 y 사이의 관계를 나타낸 그래프이다. 수액이 100 mL 남았다면 몇 분 동안 수액을 맞았는가?

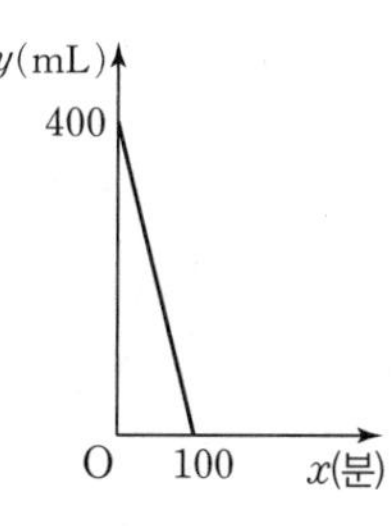

① 70분 ② 72분 ③ 75분
④ 80분 ⑤ 85분

20 오른쪽 그림은 처음에 물이 40 cm 높이만큼 담긴 물통에서 물을 빼내기 시작한 지 x초 후의 물의 높이를 y cm라고 할 때, x와 y 사이의 관계를 나타낸 그래프이다. 처음 물통에 담긴 물을 모두 빼는 데 걸리는 시간은?

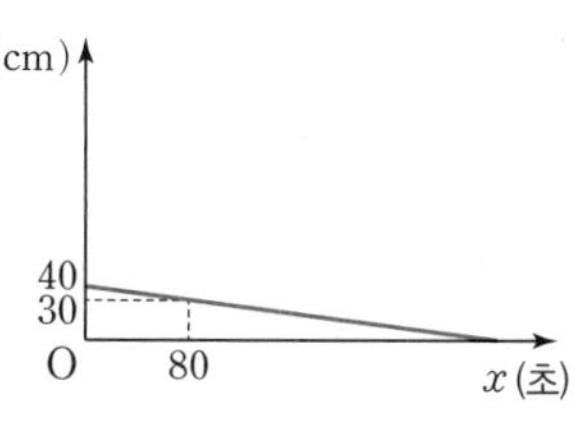

① 4분 30초 ② 4분 40초 ③ 4분 45초
④ 5분 ⑤ 5분 20초

21 오른쪽 그림은 수직선 위를 일정한 속력으로 움직이는 두 물체 A와 B의 시간에 따른 위치를 나타낸 그래프이다. 두 물체 A와 B가 움직이기 시작한 지 x분 후의 위치를 y라고 할 때, 두 물체 A와 B는 움직이기 시작한 지 몇 분 후에 만나는가?

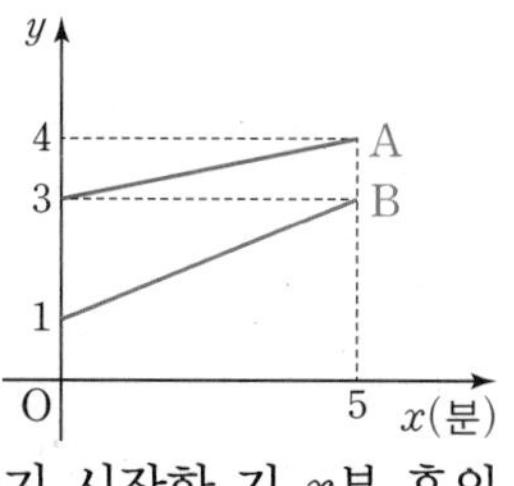

① 8분 후 ② 9분 후 ③ 10분 후
④ 12분 후 ⑤ 15분 후

유형 6 개수, 금액 문제

22 축제를 하기 위하여 악기를 빌리려고 한다. 악기를 빌리는 요금은 기본요금이 20000원이고 1시간마다 4000원씩 추가된다고 한다. x시간 동안 악기를 빌린 후 지불해야 할 요금이 y원이라고 할 때, x와 y 사이의 관계식은? (단, 기본요금에는 빌리는 시간이 포함되어 있지 않다.)

① $y=4000x+16000$
② $y=4000x+20000$
③ $y=4000x+24000$
④ $y=20000x+4000$
⑤ $y=20000x+20000$

풀이 전략 시간이 달라짐에 따라 변하는 요금의 양을 식으로 나타낸다.

23 지민이는 교통카드에 30000원을 충전하였는데, 버스를 한 번 탈 때마다 1050원이 결제된다고 한다. 버스를 9번 타고 남은 금액은?

① 8400원 ② 9450원 ③ 10500원
④ 20550원 ⑤ 21600원

24 홍보전단지를 인쇄하는 데 100장까지는 8000원이고, 100장을 넘어가는 양은 한 장당 30원씩 받는다. 전단지 200장을 인쇄하는 데 드는 비용은?

① 9000원 ② 9900원 ③ 11000원
④ 11600원 ⑤ 12000원

기출 예상 문제

❶ 거리, 속력, 시간 문제

01 어떤 건물에 있는 승강기는 매초 5 m의 일정한 속력으로 내려간다. 이 승강기가 지면으로부터 승강기 바닥까지의 높이 480 m에서 출발하여 쉬지 않고 내려간다면 출발한 지 몇 초 후에 승강기 바닥이 지면으로부터 높이가 250 m인 지점을 지나는가?

① 42초 후 ② 43초 후 ③ 44초 후
④ 45초 후 ⑤ 46초 후

❶ 거리, 속력, 시간 문제

02 지은이가 학교까지 시속 3 km의 일정한 속력으로 걸어가고 있다. 지은이가 집에서 출발하고 10분 후, 동생이 시속 4 km의 일정한 속력으로 학교에 가려고 한다. 두 사람이 만난 것은 동생이 출발한 지 몇 분 후인가?

① 20분 후 ② 24분 후 ③ 30분 후
④ 32분 후 ⑤ 35분 후

❷ 온도, 길이, 높이 문제

03 지면에서 지하 10 km까지는 땅속으로 1 km 깊어질 때마다 온도가 25 ℃씩 상승한다고 한다. 지표면의 온도가 20 ℃일 때, 지면으로부터의 깊이가 6 km인 땅속의 온도는?

① 120 ℃ ② 130 ℃ ③ 145 ℃
④ 155 ℃ ⑤ 170 ℃

❷ 온도, 길이, 높이 문제

04 길이가 20 cm인 용수철의 아래 끝에 추를 매달아 용수철의 길이를 측정하는 실험을 하였더니 추의 무게가 5 g 늘어날 때마다 용수철의 길이가 2 cm씩 일정하게 늘어났다고 한다. 이 용수철에 무게가 30 g인 추를 매달 때, 용수철의 길이는?

① 32 cm ② 33 cm ③ 34 cm
④ 35 cm ⑤ 36 cm

❸ 도형의 둘레의 길이, 넓이 문제

05 오른쪽 그림과 같은 직사각형 ABCD에서 점 P는 꼭짓점 B에서 출발하여 변 BC를 따라 점 C까지 움직인다. $\overline{PC}$의 길이를 x cm, △ABP의 넓이를 y cm^{2}라 할 때, x와 y 사이의 관계식은?

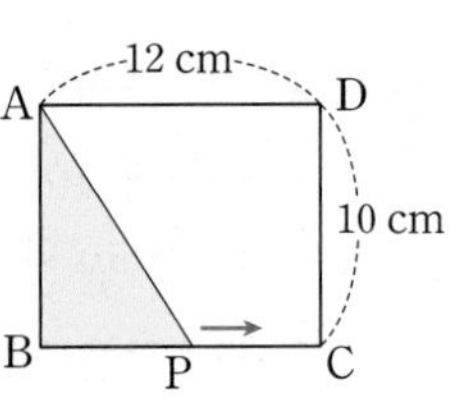

① $y=-10x+120$ ② $y=-10x+60$
③ $y=-10x+30$ ④ $y=-5x+60$
⑤ $y=-5x+120$

❸ 도형의 둘레의 길이, 넓이 문제

06 오른쪽 그림과 같은 직사각형 ABCD에서 점 P는 점 A를 출발하여 점 B까지 변 AB를 따라 매초 1 cm의 속력으로 일정하게 움직인다. 점 P가 점 A를 출발한 지 x초 후의 사다리꼴 PBCD의 넓이를 y cm^{2}라 할 때, x와 y 사이의 관계식은?

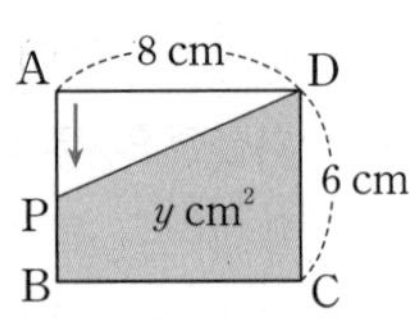

① $y=-8x+48$ ② $y=8x+96$
③ $y=-6x+96$ ④ $y=-4x+48$
⑤ $y=-4x+96$

❹ 물의 양 문제

07 물이 들어 있는 원기둥 모양의 물통에서 일정한 비율로 물을 빼내고 있다. 처음 물의 높이가 54 cm이고, 12분 동안 물을 빼낸 후의 물의 높이가 48 cm일 때, 처음부터 이 물통을 모두 비우는 데 걸리는 시간은?

① 1시간 26분 ② 1시간 32분
③ 1시간 44분 ④ 1시간 48분
⑤ 1시간 52분

❹ 물의 양 문제

08 어떤 환자가 1분에 5 m L씩 일정하게 들어가는 링거 주사 1000 m L를 맞으려고 한다. 주사를 다 맞고 오후 6시에 병원에서 나오려면 최소한 몇 시부터 주사를 맞기 시작해야 하는가?

① 오후 2시 ② 오후 2시 20분
③ 오후 2시 40분 ④ 오후 3시
⑤ 오후 3시 20분

❺ 그래프 문제

09 집에서 6 km 떨어진 학원에 가는데 동생은 걸어서 가고, 형은 동생이 출발한 지 10분 후에 자전거를 타고 갔다. 위의 그래프는 동생이 출발한 지 x분 후에 형이 간 거리를 y km라고 할 때, x와 y 사이의 관계를 나타낸 것이다. 형이 출발하여 집에서 4 km 떨어진 곳까지 가는데 걸린 시간은?

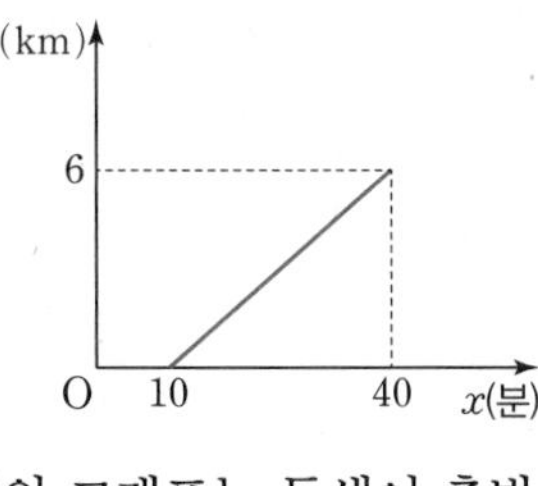

① 20분 ② 24분 ③ 25분
④ 30분 ⑤ 35분

❺ 그래프 문제

10 오른쪽 그래프는 처음 휘발유의 양이 50 L인 어느 자동차가 이동할 때, 이동한 거리 x km와 남은 휘발유의 양 y L 사이의 관계를 나타낸 것이다. 남은 휘발유의 양이 24 L일 때, 이 자동차가 이동한 거리는?

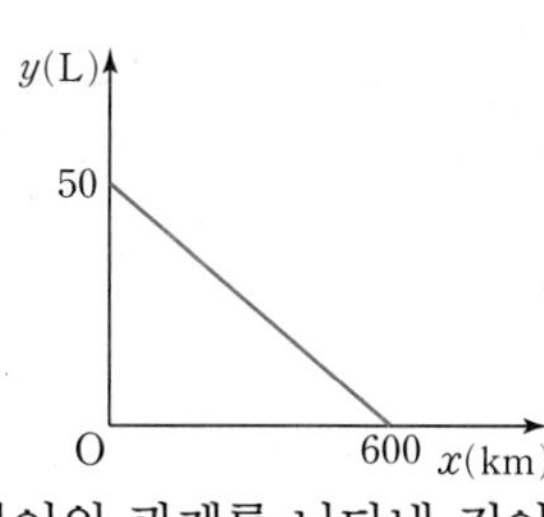

① 288 km ② 296 km ③ 304 km
④ 308 km ⑤ 312 km

❻ 개수, 금액 문제

11 다음 그림은 한 변의 길이가 1인 정사각형을 여러 개 모아 더 큰 정사각형을 만드는 과정이다. 한 변의 길이를 x에서 $x+1$로 늘리기 위해 추가로 필요한 정사각형의 개수를 $f(x)$개라고 할 때, $f(31)$의 값은?

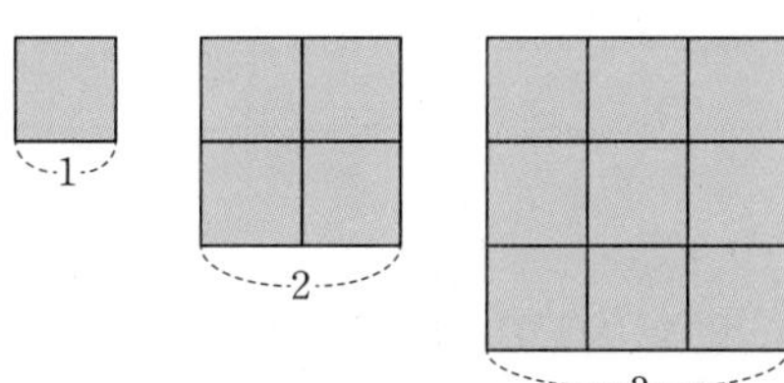

① 59 ② 61 ③ 63
④ 65 ⑤ 67

❻ 개수, 금액 문제

12 오른쪽 그래프는 100만 원을 A은행의 어느 상품에 예금하였을 때, 시간이 지남에 따라 원금과 이자의 합계 금액을 나타낸 그래프이다. 예금한 지 x년 후의 원금과 이자의 합계 금액을 y만 원이라 할 때, 6년 후의 원금과 이자의 합계 금액은?

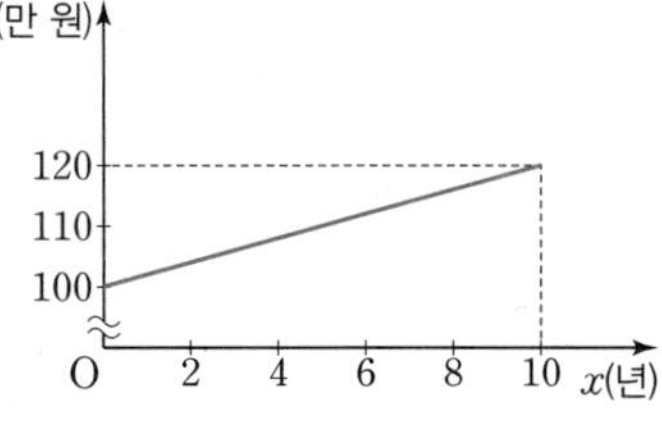

① 106만 원 ② 108만 원 ③ 110만 원
④ 112만 원 ⑤ 114만 원

1

민지는 집에서 2 km 떨어져 있는 학교에 자전거를 타고 일정한 속력으로 간다. 그런데 오늘은 400 m를 갔을 때 집으로 다시 가서 학교 준비물을 가지고 같은 속력으로 학교에 갔더니 평소보다 20분이 더 걸렸다고 한다. 집에서 머무른 시간이 4분이라고 할 때, 민지의 속력을 구하시오.

1-1

두 지점 A, B 사이의 거리는 4 km이다. 진하는 A 지점을 출발하여 걸어서 분속 90 m의 속도로 B 지점을 향하여 출발하고, 동시에 민기는 B 지점을 출발하여 자전거를 타고 분속 160 m의 속도로 A 지점을 향하여 출발하였다. 두 사람은 출발한 지 몇 분 후에 만나는지 구하시오.

2

동생과 형이 200 m 달리기 시합을 하는데 형은 출발선에서 출발하고 동생은 출발선으로부터 40 m 앞에서 출발하기로 하였다. 다음 그림은 두 사람이 동시에 출발한 지 x초 후에 출발선으로부터의 거리를 y m라고 할 때, x와 y 사이의 관계를 그래프로 나타낸 것이다. 형이 동생을 앞지르기 시작한 것은 두 사람이 출발한 지 몇 초 후인지 구하시오.

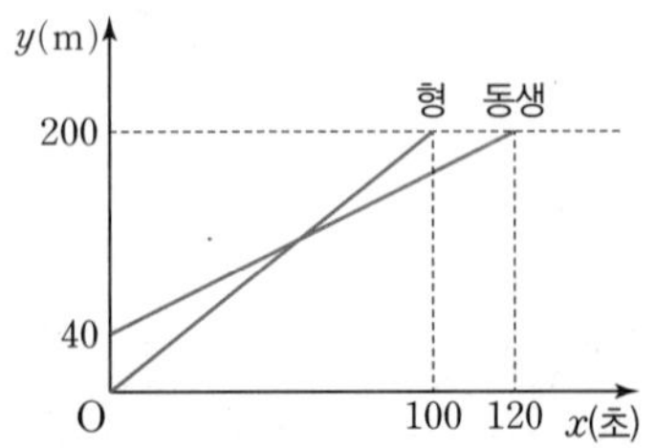

2-1

형과 동생이 집에서 5 km 떨어진 학교까지 가는데 형이 먼저 걸어서 출발하였고, 동생은 10분 후에 자전거를 타고 출발하였다. 다음 그림은 출발한 지 x분 후에 이동한 거리를 y km라고 할 때, x와 y 사이의 관계를 그래프로 나타낸 것이다. 이때 동생과 형이 만나는 것은 형이 출발한 지 몇 분 후인지 구하시오.

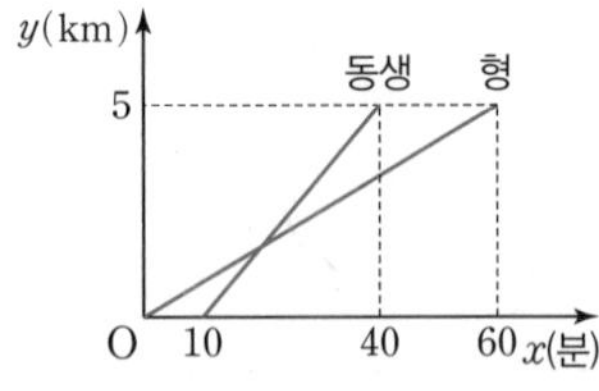

3

물이 가득 찬 수조에서 A, B 두 호스를 사용하여 일정한 속력으로 물을 빼려고 한다. 처음 10분 동안은 두 호스 A, B를 모두 사용하여 물을 빼다가 그 후에는 A 호스만을 사용하였다. 다음 그림은 물을 빼기 시작한 지 x분 후의 수조에 남아 있는 물의 양을 y m^3라 고 할 때, x와 y 사이의 관계를 나타낸 그래프이다. 가득 찬 수조를 B 호스만을 사용하여 물을 모두 빼려고 할 때, 걸리는 시간을 구하시오.

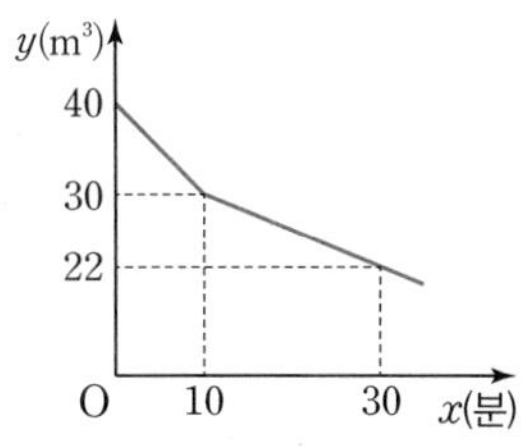

3-1

부피가 18 m^3인 빈 물통에 A, B 호스를 사용하여 일정한 속력으로 물을 넣는다. 처음 20분 동안은 A 호스만을 사용하였고, 그 후에는 A, B 두 호스를 동시에 사용하였다. 다음 그림은 물을 넣기 시작한 지 x분 후의 물통에 있는 물의 양을 y m^3라고 할 때, x와 y 사이의 관계를 나타낸 그래프이다. 빈 물통에 B 호스만을 사용하여 물통을 가득 채운다고 할 때, 걸리는 시간을 구하시오.

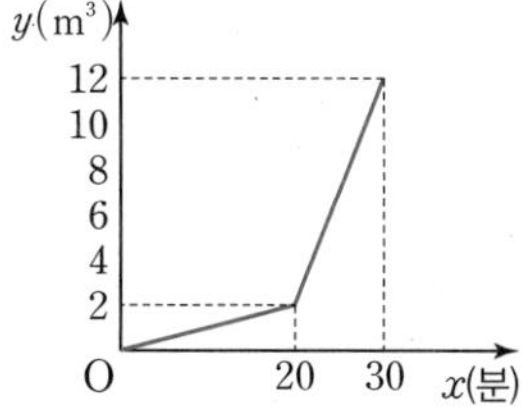

4

다음 그림과 같이 $\overline{AB}=12$ cm, $\overline{BC}=16$ cm이고 $\angle B=90°$인 직각삼각형 ABC가 있다. 점 P가 A를 출발하여 변 AB를 따라 점 B까지 2 cm의 속력으로 일정하게 움직일 때, $\triangle$PBC의 넓이가 64 cm^2이 되는 것은 몇 초 후인지 구하시오.

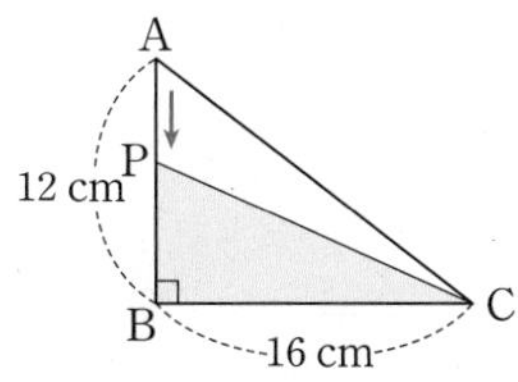

4-1

다음 그림과 같이 직사각형 ABCD에서 점 P는 점 C를 출발하여 변 CD를 따라 점 D까지 1초에 1 cm씩 일정하게 움직인다. 점 P가 점 C를 출발한 지 x초 후의 $\triangle$ACP의 넓이를 y cm^2라고 할 때, y를 x에 대한 식으로 나타내시오.

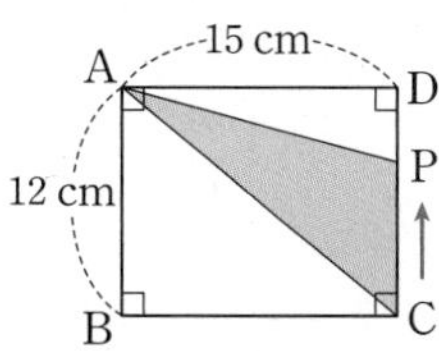

서술형 집중 연습

형과 동생이 집에서 3 km 떨어진 서점까지 가는데 동생은 분속 80 m의 속력으로 일정하게 걸어가고 형은 동생이 출발한 지 5분 후에 분속 240 m의 속력으로 일정하게 자전거를 타고 뒤쫓아 갔다. 형이 집을 출발한 지 x분 후에 형과 동생 사이의 거리를 y m라고 하자. x와 y 사이의 관계를 식으로 나타내고 동생이 출발한 후 형과 만날 때까지 걸린 시간을 구하시오.

풀이 과정

형이 출발하고 x분 지났을 때까지 형이 이동한 거리는 ☐ m이고, 동생이 이동한 거리는 ☐ m이므로 동생과 형이 만나기 전까지 두 사람 사이의 거리는 $y=$☐$x+$☐이다.

동생과 형이 만났을 때 $y=$☐이므로 이때 $x=$☐이다.

따라서 동생이 출발한 후 형과 만날 때까지 걸린 시간은 ☐분 ☐초이다.

오른쪽 그림과 같은 직사각형 ABCD에서 점 P는 점 B를 출발하여 점 C까지 $\overline{BC}$를 따라 1초에 3 cm씩 일정하게 움직인다. 점 P가 점 B를 출발한 지 x초 후의 사다리꼴 APCD의 넓이를 y cm^{2}라고 할 때, 사다리꼴 APCD의 넓이가 60 cm^{2}가 되는 것은 점 P가 점 B를 출발한 지 몇 초 후인지 구하시오.

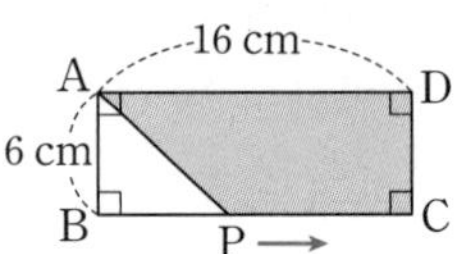

풀이 과정

x초 후의 $\overline{BP}=$☐ cm이므로 $\overline{CP}=($☐$)$ cm이다.

$y=\frac{1}{2}\times\overline{CD}\times(\overline{AD}+\overline{CP})$

$=\frac{1}{2}\times$☐$\times($☐$+$☐$)$

$=$☐$x+$☐

넓이가 60 cm^{2}일 때는 $y=$☐이므로

$x=$☐

따라서 사다리꼴 APCD의 넓이가 60 cm^{2}가 되는 것은 점 P가 점 B를 출발한 지 ☐초 후이다.

A 지점에서 20 km 떨어진 B 지점까지 가는데 민영이는 오전 9시에 출발하여 시속 4 km의 속력으로 일정하게 걸어서 가고, 정민이는 민영이가 떠난 지 3시간 후에 시속 12 km의 속력으로 일정하게 자전거를 타고 가기로 하였다. 정민이가 B 지점에 도착한 후 바로 왔던 길로 되돌아 갈 때, 다시 민영이와 마주치는 것은 몇 시 몇 분인지 구하시오.

다음 그림과 같은 직사각형 ABCD에서 점 P는 점 A를 출발하여 점 B까지 $\overline{AB}$를 따라 초속 2 cm의 속력으로 일정하게 움직이고 있다. 사각형 APCD의 넓이가 50 cm^{2}가 되는 것은 점 P가 점 A를 출발한 지 몇 초 후인지 구하시오.

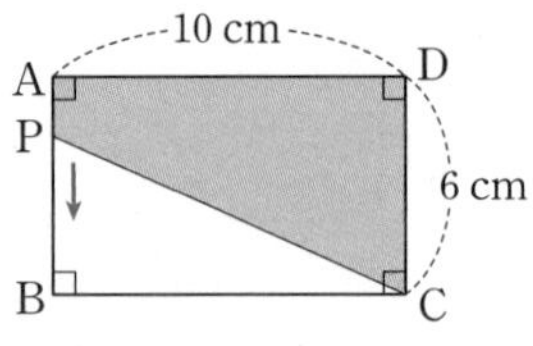

예제 3

물이 가득 들어 있는 50 L 들이 물통에서 10분마다 600 m L의 비율로 물이 흘러나간다. 물이 흘러나가기 시작하여 1시간 20분 후에 물통에 남아 있는 물의 양을 구하시오.

풀이 과정

10분마다 0.6 L의 비율로 물이 흘러나가므로 1분에 ☐ L의 비율로 물이 흘러나간다.
x분 후에 물통에 남아 있는 물의 양을 y L라고 하면 $y=$☐$x+$☐이다.
1시간 20분은 ☐분이므로 1시간 20분 후에 물통에 남아 있는 양은 ☐ L이다.

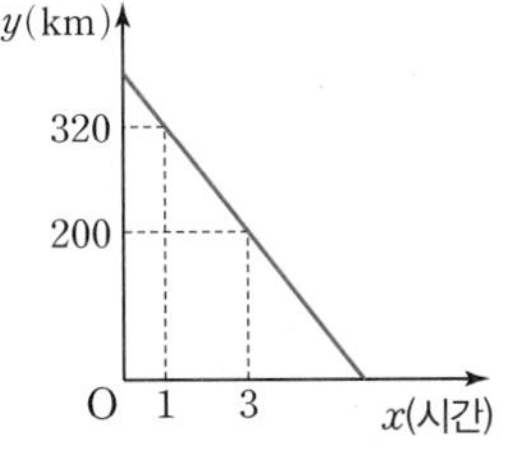

예제 4

일정한 속력으로 이동하고 있는 버스가 있다. 버스가 출발한 지 1시간 후 도착 지점까지 남은 거리는 320 km이고, 3시간 후 도착 지점까지 남은 거리는 200 km이다. 위의 그림은 출발한 지 x시간 후 도착 지점까지 남은 거리를 y km라고 할 때, x와 y 사이의 관계를 나타낸 그래프이다. 이때 버스가 출발하여 도착 지점까지 가는데 걸리는 시간을 구하시오.

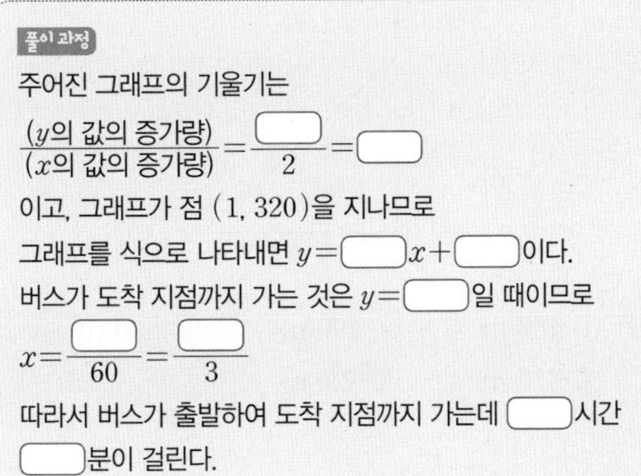

풀이 과정

주어진 그래프의 기울기는

$\frac{(y\text{의 값의 증가량})}{(x\text{의 값의 증가량})}=\frac{☐}{2}=$☐

이고, 그래프가 점 $(1, 320)$을 지나므로
그래프를 식으로 나타내면 $y=$☐$x+$☐이다.
버스가 도착 지점까지 가는 것은 $y=$☐일 때이므로

$x=\frac{☐}{60}=\frac{☐}{3}$

따라서 버스가 출발하여 도착 지점까지 가는데 ☐시간 ☐분이 걸린다.

유제 3

물이 들어 있는 직육면체 모양의 물통에서 일정한 속도로 물을 빼내고 있다. 10분과 20분 후에 수면의 높이를 재었더니 각각 48 cm, 32 cm였다고 할 때, 처음 들어 있던 물의 높이를 구하시오.

유제 4

다음 그림은 어느 물건의 무게가 x kg일 때의 배송비를 y원이라고 할 때, x와 y 사이의 관계를 나타낸 그래프이다. 무게가 3 kg인 물건을 배달시킬 때, 지불해야 하는 배송비를 구하시오.

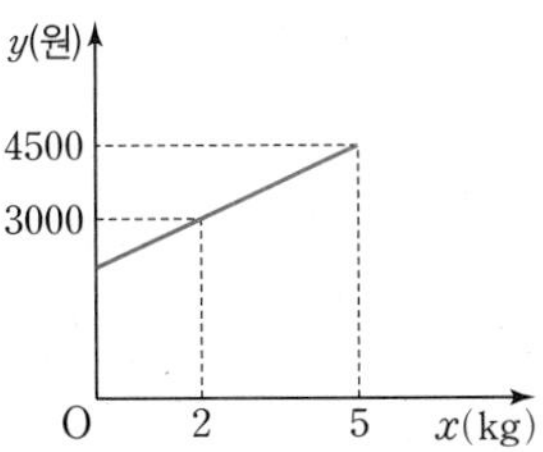

01 예지는 분속 40 m의 일정한 속도로 호수의 산책로를 따라 걷기 시작하였다. 4분 후 지아는 예지와 같은 출발 지점에서 같은 방향으로 분속 120 m의 일정한 속도로 달리기 시작하였다. 지아가 출발한 후 처음으로 예지를 만날 때까지 달린 시간은?

① 2분 ② 3분 ③ 4분
④ 5분 ⑤ 6분

고난도

02 다음 그림은 수직선 위를 일정한 속력으로 움직이는 두 물체 A, B의 시간에 따른 위치를 나타낸 것이다. 두 물체 A와 B가 움직이기 시작한 지 x초 후의 위치를 y라고 할 때, 두 물체 A와 B는 움직이기 시작한 지 몇 초 후에 만나는가?

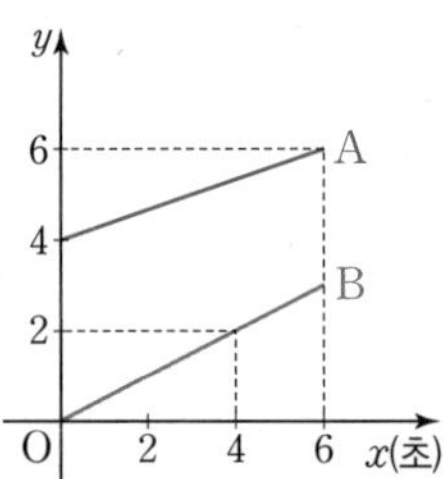

① 18초 후 ② 20초 후 ③ 21초 후
④ 24초 후 ⑤ 25초 후

03 다음은 열차 A, B가 중간에 정차하지 않고 일정한 시간 동안 직선으로 달린 위치를 그래프로 나타낸 것이다. 다음 설명 중에서 옳지 않은 것은?

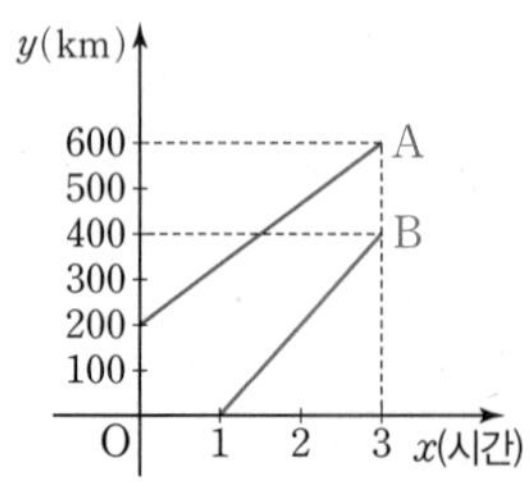

① 열차 A는 열차 B보다 빨리 출발한다.
② 열차 A는 열차 B보다 앞에서 출발한다.
③ 열차 A의 속력은 열차 B의 속력의 1.5배이다.
④ 열차 A의 속력은 열차 B의 속력보다 느리다.
⑤ 열차 A와 열차 B는 일정한 속도로 가까워지고 있다.

04 200쪽짜리 책을 한 시간에 10쪽씩 일정한 속력으로 읽는다고 한다. 책을 읽은 시간을 x시간, 남아 있는 책의 쪽수를 y쪽이라고 할 때, x와 y 사이의 관계식은?

① $y=-10x+200$ ② $y=-10x-200$
③ $y=10x+200$ ④ $y=10x-200$
⑤ $y=200x-10$

05 4 L의 물이 들어 있는 물통에 2분에 10 L씩 일정한 비율로 물을 채워넣고 있다. 물을 채우기 시작하여 x분 후의 물통에 들어 있는 물의 양을 y L라고 할 때, x와 y의 사이의 관계식은?

① $y=5x+4$ ② $y=8x+10$
③ $y=10x+4$ ④ $y=20x+4$
⑤ $y=40x+2$

06 다음 그림은 맑은 날 열기구를 타고 지면으로부터 x m 상승했을 때 측정한 기온 y ℃의 관계를 그래프로 나타낸 것이다. 기온이 15 ℃인 곳의 지면으로부터의 높이는?

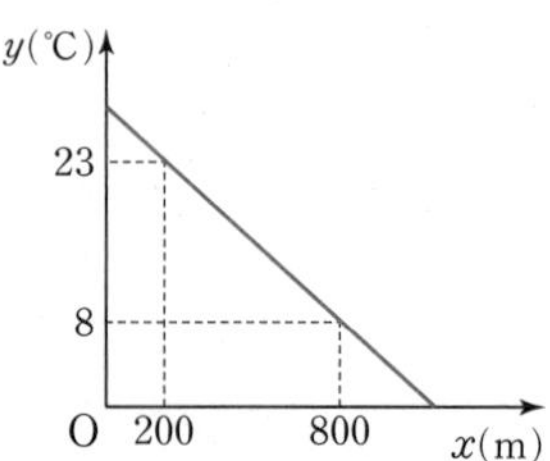

① 480 m ② 490 m ③ 500 m
④ 510 m ⑤ 520 m

07 과학실에서 비커에 에탄올을 넣고 가열하고 있다. 25 ℃인 에탄올의 온도가 1분에 6 ℃씩 일정하게 올라갔을 때, 가열한 지 6분 후의 에탄올의 온도는?

① 59 ℃ ② 60 ℃ ③ 61 ℃
④ 62 ℃ ⑤ 63 ℃

08 비커에 담긴 물을 가열하면서 물의 온도를 측정하였더니 아래 그래프와 같이 시간이 지남에 따라 물의 온도가 일정하게 올라갔다고 한다. 가열한 지 10분 후의 물의 온도는?

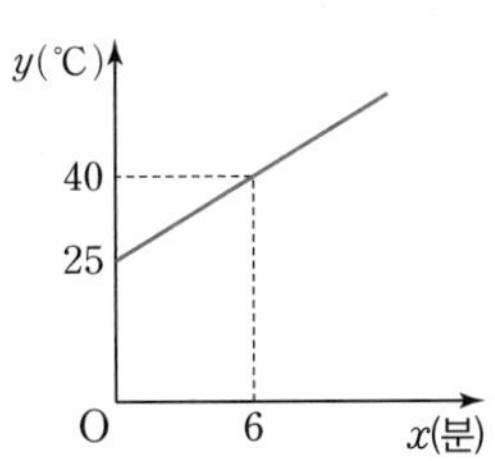

① 40 ℃ ② 45 ℃ ③ 48 ℃
④ 50 ℃ ⑤ 51 ℃

09 윗변의 길이가 x cm, 아랫변의 길이가 8 cm이고 높이가 6 cm인 사다리꼴의 넓이를 y cm²라고 할 때, x와 y 사이의 관계식은?

① $y=x+48$ ② $y=3x$ ③ $y=3x+24$
④ $y=6x+8$ ⑤ $y=6x+48$

10 400쪽의 소설을 하루에 20쪽씩 x일 동안 읽었더니 남은 쪽수가 y쪽이 되었다. 책을 읽기 시작하고 9일이 지났을 때 남은 책의 쪽수는?

① 180쪽 ② 200쪽 ③ 220쪽
④ 240쪽 ⑤ 260쪽

11 길이와 모양이 같은 성냥개비를 이용하여 다음 그림과 같이 정오각형을 연결한 모양을 만드려고 한다. 정오각형 x개를 만들 때 이용되는 성냥개비의 개수를 y개라 하면 $y=ax+b$이다. 두 수 a, b에 대하여 $a+b$의 값은?

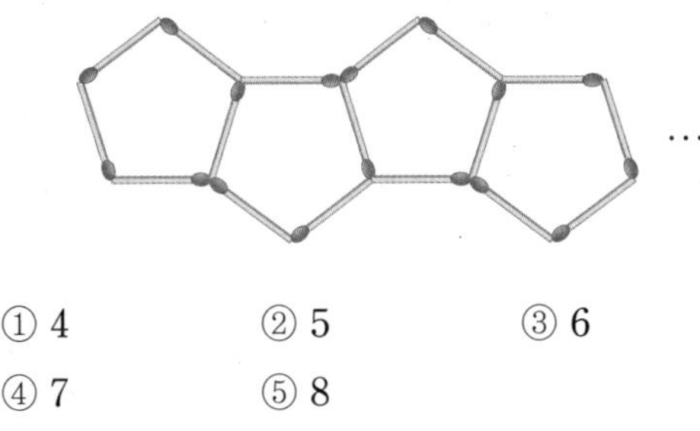

① 4 ② 5 ③ 6
④ 7 ⑤ 8

12 1 L의 연료로 12 km를 달릴 수 있는 자동차가 40 L의 연료를 넣고 달렸을 때 남은 연료가 25 L이다. 이때 달린 거리는?

① 160 km ② 180 km ③ 200 km
④ 220 km ⑤ 240 km

13 고도가 높아질 때 물의 끓는 온도는 일정하게 낮아진다고 한다. 다음 표는 고도에 따른 물의 끓는 온도를 나타낸 것이다. 물의 끓는 온도가 85 ℃가 될 때의 고도를 구하시오.

고도 (m)	0	305	610	…
끓는 온도 (℃)	100	99	98	…

14 다음 그래프는 용량이 40 mL인 디퓨저를 개봉하고 x일이 지난 후에 남아 있는 디퓨저의 용량을 y mL라고 할 때, x와 y 사이의 관계를 나타낸 것이다. y를 x에 대한 식으로 나타내고, 남아 있는 디퓨저가 12 mL일 때는 개봉하고 며칠이 지난 후인지 구하시오.

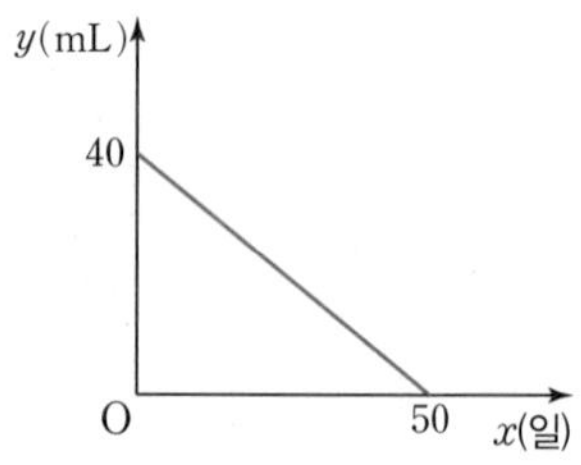

15 다음 그림과 같은 직사각형 ABCD가 있다. 점 P가 점 D를 출발하여 $\overline{DC}$를 따라 점 C까지 매초 2 m 속력으로 일정하게 움직인다. 점 P가 점 D를 출발한 지 x초 후의 사다리꼴 ABCP의 넓이를 y m^{2}라 할 때 x와 y 사이의 관계식을 구하고, 점 P가 점 D를 출발한 지 8초 후의 사다리꼴 ABCP의 넓이를 구하시오.

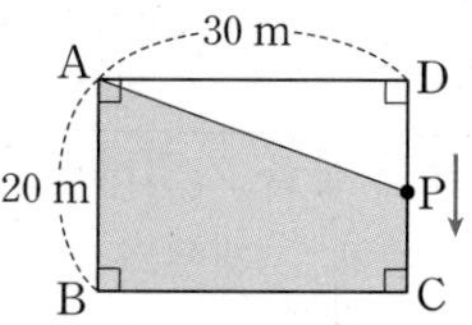

16 300 L의 물이 들어 있는 물통에서 매분 일정한 양의 물을 내보내었더니 3분 동안 60 L의 물이 빠져나갔다. 물을 내보내기 시작한 지 x분 후에 물통에 남은 물의 양을 y L라고 할 때, x와 y 사이의 관계식을 구하고, 물통에서 물이 다 빠져나갈 때까지 걸린 시간을 구하시오.

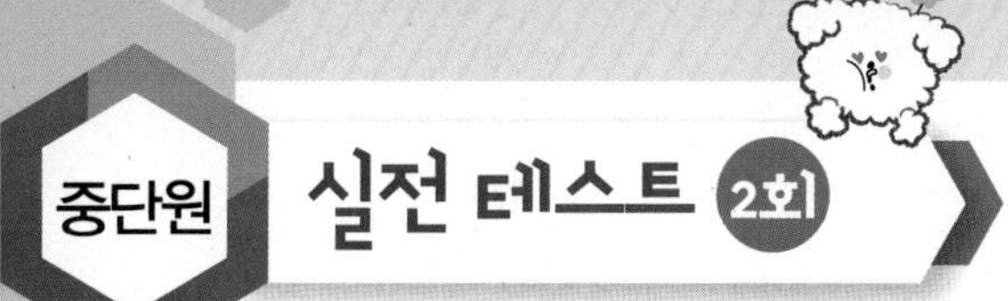

01 희수와 동생이 달리기를 하는데 희수는 출발선에서 초속 6 m의 일정한 속력으로, 동생은 희수보다 30 m 앞에서 초속 4 m의 일정한 속력으로 동시에 출발하였다. 두 사람이 만날 때까지 희수가 달린 거리는?

① 60 m ② 70 m ③ 80 m
④ 90 m ⑤ 100 m

02 지면으로부터의 승강기 바닥까지의 높이가 60 m이다. 이 승강기가 중간에 서지 않고 초속 3 m의 속력으로 일정하게 내려온다고 한다. 출발한 지 x초 후에 지면으로부터 승강기 바닥까지의 높이를 y m라고 할 때, x와 y 사이의 관계식은?

① $y=-60x+3$ ② $y=-3x+60$
③ $y=-3x$ ④ $y=3x$
⑤ $y=3x+60$

03 기차가 A 역을 출발하여 50 km 떨어진 B 역을 향하여 분속 3 km의 일정한 속력으로 달리고 있다. 기차가 A 역을 출발한 지 x분 후에 기차와 B 역 사이의 거리를 y km라고 할 때, x와 y 사이의 관계식은?

① $y=-3x+50$ ② $y=-3x$
③ $y=3x-50$ ④ $y=3x$
⑤ $y=3x+50$

04 1 L의 휘발유로 18 km를 달리는 어떤 자동차에 휘발유를 가득 채운 후, 일정한 속력으로 720 km를 달린 후에 휘발유가 완전히 소모되었다. 이 자동차에 휘발유를 가득 채우고 달린 후에 남은 휘발유의 양이 35 L일 때, 자동차가 달린 거리는?

① 75 km ② 80 km ③ 90 km
④ 105 km ⑤ 108 km

05 길이가 30 cm인 양초에 불을 붙이면 양초의 길이는 1분에 2 cm씩 일정하게 줄어든다고 한다. 양초에 불을 붙인 지 12분 후의 남은 양초의 길이는?

① 5 cm ② 6 cm ③ 7 cm
④ 8 cm ⑤ 9 cm

06 10 L의 기름이 들어 있는 기름통에 연결된 난로가 있다. 난로의 기름은 10분에 0.3 L씩 일정한 속력으로 연소한다. 불을 붙인 후의 시간을 x분, 남은 기름의 양을 y L라고 할 때, x와 y 사이의 관계식은?

① $y=-0.3x+10$ ② $y=0.3x-10$
③ $y=-0.03x+10$ ④ $y=0.03x-10$
⑤ $y=-3x+10$

07 물이 조금 들어 있는 직육면체 모양의 수조에 일정한 속도로 수돗물을 채우고 있다. 수돗물을 채우기 시작한 지 15분 후에 물의 높이가 바닥으로부터 8 cm가 되었고, 30분 후에는 바닥으로부터 14 cm까지 채워졌다. 바닥으로부터의 물의 높이가 50 cm가 되는 것은 물을 채우기 시작한 지 몇 분 후인가?

① 80분 후 ② 90분 후 ③ 100분 후
④ 105분 후 ⑤ 120분 후

08 물속으로 10 m 내려갈 때마다 압력이 1기압씩 일정하게 높아진다고 한다. 수심이 x m인 지점의 압력을 y기압이라고 할 때, x와 y 사이의 관계식은? (단, 해수면의 압력은 1기압이다.)

① $y=\frac{1}{10}x+1$ ② $y=\frac{1}{10}x+10$
③ $y=x+10$ ④ $y=10x+1$
⑤ $y=10x+10$

09 무게가 100 g인 저금통에 100원짜리 동전만 모으려고 한다. 100원짜리 동전을 x개 넣었을 때의 저금통의 무게를 y g이라고 할 때, 저금통의 무게가 1720 g이 되는 것은 100원짜리 동전을 몇 개 모았을 때인가? (단, 100원짜리 동전 한 개의 무게는 5.4 g으로 계산한다.)

① 290개 ② 300개 ③ 310개
④ 320개 ⑤ 330개

10 공중에서 물건을 아래로 던지면 떨어지는 속력이 1초에 9.8 m씩 일정하게 빨라진다고 한다. 어떤 물건이 떨어지기 시작한 후 x초가 지난 지점에서의 속력을 초속 y m라고 하자. 이 물건을 초속 3 m의 속력으로 아래로 던졌을 때, x와 y 사이의 관계식은? (단, 공기의 저항은 생각하지 않는다.)

① $y=3x-9.8$ ② $y=3x+9.8$
③ $y=9.8x-9.8$ ④ $y=9.8x+3$
⑤ $y=9.8x+9.8$

11 압력이 일정할 때, 기체의 부피는 온도가 1 ℃ 오를 때마다 0 ℃일 때의 부피의 $\frac{1}{273}$만큼씩 증가한다고 한다. 압력이 일정할 때, 0 ℃일 때의 부피가 630 cm^3인 어떤 기체가 있다. 부피가 900 cm^3가 되는 온도는?

① 78 ℃ ② 85 ℃ ③ 71 ℃
④ 108 ℃ ⑤ 117 ℃

12 휘발유 1 L로 14 km를 달리는 자동차가 있다. 현재 이 자동차에 25 L의 휘발유가 들어 있을 때, 210 km를 달린 후에 남아 있는 휘발유의 양은 몇 L인가?

① 8 L ② 9 L ③ 10 L
④ 11 L ⑤ 12 L

13 도로 경사도는 수평 거리에 대한 수직 거리의 비율을 백분율로 나타낸 것으로

(경사도)$=\frac{\text{(수직 거리)}}{\text{(수평 거리)}}\times 100$ (%)로 나타낸다.

다음 그림과 같이 경사도가 15 %인 도로 위에 두 물체 A, B가 있다. 물체 A의 수직 거리는 5 m이고, 두 물체 A와 B 사이의 수평 거리가 40 m일 때, B의 수직 거리를 구하시오.

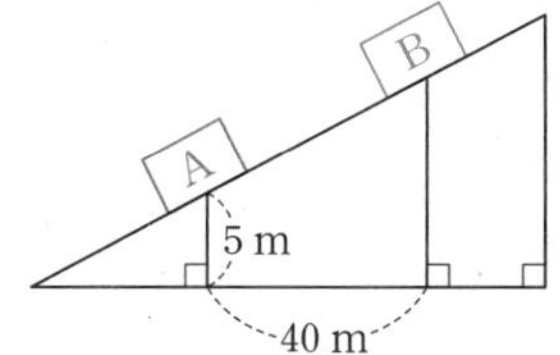

고난도

14 다음 그림은 일차함수 $y=\frac{1}{2}x$의 그래프와 y축에 평행한 두 선분 AC, BD를 나타낸 것이다. 점 P가 원점 O에서 매초 3 cm의 속력으로 일정하게 양의 방향으로 움직일 때, 출발한 지 1초 후와 4초 후에 위치한 점이 각각 A와 B이다. 이때 사각형 ABDC의 넓이를 구하시오.

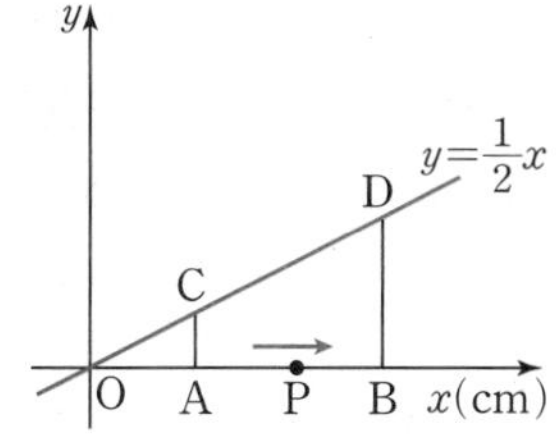

15 100 L들이 물통에 15 L의 물이 들어 있다. 한 쪽에서는 10분에 27 L씩 일정한 속력으로 들어가는 호스로 물을 넣고, 동시에 다른 한 쪽에서는 10분에 10 L씩 일정한 속력으로 빠져나가는 호스로 물을 뺀다면, 몇 분 후에 물통의 물을 가득 채울 수 있는지 구하시오.

16 250쪽의 소설책을 하루에 7쪽씩 x일 동안 읽으면 y쪽이 남는다. x와 y 사이의 관계식을 구하고, 남은 책이 40쪽일 때는 읽기 시작한 후 며칠 후인지 구하시오.

Ⅲ. 함수

3

일차함수와 일차방정식의 관계

대표 유형

1 일차방정식의 그래프

2 그래프를 이용한 연립방정식의 해

3 축과 평행한 그래프

4 직선의 방정식 구하기

5 해가 없는 경우

6 해가 무수히 많은 경우

7 직선으로 둘러싸인 도형의 넓이

핵심 개념

3 일차함수와 일차방정식의 관계

1 일차함수와 일차방정식의 관계

(1) 미지수가 2개인 일차방정식의 그래프

일반적으로 x, y의 값의 범위가 모든 수일 때, 미지수가 2개인 일차방정식 $ax+by+c=0$ (a, b, c는 상수, $a\neq0$, $b\neq0$)의 해 (x, y)는 무수히 많고, 그 해를 좌표평면 위에 나타내면 직선이 된다.

(2) 일차함수와 일차방정식의 관계

미지수가 2개인 일차방정식 $ax+by+c=0$ (a, b, c는 상수, $a\neq0$, $b\neq0$)의 그래프는 일차함수 $y=-\frac{a}{b}x-\frac{c}{b}$의 그래프와 같다.

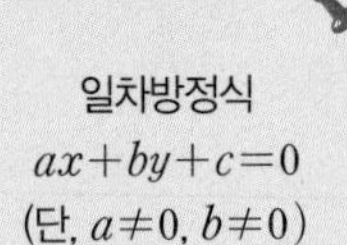

함수의 식 ⟶ / ⟵ 방정식

일차함수
$y=-\frac{a}{b}x-\frac{c}{b}$

예 일차방정식 $x-y-2=0$의 그래프는 일차함수 $y=x-2$의 그래프와 같다.

2 직선의 방정식

(1) 일차방정식 $x=k$, $y=l$의 그래프

① $x=k$의 그래프
$k\neq0$일 때, 점 $(k, 0)$을 지나고 y축에 평행한 직선
$k=0$일 때, y축

② $y=l$의 그래프
$l\neq0$일 때, 점 $(0, l)$을 지나고 x축에 평행한 직선
$l=0$일 때, x축

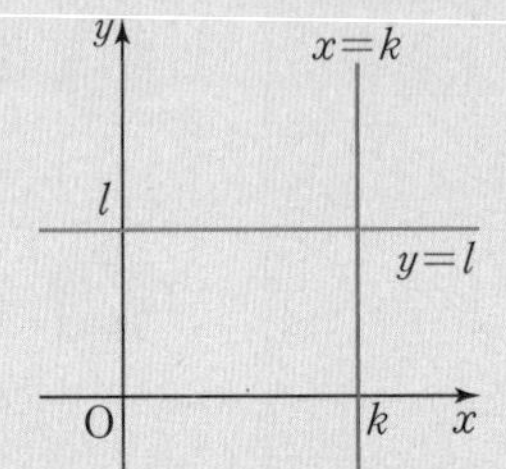

(2) 직선의 방정식

x, y의 값의 범위가 모든 수일 때, 방정식 $ax+by+c=0$ (a, b, c는 상수, $a\neq0$ 또는 $b\neq0$)의 그래프는 직선이다. 이때, 방정식 $ax+by+c=0$을 직선의 방정식이라고 한다.

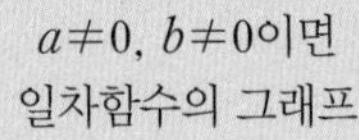

$a\neq0$, $b=0$, $c\neq0$이면 y축에 평행한 그래프

$a=0$, $b\neq0$, $c\neq0$이면 x축에 평행한 그래프

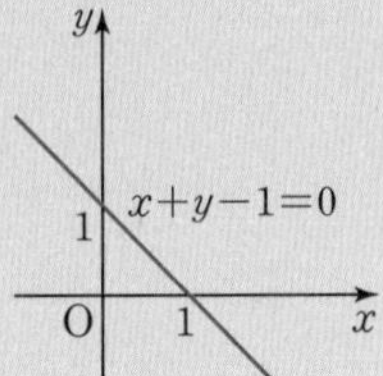

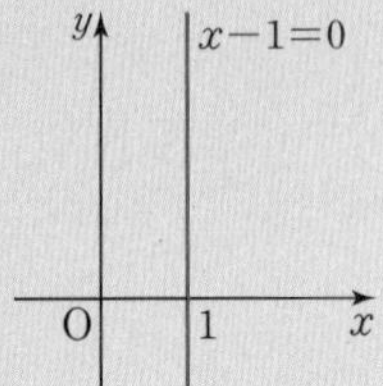

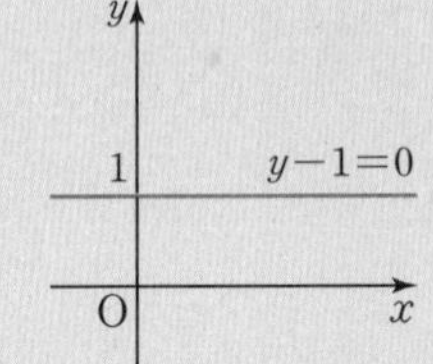

개념 체크

01 다음 일차방정식을 일차함수 $y=ax+b$의 꼴로 나타내시오.

(1) $3x-y-2=0$

(2) $6x+y+1=0$

02 일차방정식 $3x+4y+b=0$의 그래프의 기울기가 a, y절편이 2일 때, a, b의 값을 각각 구하시오. (단, b는 상수)

03 다음 그림의 그래프가 나타내는 직선의 방정식을 구하시오.

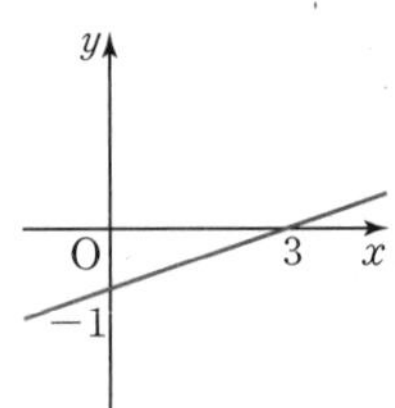

04 다음 그림과 같이 (1), (2)를 그래프로 하는 직선의 방정식을 각각 구하시오.

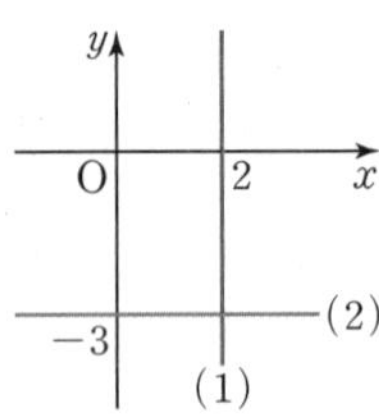

05 다음 직선의 방정식을 구하시오.

(1) 두 점 $(2, -3)$, $(1, 2)$를 지나는 직선

(2) 점 $(-1, 4)$를 지나고 x축에 수직인 직선

3 연립일차방정식의 해와 그래프

연립일차방정식 $\begin{cases} ax+by+c=0 \\ a'x+b'y+c'=0 \end{cases}$의 해는 두 일차방정식 $ax+by+c=0$, $a'x+b'y+c'=0$의 그래프의 교점의 좌표와 같다.

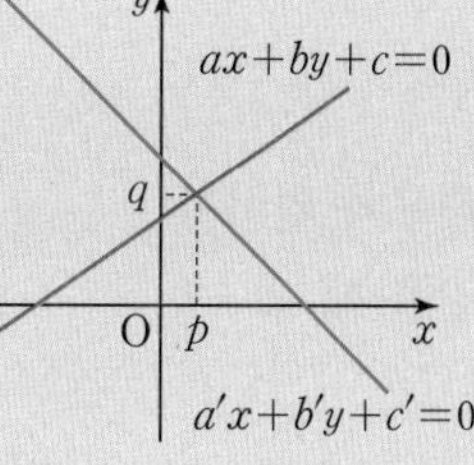

연립방정식의 해
$x=p, y=q$

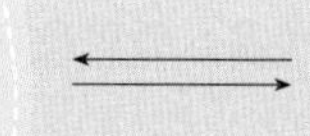

두 일차방정식 그래프의
교점의 좌표 (p, q)

예 연립일차방정식 $\begin{cases} x-y-3=0 \\ 2x+y-3=0 \end{cases}$의 해는 두 일차방정식의 그래프의 교점과 같다. 그래프의 교점의 좌표가 $(2,\ -1)$이므로 연립방정식의 해는 $x=2$, $y=-1$이다.

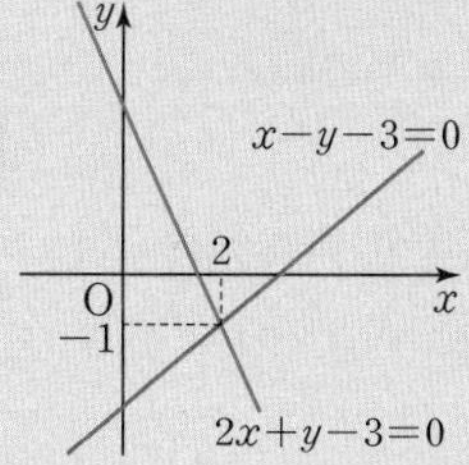

4 연립일차방정식의 해의 개수와 그래프의 위치 관계

연립일차방정식 $\begin{cases} ax+by+c=0 \\ a'x+b'y+c'=0 \end{cases}$의 해의 개수는 두 일차방정식 $ax+by+c=0$, $a'x+b'y+c'=0$의 그래프의 교점의 개수와 같다.

두 직선의 위치 관계	한 점에서 만난다.	평행하다.	일치한다.
연립방정식의 해의 개수	1	0	무수히 많다.
그래프의 모양			
기울기와 y 절편	기울기가 다르다.	기울기가 같고 y절편이 다르다.	기울기와 y절편이 각각 같다.
계수의 조건	$\frac{a}{a'} \neq \frac{b}{b'}$	$\frac{a}{a'} = \frac{b}{b'} \neq \frac{c}{c'}$	$\frac{a}{a'} = \frac{b}{b'} = \frac{c}{c'}$

개념 체크

06 다음 그래프를 보고 연립방정식의 해를 구하시오.

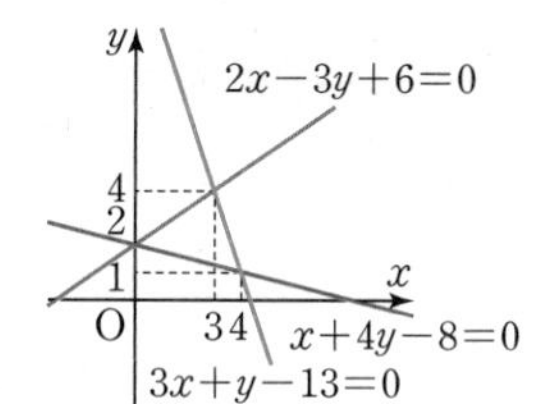

(1) $\begin{cases} 2x-3y+6=0 \\ x+4y-8=0 \end{cases}$

(2) $\begin{cases} 2x-3y+6=0 \\ 3x+y-13=0 \end{cases}$

(3) $\begin{cases} 3x+y-13=0 \\ x+4y-8=0 \end{cases}$

07 다음 〈보기〉의 연립방정식에 대하여 물음에 답하시오.

보기

ㄱ. $\begin{cases} 2x+4y=3 \\ x+2y-1=0 \end{cases}$

ㄴ. $\begin{cases} y=x-1 \\ 2x+2y=2 \end{cases}$

ㄷ. $\begin{cases} 3x-y=2 \\ y=3x-2 \end{cases}$

ㄹ. $\begin{cases} y=\frac{2x+1}{3} \\ 2x-3y=-1 \end{cases}$

(1) 해가 없는 것을 고르시오.

(2) 해가 무수히 많은 것을 모두 고르시오.

대표 유형

유형 1 일차방정식의 그래프

01 일차방정식 $2x-y+3=0$의 그래프와 일차함수 $y=ax+b$의 그래프가 서로 같을 때, $a+b$의 값은? (단, a, b는 상수)

① -5 ② -3 ③ -1
④ 3 ⑤ 5

풀이 전략 등식의 성질을 이용하여 일차방정식을 일차함수의 형태로 변형한다.

02 일차방정식 $3x-y+4=0$의 그래프의 기울기를 a, y절편을 b라 할 때, ab의 값은?

① -12 ② -4 ③ -3
④ 6 ⑤ 12

03 다음 그림은 일차방정식 $x+ay+8=0$의 그래프이다. 이때 상수 a의 값은?

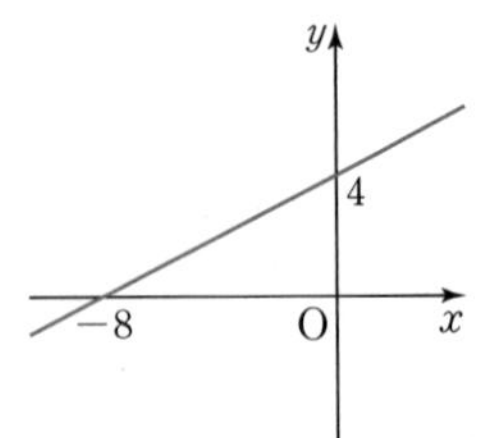

① -2 ② -1 ③ 1
④ 2 ⑤ 4

04 다음은 일차방정식 $2x-y+6=0$의 그래프에 대한 대화이다. 설명이 옳지 않은 학생은?

① 영호: x의 값이 증가할 때, y의 값도 증가해.
② 나희: 제1사분면을 지나지 않아.
③ 하진: 일차함수 $y=2x$의 그래프와 평행해.
④ 라영: 일차함수 $y=2x+6$의 그래프와 일치해.
⑤ 상욱: 원점을 지나지 않는 직선이야.

유형 2 그래프를 이용한 연립방정식의 해

05 다음 그림은 연립방정식 $\begin{cases} x+y=a \\ x-y=b \end{cases}$의 해를 구하기 위해 두 일차방정식의 그래프를 그린 것이다. 이때 상수 a, b의 값은?

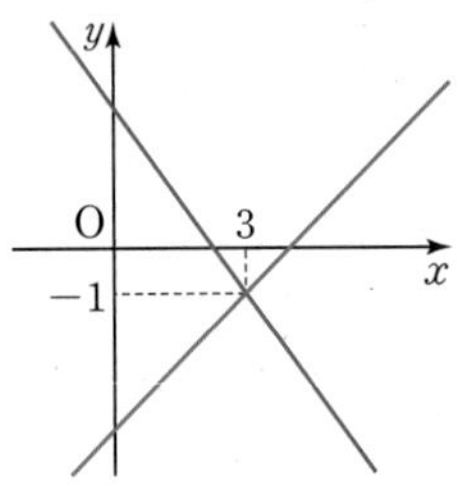

① $a=-4$, $b=2$
② $a=-4$, $b=4$
③ $a=2$, $b=-2$
④ $a=2$, $b=4$
⑤ $a=4$, $b=4$

풀이 전략 그래프의 교점을 각 일차방정식에 대입하여 a, b의 값을 구한다.

06 연립방정식 $\begin{cases} ax+y=2 \\ x-2y=5 \end{cases}$에서 두 일차방정식의 그래프의 교점의 x좌표가 1일 때, 상수 a의 값은?

① -3 ② -1 ③ 2
④ 3 ⑤ 4

정답과 풀이 44쪽

07 다음 그림은 연립방정식 $\begin{cases} x+2y=4 \\ y=ax+4 \end{cases}$에서의 해를 구하기 위해 두 일차방정식의 그래프를 그린 것이다. 이때 상수 a의 값은?

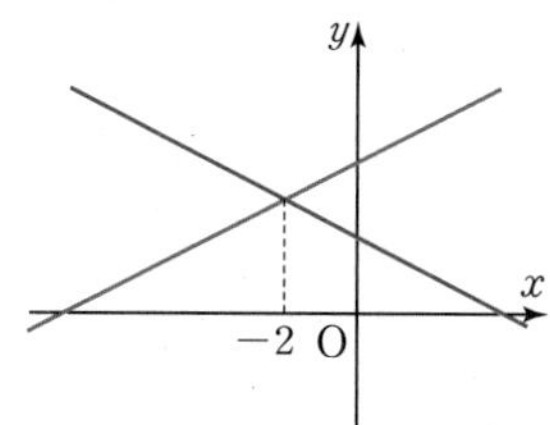

① -4 ② $-\frac{7}{2}$ ③ -3
④ $\frac{1}{2}$ ⑤ $\frac{3}{2}$

유형 3 축과 평행한 그래프

08 x축에 평행하고 점 $(-3, 3)$을 지나는 직선의 방정식은?

① $x=-3$ ② $x=3$
③ $y=-3$ ④ $y=3$
⑤ $y=x+6$

풀이 전략 x축과 평행한 직선 위의 점은 y의 값이 모두 같음을 이용한다.

09 두 점 $(2, k-1)$과 $(-3, -2k+5)$를 지나는 직선이 x축에 평행할 때, k의 값은?

① -2 ② -1 ③ 1
④ 2 ⑤ 3

10 점 $(-3, 4)$를 지나고 y축에 수직인 직선의 방정식은?

① $x=-3$ ② $x=4$ ③ $y=-3$
④ $y=4$ ⑤ $x+y=1$

11 두 일차함수 $y=-3x+7$, $y=2x-3$의 그래프의 교점을 지나고 y축에 평행한 직선의 방정식은?

① $\frac{1}{2}(x+2)=1$
② $x-2=0$
③ $x+y=3$
④ $y-1=0$
⑤ $y+3=1$

12 다음 그림은 일차방정식 $ax+by+4=0$의 그래프이다. 이때 $a+b$의 값은? (단, a, b는 상수)

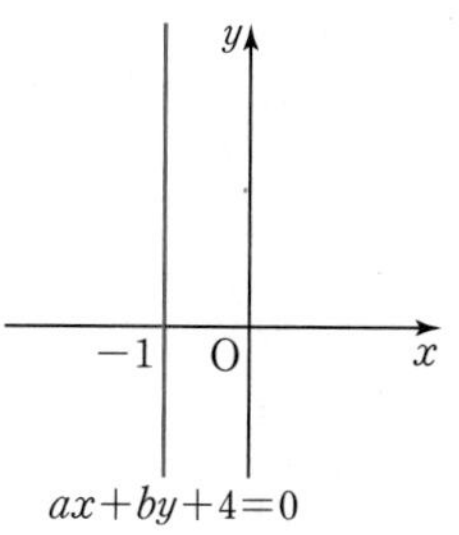

① -4 ② -2 ③ -1
④ 2 ⑤ 4

유형 4 직선의 방정식 구하기

13 일차방정식 $5x-2y+1=0$의 그래프와 평행하고 점 $(2, 1)$을 지나는 직선의 방정식이 $ax+by+8=0$일 때, $a+b$의 값은? (단, a, b는 상수)

① -5 ② -3 ③ 1
④ 3 ⑤ 5

풀이 전략 주어진 직선과 평행한 직선은 기울기가 서로 같음을 이용한다.

14 두 일차방정식 $3x-2y=12$, $y=3x-9$의 그래프의 교점을 지나고 기울기가 $\frac{1}{2}$인 직선의 방정식은?

① $x-2y-8=0$
② $x-2y+4=0$
③ $x-2y+8=0$
④ $x+2y-4=0$
⑤ $x+2y+8=0$

15 점 $(-4, 1)$을 지나고 직선 $y=-2x+3$에 평행한 그래프를 나타내는 직선의 방정식은?

① $2x-y-9=0$
② $2x-y-7=0$
③ $2x-y+9=0$
④ $2x+y+7=0$
⑤ $2x+y+9=0$

유형 5 해가 없는 경우

16 연립방정식 $\begin{cases} 4x+y=9 \\ ax-2y=7 \end{cases}$에서 각 일차방정식의 그래프를 그리면 두 직선이 서로 평행하다. 이때 상수 a의 값은?

① -16 ② -8 ③ -4
④ 8 ⑤ 16

풀이 전략 연립방정식의 해가 없는 경우 각 일차방정식의 그래프가 서로 평행하다.

17 연립방정식 $\begin{cases} y=-5x+3 \\ ax+y=6 \end{cases}$의 각 일차방정식을 그래프로 나타내면 서로 만나지 않는다고 할 때, 상수 a의 값은?

① -12 ② -6 ③ 3
④ 5 ⑤ 10

18 두 일차함수 $y=ax-1$, $y=-\frac{1}{4}x+b$의 그래프는 서로 만나지 않고, 이 두 그래프가 y축과 만나는 점을 각각 A, B라고 하면 $\overline{AB}=9$이다. ab의 값은? (단, a, b는 상수, $b>0$)

① $-\frac{5}{2}$ ② -2 ③ 2
④ $\frac{5}{2}$ ⑤ 3

유형 6 해가 무수히 많은 경우

19 두 일차방정식 $3x+4y-12=0$, $2x+ay+b=0$의 그래프의 교점이 두 개 이상일 때, $a-b$의 값은? (단, a, b는 상수)

① $-\frac{28}{3}$ ② $-\frac{16}{3}$ ③ $\frac{16}{3}$
④ 10 ⑤ $\frac{32}{3}$

풀이 전략 두 일차방정식의 그래프의 교점이 두 개 이상이면 두 그래프가 일치한다.

20 두 일차방정식 $y=ax+2$, $x+2y+b=0$의 그래프의 교점이 무수히 많을 때, ab의 값은? (단, a, b는 상수)

① -2 ② $-\frac{1}{2}$ ③ $\frac{1}{2}$
④ 2 ⑤ 4

21 연립방정식 $\begin{cases} 2x+y=a \\ bx-2y=8 \end{cases}$의 해가 무수히 많을 때, $a+b$의 값은? (단, a, b는 상수)

① -8 ② -6 ③ 0
④ 6 ⑤ 8

유형 7 직선으로 둘러싸인 도형의 넓이

22 직선 $ax+2y-12=0$과 x축, y축으로 둘러싸인 삼각형의 넓이가 4일 때, 상수 a의 값은? (단, $a>0$)

① 9 ② 12 ③ 16
④ 18 ⑤ 24

풀이 전략 직선과 축으로 둘러싸인 도형은 삼각형이므로 삼각형의 넓이를 식으로 나타낸다.

23 세 일차방정식 $ax-5y+4a=0$, $ax+3y-4a=0$, $y=0$의 그래프로 둘러싸인 삼각형의 넓이가 16일 때, 상수 a의 값은? (단, $a>0$)

① 2 ② 3 ③ 4
④ 5 ⑤ 6

24 두 직선 $x-y=0$, $2x+3y-12=0$과 y축으로 둘러싸인 삼각형의 넓이는?

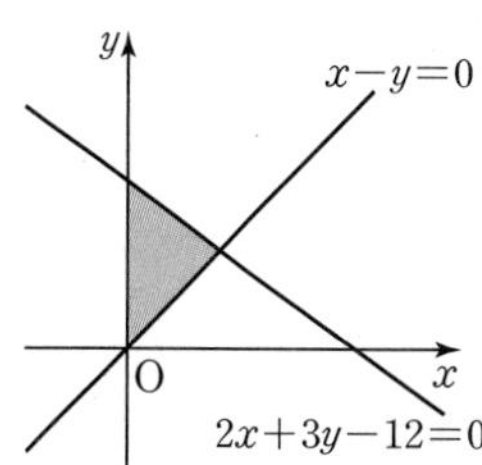

① $\frac{12}{5}$ ② $\frac{18}{5}$ ③ $\frac{21}{5}$
④ $\frac{24}{5}$ ⑤ 5

기출 예상 문제

❶ 일차방정식의 그래프

01 두 상수 a, b에 대하여 일차방정식 $ax+by-1=0$의 그래프가 아래 그림과 같을 때, 다음 중 옳은 것은?

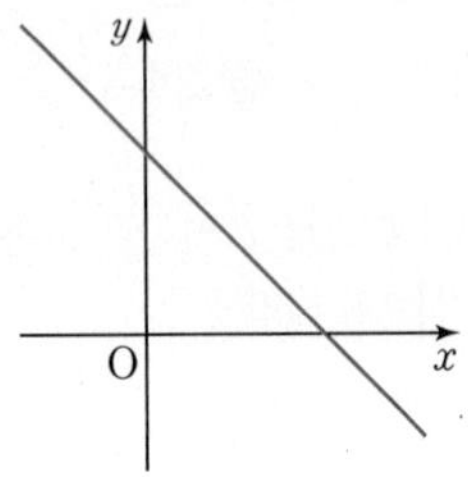

① $a>0$, $b>0$　② $a>0$, $b<0$
③ $a<0$, $b>0$　④ $a<0$, $b<0$
⑤ $a<0$, $b=0$

❶ 일차방정식의 그래프

02 일차방정식 $x+ay-6=0$의 그래프가 두 점 $(3, 1)$, $(0, b)$를 지날 때, a, b의 값은? (단, a는 상수)

① $a=-3$, $b=2$
② $a=-2$, $b=3$
③ $a=2$, $b=-1$
④ $a=3$, $b=-3$
⑤ $a=3$, $b=2$

❶ 일차방정식의 그래프

03 다음 중 일차방정식 $4x-3y-7=0$의 그래프 위에 있는 점이 아닌 것은?

① $(-5, -9)$　② $(-2, -5)$
③ $\left(-\frac{1}{2}, -3\right)$　④ $(1, 1)$
⑤ $(4, 3)$

❷ 그래프를 이용한 연립방정식의 해

04 두 일차방정식 $2x-y=5$와 $-x+2y=-1$의 그래프의 교점의 좌표는?

① $(1, -3)$　② $(1, 2)$　③ $(2, -1)$
④ $(3, 1)$　⑤ $(3, 3)$

❷ 그래프를 이용한 연립방정식의 해

05 다음 그림은 연립방정식 $\begin{cases} 3x-4y=a \\ x+by=-6 \end{cases}$을 풀기 위해 두 일차방정식을 그래프로 나타낸 것이다. 이때 $a+b$의 값은? (단, a, b는 상수)

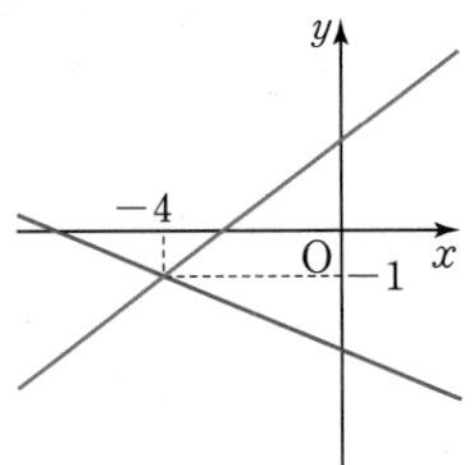

① -8　② -6　③ -1
④ 2　⑤ 10

❷ 그래프를 이용한 연립방정식의 해

06 다음 그림은 연립방정식 $\begin{cases} 3x+4y=a \\ bx+2y=-10 \end{cases}$의 해를 구하기 위해 두 일차방정식의 그래프를 그린 것이다. 이때 이 연립방정식의 해를 구하면? (단, a, b는 상수)

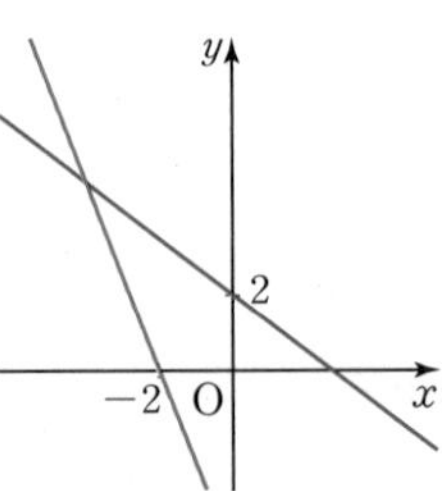

① $x=-5$, $y=3$　② $x=-5$, $y=4$
③ $x=-5$, $y=5$　④ $x=-4$, $y=4$
⑤ $x=-4$, $y=5$

3 축과 평행한 그래프

07 일차방정식 $ax+by=12$의 그래프가 점 $(2, 3)$을 지나고 y축에 평행할 때, 상수 a, b의 값은?

① $a=0$, $b=0$ ② $a=0$, $b=3$
③ $a=2$, $b=-3$ ④ $a=4$, $b=0$
⑤ $a=6$, $b=0$

3 축과 평행한 그래프

08 두 점 $(k+5, 2k-1)$, $(3-k, k+7)$을 지나는 직선이 y축에 수직일 때, k의 값은?

① -7 ② -5 ③ 1
④ 4 ⑤ 8

3 축과 평행한 그래프

09 다음 그림은 일차방정식 $ax+by-12=0$의 그래프이다. 이때 상수 a, b의 값은?

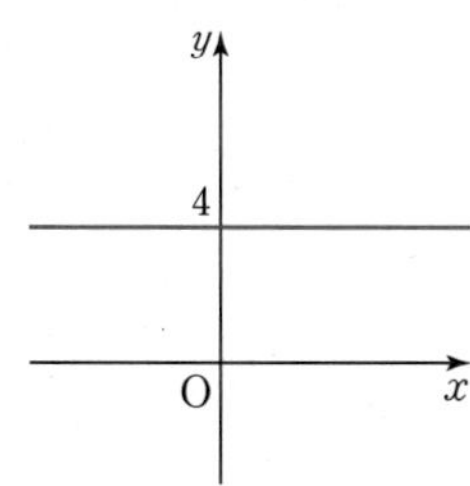

① $a=0$, $b=0$ ② $a=0$, $b=3$
③ $a=2$, $b=-1$ ④ $a=2$, $b=-3$
⑤ $a=3$, $b=2$

3 축과 평행한 그래프

10 y축에 평행한 직선이 두 점 $(k-1, k-2)$, $(5-2k, 5)$를 지날 때, k의 값은?

① -4 ② -3 ③ -1
④ 2 ⑤ 7

4 직선의 방정식 구하기

11 두 일차방정식 $x+3y=5$와 $5x-2y=8$의 그래프의 교점을 지나고 x축에 평행한 직선의 방정식은?

① $x=1$ ② $x=2$ ③ $y=1$
④ $y=2$ ⑤ $y=x$

4 직선의 방정식 구하기

12 두 일차방정식 $2x-y=4$와 $-x+3y+7=0$의 그래프의 교점을 지나고, y절편이 2인 직선의 방정식은?

① $x-4y+2=0$
② $x-2y+4=0$
③ $2x-y+2=0$
④ $4x-y+2=0$
⑤ $4x+y-2=0$

4 직선의 방정식 구하기

13 두 일차방정식 $x+3y-1=0$과 $-x+2y+6=0$의 그래프의 교점을 지나고, 직선 $y=-2x+4$와 평행한 직선의 방정식은?

① $x-2y+3=0$
② $x-2y+6=0$
③ $2x-y+6=0$
④ $2x-y+9=0$
⑤ $2x+y-7=0$

4 직선의 방정식 구하기

14 세 점 $(k-1,\ 4)$, $(k+4,\ -1)$, $(12,\ -7)$을 지나는 직선의 방정식은?

① $x-y+3=0$
② $x+y-5=0$
③ $x-2y+7=0$
④ $2x-y+2=0$
⑤ $2x+y-7=0$

5 해가 없는 경우

15 그래프를 이용하여 연립방정식을 풀 때, 다음 중 교점이 없는 것은?

① $\begin{cases} x+y=4 \\ 2x-y=3 \end{cases}$ ② $\begin{cases} 3x-4y=5 \\ -x+2y=-1 \end{cases}$

③ $\begin{cases} x+2y=3 \\ -2x-4y=-6 \end{cases}$ ④ $\begin{cases} -x+2y=1 \\ 2x-4y=2 \end{cases}$

⑤ $\begin{cases} 2x-3y=2 \\ 3x-4y=7 \end{cases}$

5 해가 없는 경우

16 두 일차방정식 $-x+2y=3$과 $ax-y=4$의 그래프가 서로 만나지 않을 때, 상수 a의 값은?

① $-\frac{1}{2}$ ② $-\frac{1}{4}$ ③ $\frac{1}{4}$
④ $\frac{1}{2}$ ⑤ 2

6 해가 무수히 많은 경우

17 연립방정식 $\begin{cases} ax+by-6=0 \\ x-3y=2 \end{cases}$의 해가 무수히 많도록 하는 상수 a, b에 대하여 $a+b$의 값은?

① -8 ② -6 ③ 3
④ 4 ⑤ 9

6 해가 무수히 많은 경우

18 두 일차방정식 $x+ay=4$와 $-x+3y=b$의 그래프가 무수히 많은 점에서 만날 때, 상수 a, b의 값을 각각 구하면?

① $a=-3$, $b=-4$
② $a=-3$, $b=4$
③ $a=3$, $b=-4$
④ $a=3$, $b=4$
⑤ $a=4$, $b=3$

⑦ 직선으로 둘러싸인 도형의 넓이

19 두 일차방정식 $5x-8y-20=0$, $9x+8y-36=0$의 그래프와 y축으로 둘러싸인 도형의 넓이는?

① 11 ② 12 ③ 13
④ 14 ⑤ 15

⑦ 직선으로 둘러싸인 도형의 넓이

20 다음 그림과 같이 두 직선 $y=\frac{3}{4}x+3$, $y=-x+2$와 x축으로 둘러싸인 도형의 넓이는?

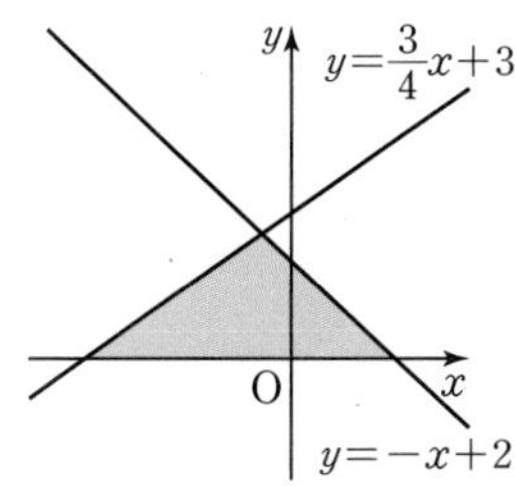

① $\frac{22}{3}$ ② $\frac{29}{4}$ ③ $\frac{37}{5}$
④ $\frac{43}{6}$ ⑤ $\frac{54}{7}$

⑦ 직선으로 둘러싸인 도형의 넓이

21 일차방정식 $ax-y+2a=0$의 그래프와 x축 및 y축으로 둘러싸인 도형의 넓이가 8일 때, 양수 a의 값은?

① 2 ② 3 ③ 4
④ 6 ⑤ 8

⑦ 직선으로 둘러싸인 도형의 넓이

22 두 일차방정식 $x+y-4=0$, $2x-3y-3=0$의 그래프와 y축으로 둘러싸인 도형의 넓이는?

① $\frac{9}{2}$ ② 5 ③ 6
④ $\frac{15}{2}$ ⑤ 10

⑦ 직선으로 둘러싸인 도형의 넓이

23 다음 그림과 같이 두 직선 $2x+y-5=0$, p와 y축의 교점을 각각 A, B라 하고, 두 직선의 교점을 C라고 하자. $\overline{AO}=\overline{BO}$이고, 직선 p의 기울기가 3일 때, △ABC의 넓이는?

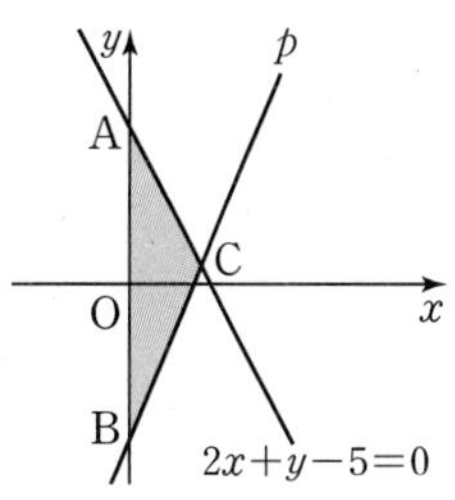

① 7 ② 8 ③ 9
④ 10 ⑤ 11

⑦ 직선으로 둘러싸인 도형의 넓이

24 직선 $y=\frac{1}{3}x-4$와 x축, y축으로 둘러싸인 삼각형의 넓이를 직선 $y=ax$가 이등분할 때, 상수 a의 값은?

① $-\frac{1}{2}$ ② $-\frac{1}{3}$ ③ $-\frac{1}{4}$
④ $-\frac{1}{5}$ ⑤ $-\frac{1}{6}$

일차방정식 $ax+y+b=0$의 그래프가 다음 그림과 같을 때, 일차함수 $y=bx-a$의 그래프가 지나지 않는 사분면을 구하시오. (단, a, b는 상수)

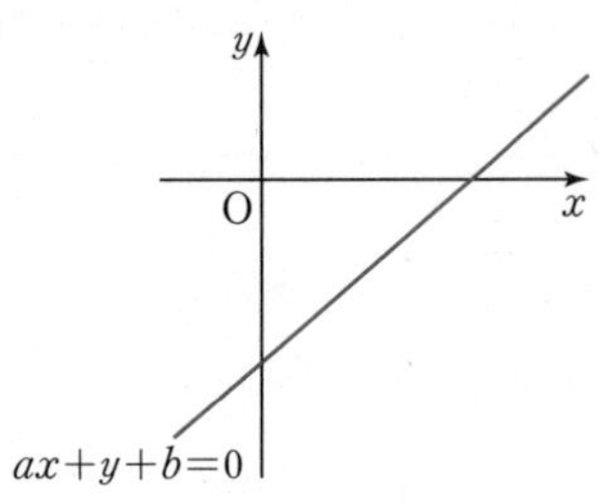

세 수 a, b, c에 대하여 $a>0$, $b<0$, $c>0$일 때, 일차방정식 $ax+by-c=0$의 그래프가 지나지 않는 사분면을 구하시오. (단, a, b, c는 상수)

세 직선 $2x+y-1=0$, $y=x-8$, $y=ax-2$가 삼각형을 이루지 않도록 하는 상수 a의 값을 모두 구하시오.

세 직선 $3x-2y-1=0$, $2x-y=3$, $y=ax$가 삼각형을 이루지 않도록 하는 모든 상수 a의 값의 합을 구하시오.

3

다음 그림과 같이 네 직선 $y=ax+b$, $y=2x+2$, $y=3$, $y=-2$의 교점을 각각 A, B, C, D라고 할 때, 사각형 ABCD는 넓이가 20인 평행사변형이다. 상수 a, b의 값을 각각 구하시오.

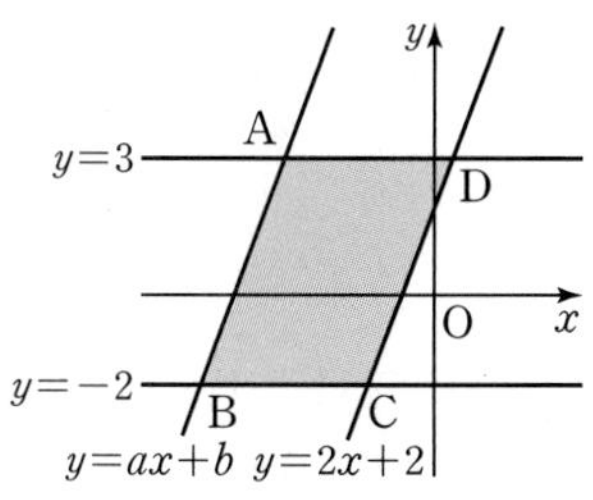

3-1

네 직선 $x=a$, $y=2$, $y=-2$, $y=x+3$으로 둘러싸인 도형의 넓이가 28일 때, 양수 a의 값을 구하시오.

4

직사각형의 넓이를 이등분하는 직선은 직사각형의 두 대각선의 교점을 지나는 직선이다. 다음 그림의 직사각형의 넓이를 이등분하면서 점 $(-3,\ 4)$를 지나는 직선의 방정식을 구하시오.

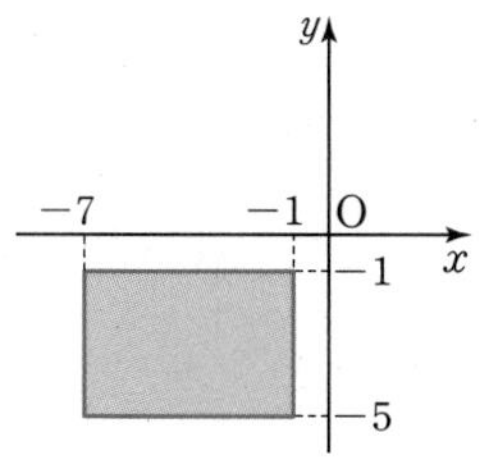

4-1

직선 $y=\frac{1}{3}x+6$이 x축, y축과 만나는 점을 각각 A, B라 하자. 직선 $y=ax+1$이 △AOB의 넓이를 이등분할 때, 상수 a의 값을 구하시오. (단, 점 O는 원점이고, $a<0$이다.)

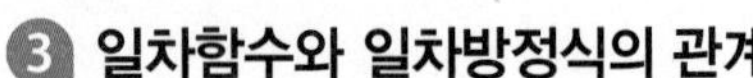

서술형 집중 연습

예제 1

연립방정식 $\begin{cases} x-y+5=0 \\ ax-y=-2 \end{cases}$의 각 일차방정식의 그래프가 다음 그림과 같을 때, 상수 a의 값을 구하시오.

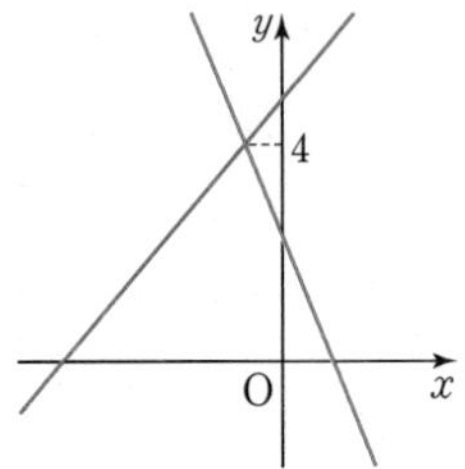

풀이 과정

두 그래프의 교점의 좌표를 $(k, 4)$라고 하자. 이 점이 일차방정식 $x-y+5=0$의 그래프 위의 점이므로 $k=$□이다. 따라서 두 그래프의 교점의 좌표는 (□, 4)이다.
이 점이 $ax-y=-2$의 그래프 위의 점이므로 대입하면
$a\times($□$)-4=-2$
따라서 $a=$□이다.

예제 2

연립방정식 $\begin{cases} ay=2x+3 \\ x-4y=b \end{cases}$를 그래프를 이용하여 풀어 보면 교점이 무수히 많을 때, 상수 a, b의 값을 각각 구하시오.

풀이 과정

$ay=2x+3$의 그래프는 $y=$□$x+\frac{3}{a}$의 그래프와 같으므로 그래프의 기울기는 □이고, y절편은 □이다.
$x-4y=b$의 그래프는 $y=\frac{1}{4}x+($□$)$의 그래프와 같으므로 기울기는 □이고, y절편은 □이다.
두 그래프의 교점이 무수히 많다면, 두 그래프는 일치하므로 기울기와 y절편이 각각 같다. 즉, □$=\frac{1}{4}$, $\frac{3}{a}=$□
따라서 $a=$□이고, $b=$□이다.

유제 1

연립방정식 $\begin{cases} x+y=3 \\ 3x-2y=k \end{cases}$의 해를 구하려고 그래프를 그렸더니 다음 그림과 같았다. 이때 상수 k의 값을 구하시오.

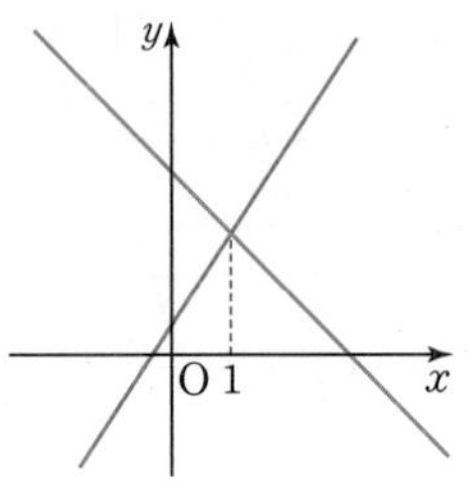

유제 2

두 일차방정식 $3x-2y=12$, $ax+by-24=0$의 그래프가 완전히 겹칠 때, 상수 a, b의 값을 각각 구하시오.

예제 3

다음 그림과 같이 두 일차방정식 $x-2y+5=0$과 $2x+y-5=0$의 그래프와 x축으로 둘러싸인 도형의 넓이를 구하시오.

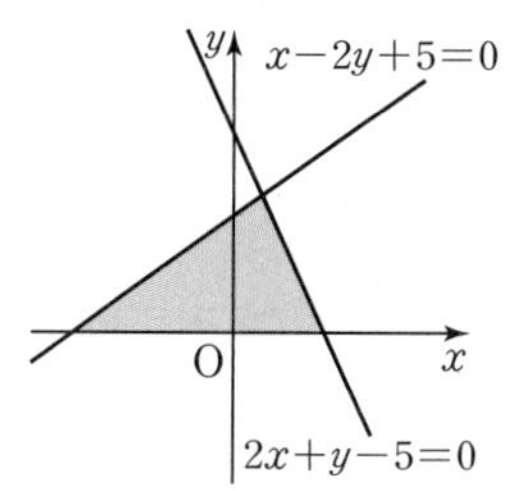

풀이 과정

$x-2y+5=0$의 그래프의 x절편은 □이고,

$2x+y-5=0$의 그래프의 x절편은 □이다.

따라서 삼각형의 밑변의 길이는 두 x절편의 차인 □이다.

주어진 두 일차방정식의 그래프의 교점은 연립방정식

$$\begin{cases} x-2y+5=0 & \cdots\cdots ㉠ \\ 2x+y-5=0 & \cdots\cdots ㉡ \end{cases}$$

의 해와 같다.

$x=2y-5$를 ㉡에 대입하여 정리하면 □$y=15$이므로

$y=$□이고, $x=2y-5=2\times$□$-5=$□

따라서 두 그래프의 교점의 좌표는 (□, □)이고, 삼각형의 높이는 □이므로 구하는 삼각형의 넓이는

$\frac{1}{2}\times$(밑변의 길이)$\times$(높이)$=\frac{1}{2}\times$□$\times$□$=$□이다.

예제 4

두 점 $(3a+7,\ -1)$, $(3-a,\ 3)$을 지나는 직선이 y축에 평행할 때, a의 값을 구하시오.

풀이 과정

두 점을 지나는 직선이 y축에 평행하므로 두 점의 □좌표가 서로 같다.

즉, □$=$□이므로

$4a=$□

$a=$□이다.

유제 3

두 일차방정식 $x+y=4$, $-2x+3y+3=0$의 그래프와 y축으로 둘러싸인 삼각형의 넓이를 구하시오.

유제 4

두 점 $(a,\ 2a-1)$, $(3,\ a+1)$을 지나는 직선이 x축에 평행할 때, a의 값을 구하시오.

중단원 실전 테스트 1회

01 일차방정식 $4x+ky+2=0$의 그래프가 점 $(5, -2)$를 지날 때, 상수 k의 값은?

① -7 ② -3 ③ 4
④ 6 ⑤ 11

02 일차방정식 $-x+2y+4=0$의 그래프와 x축 위에서 만나고, 직선 $y=2x+5$와 평행한 직선의 방정식은?

① $2x-y-2=0$
② $2x-y+4=0$
③ $2x-y-8=0$
④ $2x+y-4=0$
⑤ $2x+y+8=0$

03 연립방정식 $\begin{cases} x-3y=7 \\ -x+2y+5=0 \end{cases}$의 해가 두 점 $(-1, 4)$, $(2, a)$를 지나는 직선 위에 있을 때, 상수 a의 값은?

① -6 ② -5 ③ -2
④ 1 ⑤ 3

고난도

04 두 일차방정식 $ax+y-3=0$과 $3x-y=8$의 그래프의 교점이 제3사분면 위에 있도록 하는 a의 값으로 가능한 것은? (단, $a\neq3$)

① -7 ② -2 ③ 1
④ 4 ⑤ 6

05 다음 그래프를 이용하여 연립방정식 $\begin{cases} y=\frac{3}{4}x-\frac{3}{2} \\ y=-\frac{3}{2}x-6 \end{cases}$의 해를 구하면?

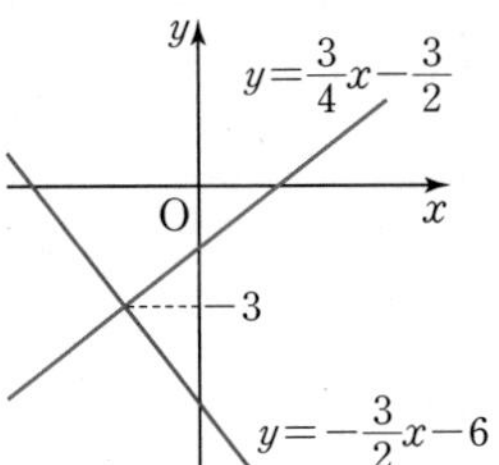

① $x=-4$, $y=-2$ ② $x=-3$, $y=-3$
③ $x=-3$, $y=0$ ④ $x=-2$, $y=-3$
⑤ $x=0$, $y=-3$

06 다음 그림은 두 일차방정식 $x+ay-6=0$과 $3x+2y=b$의 그래프를 그린 것이다. 이때 $a+b$의 값은? (단, a, b는 상수)

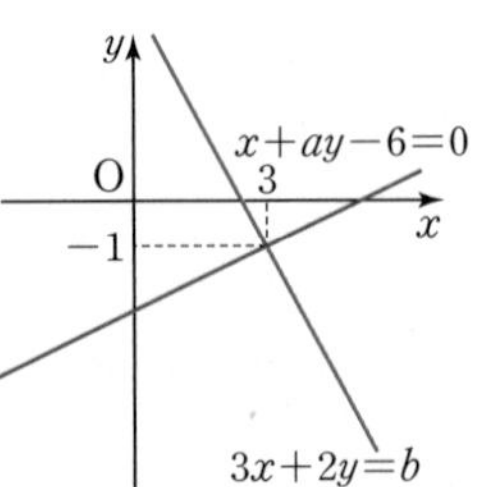

① -9 ② -5 ③ 2
④ 4 ⑤ 10

07 x절편이 4, y절편이 2인 직선과 두 점 $(-1,\ -5)$, $(4,\ 5)$를 지나는 직선의 교점의 좌표는?

① $(-2,\ 3)$ ② $(1,\ -1)$ ③ $\left(1,\ \frac{3}{2}\right)$
④ $(2,\ 1)$ ⑤ $\left(3,\ \frac{1}{2}\right)$

08 x축에 평행한 직선이 두 점 $\left(1-\frac{p}{2},\ 2p-5\right)$, $(2,\ p-1)$을 지날 때, p의 값은?

① 2 ② 3 ③ 4
④ 5 ⑤ 6

09 다음 중 연립방정식의 각 일차방정식의 그래프인 두 직선에 대한 설명 중 항상 옳은 것은?

① 두 직선이 평행하면 해는 무수히 많다.
② 두 직선의 기울기가 같고 y절편이 다르면 해는 무수히 많다.
③ 두 직선의 y절편이 같고 기울기가 다르면 해는 x축 위에 있다.
④ 두 직선이 한 점에서 만나면 그 점의 좌표가 연립방정식의 해이다.
⑤ 두 직선의 기울기와 y절편이 모두 같으면 해가 무수히 많으므로 좌표평면 위의 모든 점이 해가 된다.

10 세 일차방정식 $2x+y-1=0$, $x-y+7=0$, $x+ay-8=0$의 그래프가 한 점에서 만날 때, 상수 a의 값은?

① 1 ② 2 ③ 3
④ 4 ⑤ 5

11 다음은 두 일차방정식 $x-y+4=0$과 $x+2y-5=0$의 그래프이다. 두 그래프와 y축이 만나는 점을 각각 A, B라 하고 일차방정식 $x+2y-5=0$의 그래프와 x축의 교점을 C, 두 그래프의 교점을 D라고 할 때, △ADB와 △BOC의 넓이의 비는?

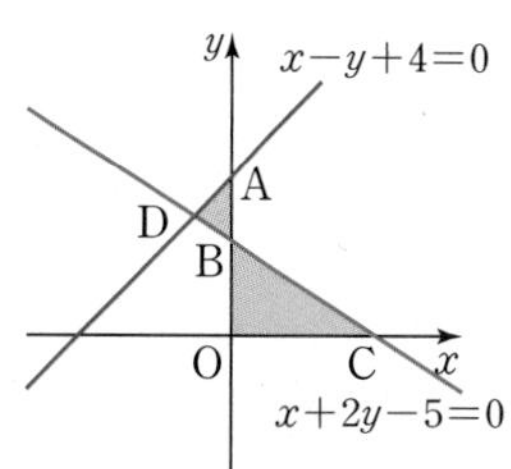

① 1 : 5 ② 2 : 15 ③ 2 : 17
④ 3 : 20 ⑤ 3 : 25

12 두 일차방정식 $x+y+2=0$, $3x-y-6=0$의 그래프와 x축으로 둘러싸인 도형의 넓이는?

① 5 ② 6 ③ 7
④ 8 ⑤ 9

서술형

13 직선 $y=\frac{2}{3}x-4$와 x축에서 만나고, 직선 $y=-\frac{3}{5}x+4$와 y축에서 만나는 직선을 그래프로 하는 직선의 방정식을 구하시오.

고난도

14 다음 세 일차방정식의 그래프가 삼각형을 이루지 않도록 하는 상수 a의 값을 모두 구하시오.

> $2x+y-2=0$, $4x-y-1=0$, $x+ay-3=0$

15 다음 그림은 연립방정식 $\begin{cases} x-y-5=0 \\ x+ay+7=0 \end{cases}$의 두 일차방정식의 그래프이다. 이 두 그래프와 직선 $y=bx+1$로 둘러싸인 삼각형을 그리려고 한다. 이때 b가 될 수 없는 수를 모두 구하시오. (단, a, b는 상수)

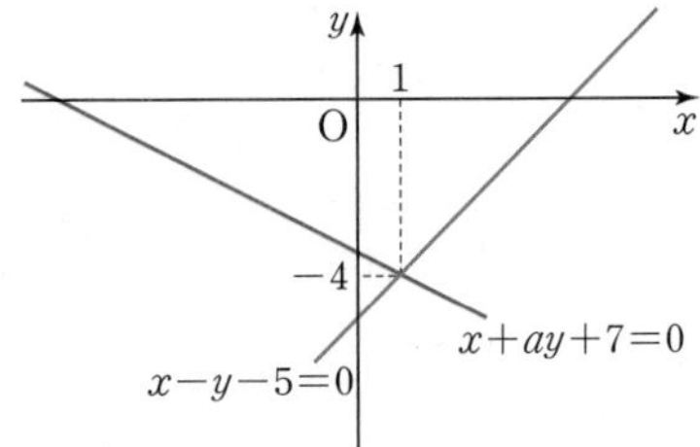

고난도

16 다음 두 조건을 모두 만족시키는 자연수 a, b의 값을 각각 구하시오.

> 〈조건 1〉 두 일차방정식 $ax+y=1$, $6x+by-b=0$의 그래프는 두 점 이상에서 만난다.
> 〈조건 2〉 두 일차방정식 $a(x+1)+y=b$, $(b+1)x+y=b$의 그래프는 만나지 않는다.

중단원 실전 테스트 2회

01 다음 중 일차방정식 $3x-y+5=0$의 그래프에 대한 설명으로 옳지 않은 것은?

① y절편은 5이다.
② 점 $(-1, 2)$를 지난다.
③ 제 4사분면을 지나지 않는다.
④ 일차함수 $y=3x$의 그래프와 평행하다.
⑤ x의 값이 증가할 때 y의 값은 감소한다.

02 $a>0$, $b<0$일 때, 다음 중 일차방정식 $ax+by-1=0$의 그래프로 가능한 것은?

①
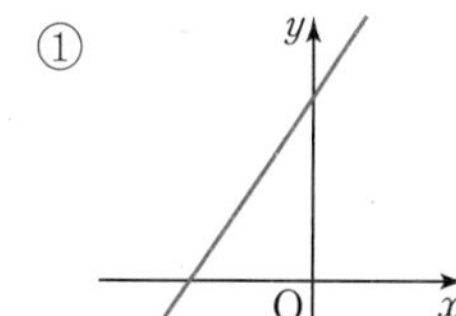

②
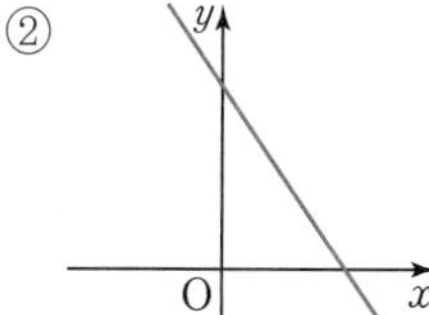

③
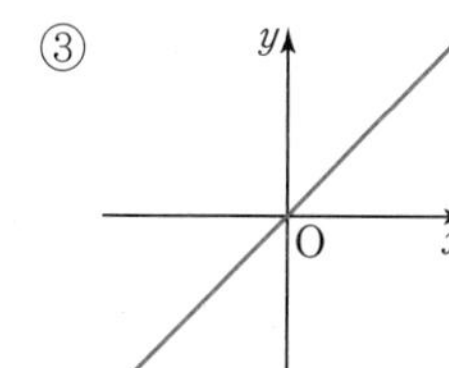

④
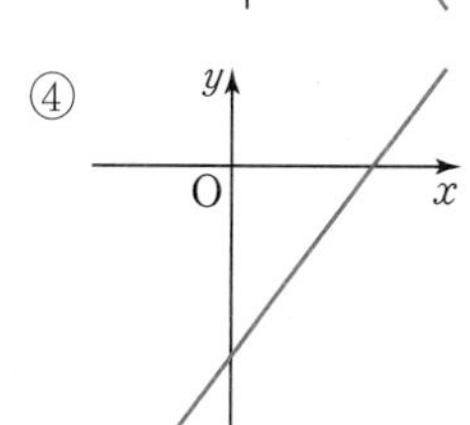

⑤
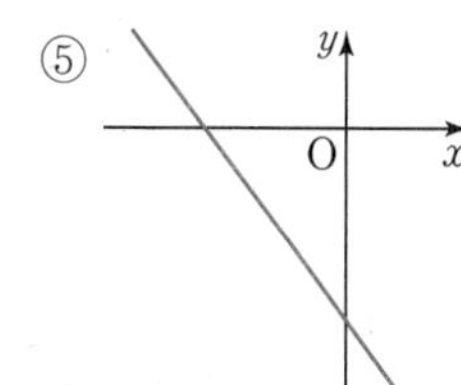

03 연립방정식 $\begin{cases} 5x+2y=1 \\ -2x+ay=5 \end{cases}$에서 각 일차방정식의 그래프의 교점의 x좌표가 -1일 때, 상수 a의 값은?

① -2　② -1　③ 1
④ 2　⑤ 3

04 다음 중 $a<0$, $b>0$, $c>0$일 때, 일차방정식 $ax+by+c=0$의 그래프가 지나는 사분면을 모두 고른 것은?

① 제1사분면, 제3사분면
② 제2사분면, 제4사분면
③ 제1사분면, 제2사분면, 제3사분면
④ 제1사분면, 제3사분면, 제4사분면
⑤ 제2사분면, 제3사분면, 제4사분면

05 연립방정식 $\begin{cases} ax+y-3=0 \\ 3x-by=8 \end{cases}$에서 각 일차방정식의 그래프가 다음 그림과 같을 때, 상수 a의 값은?

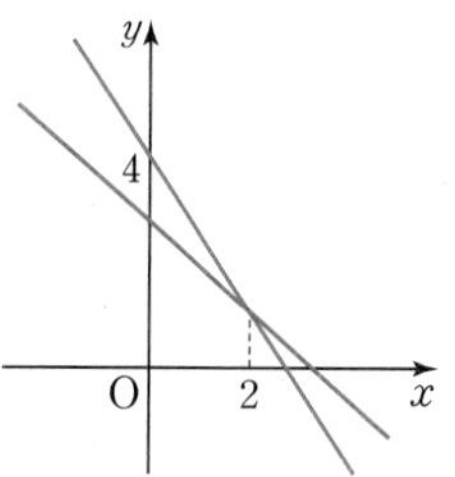

① -3　② -2　③ 1
④ 2　⑤ 3

06 두 일차방정식 $ax+by=3$, $x-ay=b$의 그래프가 다음 그림과 같이 x축 위에서 만날 때, 두 수 a, b에 대하여 $a+b$의 값은?

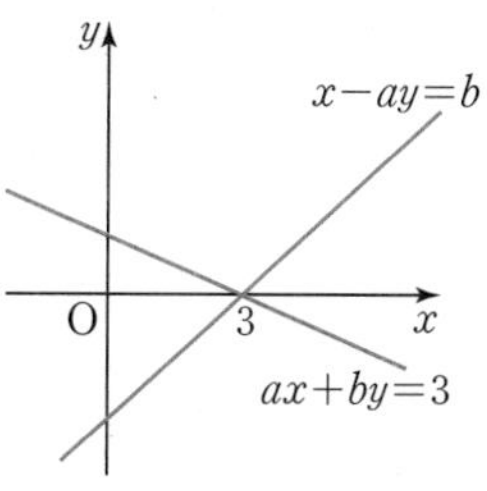

① -4　② -2　③ -1
④ 2　⑤ 4

07 두 일차방정식 $3x+2y+1=0$, $4x+3y+3=0$의 그래프의 교점을 지나고, y축에 평행한 직선의 방정식은?

① $x=-5$　② $x=2$
③ $x=3$　④ $y=-5$
⑤ $y=-3$

08 연립방정식 $\begin{cases} x-3y=2 \\ -2x+ay=2 \end{cases}$의 각 일차방정식을 그래프로 나타내면 두 그래프 사이의 교점이 없다고 할 때, 상수 a의 값은?

① -6　② -3　③ -2
④ 3　⑤ 6

고난도

09 세 직선 $ax+y-4=0$, $x-y=4$, $2x-5y-5=0$이 좌표평면을 6개로 나눈다고 한다. 다음 중 상수 a의 값으로 가능한 것은? (단, 축에 의해 나뉘는 것은 생각하지 않는다.)

① $\frac{2}{5}$　② $\frac{3}{5}$　③ $\frac{4}{5}$
④ 4　⑤ 5

10 두 직선 $x=-2$, $y=3$과 x축, y축으로 둘러싸인 직사각형의 넓이는?

① 6　② 8　③ 9
④ 12　⑤ 24

고난도

11 다음 그림과 같이 네 직선 $x+ay+4=0$, $x=2$, $x=4$, $y=0$으로 둘러싸인 도형의 넓이가 7일 때, 상수 a의 값은?

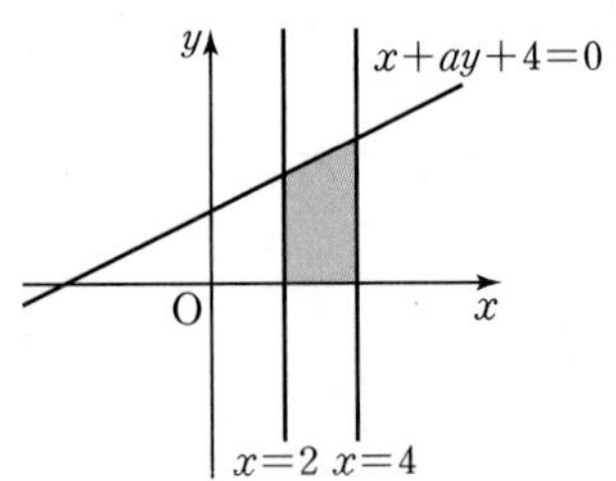

① -4　② -2　③ -1
④ 1　⑤ 2

12 네 직선 $2x+y+5=0$, $x=0$, $y=-3$, $y=1$로 둘러싸인 도형의 넓이는?

① 8　② 12　③ 18
④ 20　⑤ 24

정답과 풀이 57쪽

서술형

13 일차방정식 $ax-2y+4=0$의 그래프를 y축의 방향으로 4만큼 평행이동한 그래프가 점 $(2,\ 9)$를 지날 때, 상수 a의 값을 구하시오.

14 일차방정식 $2x+ay-3=0$의 그래프가 세 점 $(-1,\ -5)$, $(b,\ 3)$, $(2,\ c)$를 지날 때, a, b, c의 값을 각각 구하시오. (단, a는 상수)

15 두 일차방정식 $3x+2y=2$, $ax+by+4=0$의 그래프의 교점이 무수히 많을 때, 상수 a, b의 값을 각각 구하시오.

고난도

16 세 일차방정식 $x-y+4=0$, $x+2y+4=0$, $2x+y-4=0$의 그래프로 둘러싸인 삼각형의 넓이를 구하시오.

EBS 중학 수학 내신 대비 기출문제집

부록

1 실전 모의고사 1회

2 실전 모의고사 2회

3 실전 모의고사 3회

4 최종 마무리 50제

실전 모의고사 1회

점수	점	이름	

1. 선택형 20문항, 서술형 5문항으로 되어 있습니다.
2. 주어진 문제를 잘 읽고, 알맞은 답을 답안지에 정확하게 표기하시오.

01 가로의 길이가 세로의 길이보다 6 cm 긴 직사각형이 있다. 이 직사각형의 둘레의 길이가 72 cm일 때, 직사각형의 가로의 길이는? [4점]

① 20 cm ② 21 cm ③ 23 cm
④ 24 cm ⑤ 25 cm

02 한슬이와 민선이는 계단 중간에서 가위바위보를 하여 이긴 사람은 3계단씩 올라가고, 진 사람은 1계단씩 올라가기로 규칙을 정하였다. 가위바위보를 12번 한 후 한슬이가 x번 이기고, y번 져서 처음보다 14계단을 올라갔을 때, 이 상황을 x와 y에 대한 연립방정식으로 나타내면? (단, 비기는 경우는 없다.) [3점]

① $\begin{cases} 3x+y=12 \\ x+y=14 \end{cases}$ ② $\begin{cases} x+y=12 \\ 3x+y=14 \end{cases}$
③ $\begin{cases} x+3y=12 \\ x+y=14 \end{cases}$ ④ $\begin{cases} x+y=12 \\ x+3y=14 \end{cases}$
⑤ $\begin{cases} 3x+y=12 \\ x+3y=14 \end{cases}$

03 채윤이와 동건이가 일정한 속도로 일을 하는데 채윤이가 6일 동안 한 후 나머지를 동건이가 하루 동안 하거나 채윤이가 4일 동안 한 후 나머지를 동건이가 2일 동안 하면 일을 마칠 수 있다. 같은 일을 채윤이가 혼자서 하면 일을 마치는 데 며칠이 걸리겠는가? [4점]

① 6일 ② 7일 ③ 8일
④ 9일 ⑤ 10일

04 일차함수 $y=ax+2$의 그래프에서 x의 값이 1만큼 증가할 때, y의 값은 2만큼 감소한다. 이때 일차함수의 그래프의 x절편은? (단, a는 상수) [4점]

① -2 ② -1 ③ 0
④ 1 ⑤ 2

05 다음 그림은 $y=ax+b$의 그래프를 그린 것이다. 상수 a, b에 대하여 ab의 값은? [3점]

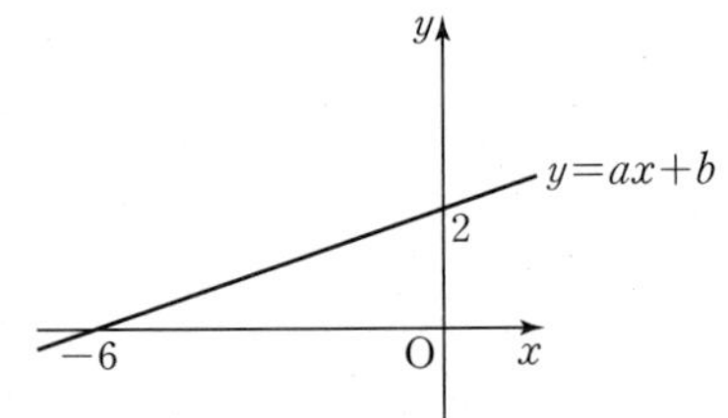

① -6 ② $-\frac{3}{2}$ ③ $-\frac{2}{3}$
④ $\frac{2}{3}$ ⑤ $\frac{3}{2}$

06 일차함수 $y=ax-3$의 그래프가 점 $(2, 1)$을 지나고, 일차함수 $y=-4x+b$의 그래프와 x축 위에서 만난다고 한다. 이때 상수 a, b에 대하여 $b-a$의 값은? [4점]

① 4 ② 5 ③ 6
④ 7 ⑤ 8

07 점 (a, ab)가 제2사분면 위의 점일 때, 일차함수 $y=bx+a$의 그래프가 지나지 않는 사분면은? (단, a, b는 상수) [4점]

① 제1사분면 ② 제2사분면 ③ 제3사분면
④ 제4사분면 ⑤ 없다.

08 다음 그림과 같이 두 일차함수 $y=ax+b$와 $y=\frac{3}{2}x-3$의 그래프가 y축 위에서 만나고, x축과 만나는 점을 각각 A, B라고 할 때 $\overline{OA}=\overline{OB}$이다. 이때 상수 a, b에 대하여 ab의 값은? [4점]

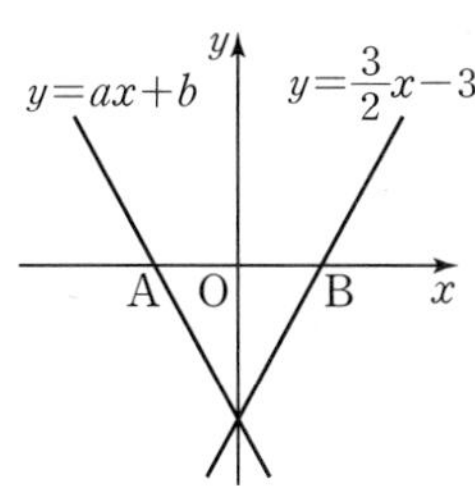

① -6 ② $-\frac{3}{2}$ ③ $-\frac{2}{3}$
④ 3 ⑤ $\frac{9}{2}$

09 두 점 $(-2, 5)$, $(3, k)$를 지나는 직선이 일차함수 $y=-2x+4$의 그래프와 평행할 때, k의 값은? [4점]

① -5 ② -4 ③ -3
④ -2 ⑤ -1

10 다음 그림은 점 $(1, 3)$을 지나고 x절편이 5인 직선이다. 이 직선과 평행하고, x절편이 3인 일차함수의 그래프가 점 $(-1, a)$를 지날 때, a의 값은? [3점]

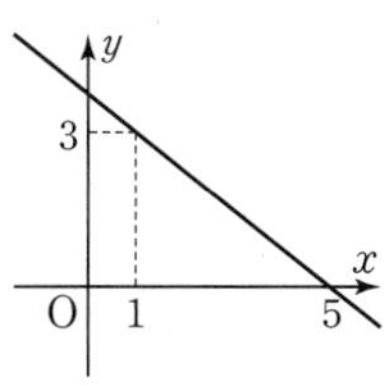

① 2 ② 3 ③ 4
④ 5 ⑤ 6

11 어떤 환자가 1분에 4 mL씩 주사액이 일정하게 들어가는 주사를 맞고 있다. 100 mL의 주사액이 들어 있는 주사를 맞기 시작하여 x분 후에 병에 남아 있는 주사액의 양을 y mL라 할 때 x와 y 사이의 관계식은? [3점]

① $y=-4x-100$ ② $y=-4x+100$
③ $y=4x-100$ ④ $y=4x$
⑤ $y=4x+100$

12 물컵에 80 ℃인 물이 들어 있다. 5분이 지날 때마다 6 ℃씩 온도가 일정한 속도로 내려간다고 할 때, x분 후의 물의 온도는 y ℃가 된다고 한다. 40분이 지난 후의 물의 온도는? [4점]

① 26 ℃ ② 30 ℃ ③ 32 ℃
④ 35 ℃ ⑤ 36 ℃

13 일차방정식 $x+2y=7$의 그래프가 점 $(-1, 2a-4)$를 지날 때, 상수 a의 값은? [3점]

① -3 ② -1 ③ 2
④ 3 ⑤ 4

14 다음 중 일차방정식 $ax-y+1=0$의 그래프가 두 점 $A(-1, 3)$, $B(3, 2)$를 이은 선분 AB와 만나도록 하는 상수 a의 값이 아닌 것은? (단, $a\neq0$) [4점]

① -4 ② -1 ③ $\frac{1}{2}$
④ 2 ⑤ 3

15 연립방정식 $\begin{cases} x+by=2a \\ x+ay=1 \end{cases}$의 두 일차방정식의 그래프가 다음 그림과 같을 때, 상수 a, b에 대하여 $a+b$의 값은? [4점]

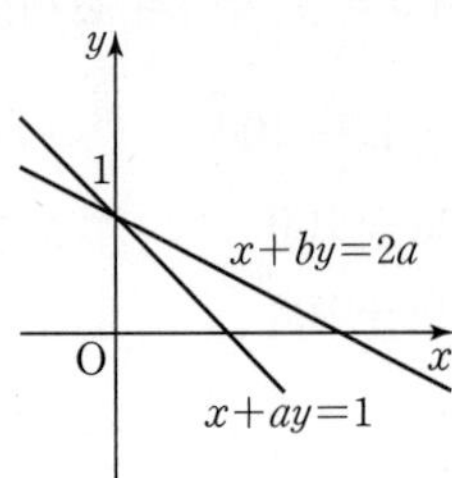

① -4　② -2　③ 2
④ 3　⑤ 6

16 다음 그림은 두 일차함수의 그래프를 나타낸 것이다. △POA의 넓이는? [4점]

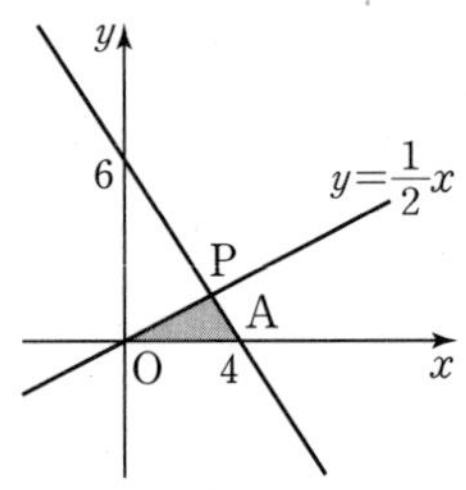

① 2　② 3　③ 4
④ 5　⑤ 6

17 x축과 세 직선 $kx-5y+24=0$, $x=-2$, $x=3$으로 둘러싸인 도형이 넓이가 25인 사각형일 때, 양수 k의 값은? [4점]

① 2　② 3　③ 5
④ 6　⑤ 9

18 일차방정식 $x=6$의 그래프가 두 일차함수 $y=2x-4$, $y=ax+5$의 그래프의 교점을 지날 때, 상수 a의 값은? [4점]

① $-\frac{3}{2}$　② $-\frac{1}{2}$　③ $\frac{1}{2}$
④ $\frac{3}{2}$　⑤ $\frac{5}{2}$

19 세 점 $(2, -3)$, $(4, 3)$, $(-1, a)$가 한 직선 위에 있을 때, a의 값은? [4점]

① -12　② -9　③ -7
④ 4　⑤ 8

20 다음 그림과 같이 좌표평면 위의 두 점 A(0, 6), B(2, 0)을 지나는 직선이 있다. 두 직선 $y=ax$, $y=bx+6$이 각각 삼각형 AOB의 넓이를 이등분할 때, $a+b$의 값은? (단, 점 O는 원점이고, a, b는 상수) [4점]

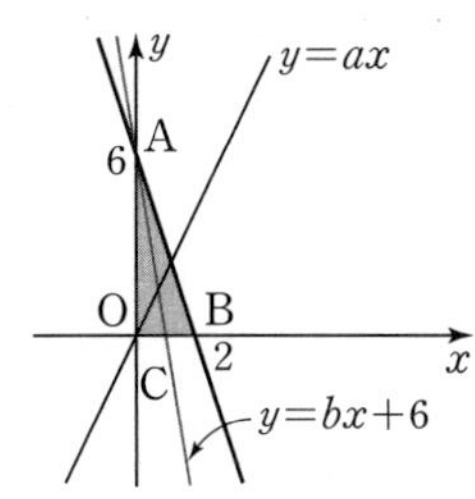

① −6　② −3　③ 2
④ 4　⑤ 6

서술형

21 재민이가 퀴즈를 보는데 한 문제를 맞추면 3점을 얻고 틀리면 2점이 감점된다고 한다. 재민이가 20문제를 풀어서 45점을 얻었다고 할 때, 재민이가 맞춘 문제의 개수를 구하시오. [5점]

22 두 상품 A, B를 합하여 5000원에 구입하여 각각의 상품에 20 %의 이익을 붙여서 정가를 정했다. 그런데 물건이 잘 팔리지 않아 A는 정가의 10 %를, B는 정가의 30 %를 다시 할인하여 팔았다. 총이익이 160원이라면 상품 A와 상품 B의 원가는 각각 얼마인지 구하시오. [5점]

23 어떤 자동차는 휘발유 1 L로 16 km를 갈 수 있다. 자동차에 휘발유 50 L를 넣고 달리기 시작하려고 한다. x km 만큼 달렸을 때의 남은 휘발유의 양을 y L라고 할 때, x와 y 사이의 관계식을 구하고, 200 km를 이동 후 남은 휘발유의 양을 구하시오. [5점]

24 세 일차방정식 $y=x+4$, $y=1$, $y=-3x+4$의 그래프로 둘러싸인 도형의 넓이를 구하시오. [5점]

25 다음 그림과 같이 △ABC의 변 BC 위의 점 D에 대하여 선분 CD의 길이를 x cm, 어두운 부분의 넓이를 y cm^{2}이라고 하자. 이때 y를 x에 관한 식으로 나타내고, △ABD의 넓이가 24 cm^{2}일 때의 x의 값을 구하시오.

(단, $0<x<12$) [5점]

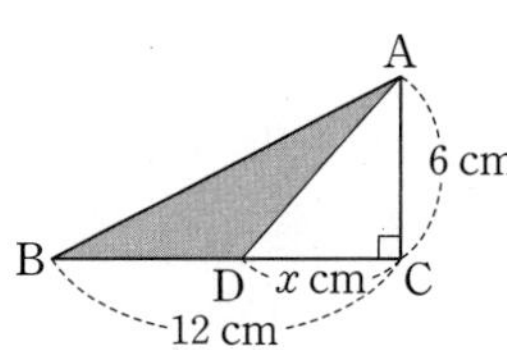

실전 모의고사 2회

점수	점	이름	

1. 선택형 20문항, 서술형 5문항으로 되어 있습니다.
2. 주어진 문제를 잘 읽고, 알맞은 답을 답안지에 정확하게 표기하시오.

01 A, B 두 종류의 바구니에 140개의 사탕을 담으려고 한다. A 바구니 3개와 B 바구니 4개에 담으면 13개의 사탕이 남고 A 바구니 5개와 B 바구니 1개에 담으면 19개의 사탕이 남는다. 이때 B 바구니 1개에 담을 수 있는 사탕의 개수는? [4점]

① 12개 ② 13개 ③ 14개
④ 15개 ⑤ 16개

02 어느 중학교 2학년 학생 390명이 강당에 모여 18명씩 x개조, 15명씩 y개조로 총 23개 조로 나누어 레크리에이션을 하려고 한다. $x-y$의 값은? [4점]

① -5 ② -3 ③ 3
④ 5 ⑤ 7

03 둘레의 길이가 30 cm인 직사각형의 가로의 길이를 반으로 줄이고, 세로의 길이를 2배 늘였더니 둘레의 길이가 42 cm가 되었다. 처음 직사각형의 가로의 길이는? [4점]

① 6 cm ② 7 cm ③ 8 cm
④ 9 cm ⑤ 10 cm

04 어느 학교 운동장의 둘레의 길이는 300 m이다. 지현이는 자전거를 타고 혜원이는 뛰어서 일정한 속력으로 이 운동장을 돌고 있다. 두 사람이 같은 지점에서 동시에 출발하여 같은 방향으로 돌면 3분 뒤에 지현이가 혜원이를 한 바퀴 앞 질러서 처음으로 다시 만나고, 서로 반대 방향으로 돌면 1분 30초 뒤에 처음으로 다시 만난다. 지현이 자전거의 속력은? [4점]

① 분속 160 m ② 분속 150 m
③ 분속 140 m ④ 분속 130 m
⑤ 분속 120 m

05 다음 중 일차함수 $y=ax+b$의 그래프에 대한 설명으로 옳지 <u>않은</u> 것은? [3점]

① $b>0$이면 제1사분면, 제2사분면을 지난다.
② $b<0$이면 제3사분면, 제4사분면을 지난다.
③ $a>0$일 때, x의 값이 증가하면 y의 값도 증가한다.
④ $a<0$일 때, x의 값이 감소하면 y의 값도 감소한다.
⑤ 일차함수 $y=ax$의 그래프를 y축의 방향으로 b만큼 평행이동한 그래프이다.

06 일차함수 $y=3x+k$의 그래프의 x절편이 4일 때, y절편은? (단, k는 상수) [4점]

① -12 ② -6 ③ 4
④ 6 ⑤ 12

07 일차함수 $y=ax+5$의 그래프가 점 $(3, -4)$를 지날 때, 일차함수 $y=ax+3$의 그래프의 x절편은? (단, a는 상수) [3점]

① -3 ② -2 ③ 1
④ 2 ⑤ 3

08 서로 평행한 두 일차함수 $y=-x+4$, $y=ax+b$의 그래프의 x절편을 각각 c, d라 하면 $c-d=2$이다. 이때 $a+b+c+d$의 값은? (단, a, b는 상수) [4점]

① -4 ② -1 ③ 2
④ 5 ⑤ 7

09 일차함수 $y=-3x+5$의 그래프가 점 $(2a+4,\ -2a-3)$을 지날 때, a의 값은? [3점]

① -3 ② -2 ③ -1
④ 1 ⑤ 3

10 다음 그림과 같은 직선과 서로 평행한 직선의 방정식은? [3점]

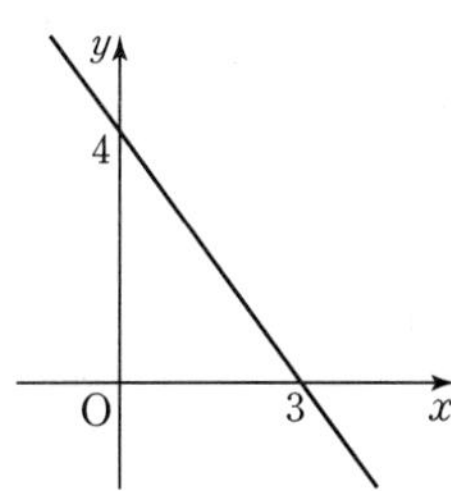

① $3x+4y-2=0$
② $3x-4y+1=0$
③ $4x+3y-1=0$
④ $4x-3y=0$
⑤ $3x+3y-4=0$

11 일차함수 $y=ax-1$의 그래프를 y축의 방향으로 b만큼 평행이동한 그래프가 두 점 $(4,\ 5)$, $(1,\ -1)$을 지날 때, $a+b$의 값은? (단, a는 상수) [4점]

① -2 ② -1 ③ 0
④ 1 ⑤ 2

12 어떤 고층 빌딩의 승강기가 지면으로부터 승강기 바닥까지의 높이 60 m에서 매초 2 m의 일정한 속력으로 내려오고 있다. 승강기가 중간에 멈추지 않는다고 할 때, 지면으로부터 승강기 바닥까지의 높이가 24 m인 지점에 도착하는 시간은 출발한 지 몇 초 후인가? [4점]

① 14초 후 ② 16초 후 ③ 18초 후
④ 20초 후 ⑤ 22초 후

13 $ab>0$이고 $ac<0$일 때, 일차방정식 $ax+by-c=0$의 그래프가 지나지 <u>않는</u> 사분면은? (단, a, b, c는 상수) [4점]

① 제1사분면 ② 제2사분면
③ 제3사분면 ④ 제4사분면
⑤ 없다.

14 다음 그림은 점 $(3,\ 3)$을 지나고 x절편이 -6인 일차방정식 $x+ay+b=0$의 그래프를 나타낸 것이다. 이때 상수 a, b에 대하여 $a+b$의 값은? [3점]

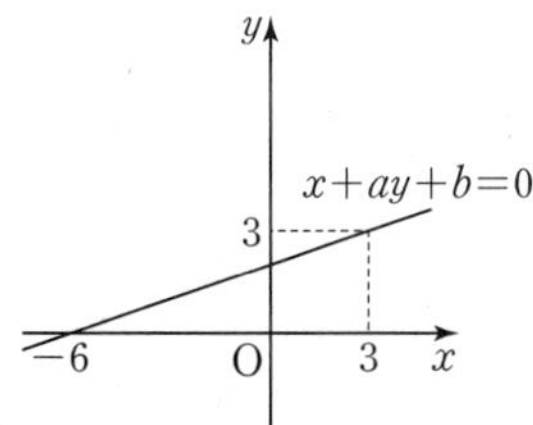

① -2 ② -1 ③ 1
④ 2 ⑤ 3

15 일차방정식 $x+ay+b=0$의 그래프에서 x절편이 -6, y절편이 2일 때, 상수 a, b에 대하여 $a-b$의 값은? [4점]

① -9 ② -3 ③ 0
④ 2 ⑤ 3

16 두 직선 $y=-2x+8$, $y=\frac{3}{2}x+\frac{9}{2}$와 x축으로 둘러싸인 도형의 넓이는? [4점]

① 18 ② 21 ③ 24
④ 25 ⑤ 28

17 오른쪽 그림과 같이 좌표평면 위에 정사각형 ABCD가 있다. 일차함수 $y=ax-2$의 그래프와 이 정사각형의 교점이 존재하도록 하는 상수 a의 값으로 옳지 않은 것은? [4점]

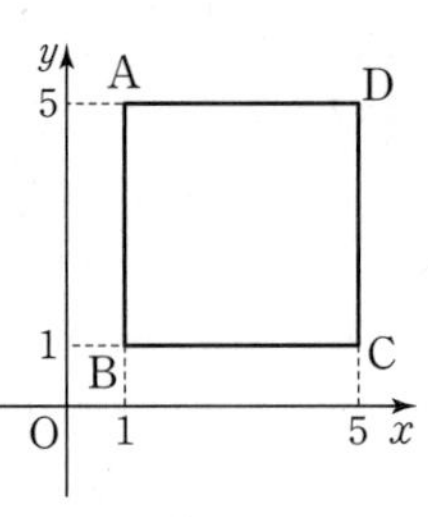

① $\frac{1}{2}$ ② 1 ③ 2
④ 3 ⑤ $\frac{7}{2}$

18 좌표평면 위의 점 (1, 2)에서 만나는 두 직선 $x-y+1=0$, $ax-y-1=0$이 있다. 일차방정식 $bx+y-4=0$의 그래프를 그리면 이 세 직선으로 둘러싸인 삼각형이 생기지 않을 때, b의 값으로 가능한 것은? (단, a, b는 상수) (정답 2개) [4점]

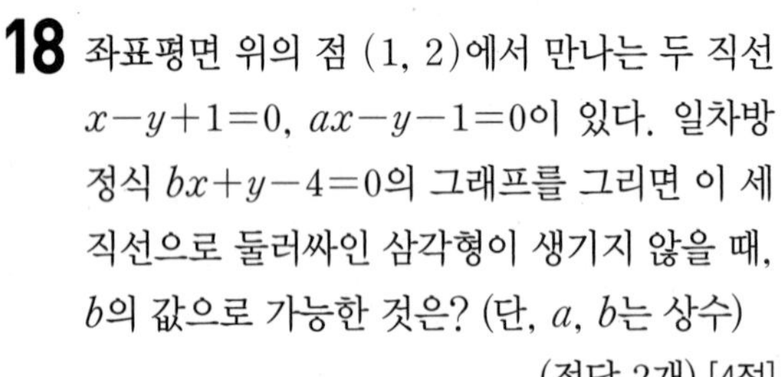

① -2 ② -1 ③ 1
④ 2 ⑤ 3

19 한나네 반 친구들은 붕어빵을 판매하여 얻은 이익금으로 기부를 하기로 하였다. 다음은 붕어빵 판매량에 대한 총비용과 총수입을 나타낸 그래프이다. 총수입과 총비용이 같아질 때는 붕어빵을 몇 개 판매했을 때인가? [4점]

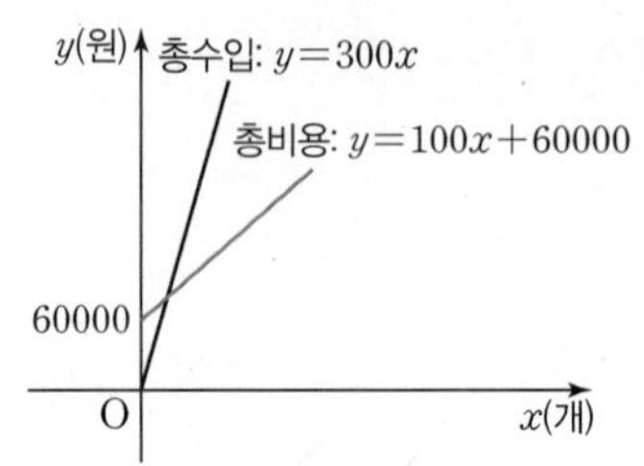

① 180개 ② 200개 ③ 280개
④ 300개 ⑤ 320개

20 다음 그림과 같이 두 일차함수 $y=ax-5$, $y=-\frac{1}{2}x+1$의 그래프와 y축으로 둘러싸인 도형의 넓이가 12일 때, 상수 a의 값은? [4점]

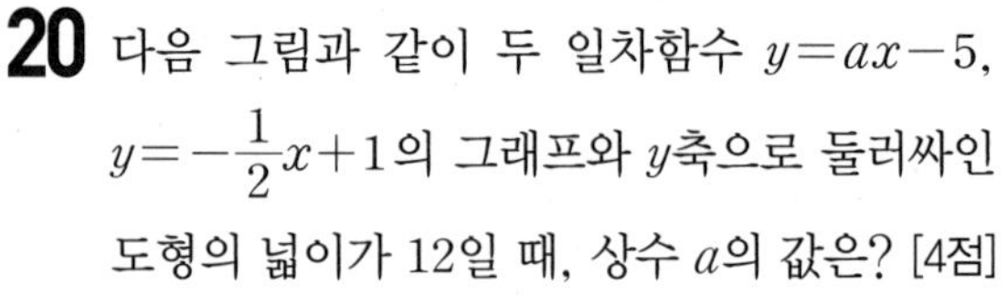

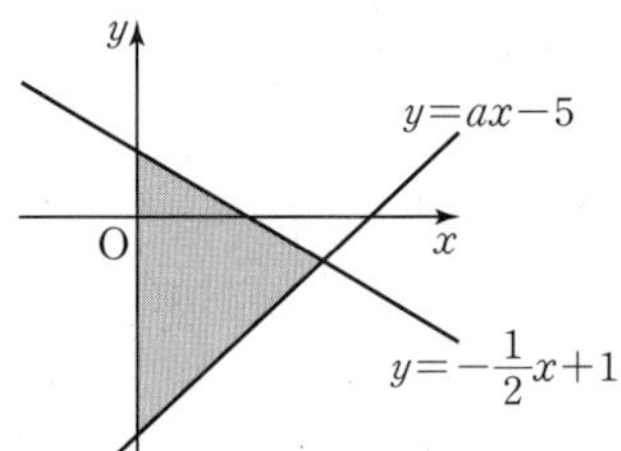

① $\frac{1}{3}$ ② $\frac{1}{2}$ ③ $\frac{2}{3}$
④ 1 ⑤ $\frac{3}{2}$

서술형

21 어느 학급의 전체 학생 수는 34명이고, 남학생 수의 $\frac{1}{4}$과 여학생 수의 $\frac{1}{5}$을 합하면 8명이라 한다. 이 학급의 남학생 수와 여학생 수를 각각 구하시오. [5점]

22 올해 엄마의 나이는 은정이의 나이의 4배이고, 3년 후에는 엄마의 나이가 은정이의 나이의 3배보다 3살 많다고 한다. 올해 은정이의 나이를 구하시오. [5점]

23 작년 A 중학교의 1학년 학생은 총 200명이었다. 올해는 작년에 비하여 여학생 수는 10 % 감소하고, 남학생 수는 5 % 증가하여 모두 192명이 되었다. 올해 남학생 수를 구하시오. [5점]

24 일차함수 $y=-3x+k$의 그래프를 y축의 방향으로 4만큼 평행이동하면 x절편은 m이고 y절편은 n이다. $m+n=4$일 때, 상수 k의 값을 구하시오. [5점]

25 다음 그림은 두 일차함수 $y=\frac{3}{2}x+b$와 $y=-x+a$의 그래프이다. 각 그래프가 y축과 만나는 점을 각각 A, B라 하고 x축과 만나는 점을 C, D라고 하자. $\overline{\text{AO}}:\overline{\text{BO}}=3:1$이고, $\overline{\text{CD}}=6$일 때, 상수 a, b의 값을 각각 구하시오. [5점]

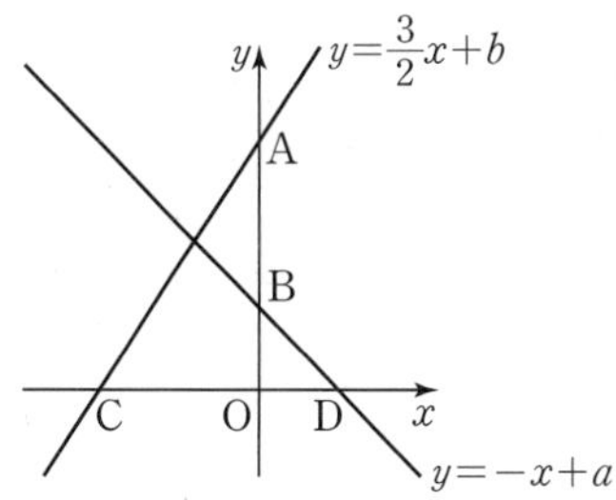

실전 모의고사 3회

점수 점 | 이름

1. 선택형 20문항, 서술형 5문항으로 되어 있습니다.
2. 주어진 문제를 잘 읽고, 알맞은 답을 답안지에 정확하게 표기하시오.

01 갑과 을 두 사람이 가위바위보를 하여 이기면 5계단씩 올라가고, 지면 3계단씩 내려가기로 하였다. 얼마 후 갑은 처음보다 25계단을 올라가 있고, 을은 처음 위치보다 1계단을 올라가 있었다. 이때 갑이 이긴 횟수는?
(단, 비기는 경우는 없다.) [4점]

① 5회 ② 6회 ③ 7회
④ 8회 ⑤ 9회

02 합이 101인 두 자연수 a, b가 있다. a를 b로 나누면 몫과 나머지가 모두 5가 될 때, $a-b$의 값은? [4점]

① 61 ② 65 ③ 67
④ 69 ⑤ 73

03 다음은 나영이가 과일을 사고 받은 영수증의 일부분이다. 나영이가 산 복숭아의 개수는? [4점]

영수증			
종류	개당 가격	개수	총금액
복숭아	1400원		
사과	900원		
자두	800원	4	3200
합계		18	19800

① 5개 ② 6개 ③ 7개
④ 8개 ⑤ 9개

04 현재 형과 동생의 나이의 합은 55살이고, 형은 동생보다 3살 위이다. 현재 동생의 나이는? [4점]

① 22살 ② 23살 ③ 24살
④ 25살 ⑤ 26살

05 함수 $f(x)=-\frac{x}{2}+1$에 대하여 $f(a)=-1$, $f(8)=b$일 때, $a+b$의 값은? [3점]

① 1 ② 2 ③ 3
④ 4 ⑤ 5

06 두 점 $\mathrm{A}(-3, 2)$, $\mathrm{B}(1, -6)$을 지나는 일차함수 $y=ax+b$의 그래프에 대한 설명 중 옳지 않은 것은? [3점]

① 기울기는 -2이다.
② y절편은 -4이다.
③ x절편은 -2이다.
④ 제2사분면을 지나지 않는다.
⑤ 오른쪽 아래로 향하는 그래프이다.

07 일차함수 $y=2x-1$의 그래프를 y축의 방향으로 2만큼 평행이동하였을 때, 이 그래프가 지나지 않는 사분면은? [4점]

① 제1사분면 ② 제2사분면
③ 제3사분면 ④ 제4사분면
⑤ 없다.

정답과 풀이 65쪽

08 두 일차함수 $y=-3x+6$, $y=\frac{3}{2}x+k$의 그래프가 x축 위에서 만날 때, 상수 k의 값은? [4점]

① -3 ② -2 ③ -1
④ 0 ⑤ 1

09 기울기가 $\frac{1}{3}$이고, y절편이 2인 직선이 점 $(2a+1,\ a-1)$을 지날 때, a의 값은? [3점]

① -4 ② -1 ③ 2
④ 6 ⑤ 10

10 일차함수 $y=ax+b$의 그래프를 y축의 방향으로 2만큼 평행이동한 그래프가 두 점 $(4,\ 2)$, $(-2,\ 11)$을 지날 때, ab의 값은? (단, a, b는 상수) [4점]

① -10 ② -9 ③ -6
④ 4 ⑤ 8

11 일차함수 $y=\frac{a}{2}x+4$의 그래프와 x축, y축으로 둘러싸인 도형의 넓이가 16일 때, 상수 a의 값은? (단, $a>0$) [4점]

① 1 ② 2 ③ 3
④ 4 ⑤ 6

12 길이가 30 cm인 용수철에 무게가 5 g인 물건을 매달 때마다 길이가 2 cm씩 늘어난다고 한다. 이 용수철에 55 g인 물건을 매달았을 때 용수철의 길이는? [3점]

① 48 cm ② 50 cm ③ 52 cm
④ 54 cm ⑤ 56 cm

13 일차함수 $y=-2x$의 그래프와 평행한 일차함수 $y=ax+b$의 그래프는 일차함수 $y=x+c$의 그래프와 점 $(2,\ 5)$에서 만난다. 이때 $a+b+c$의 값은? (단, a, b, c는 상수) [4점]

① -7 ② -4 ③ 3
④ 6 ⑤ 10

14 다음 그림과 같이 좌표평면 위에 두 점 A, B가 있다. 일차함수 $y=ax+2$의 그래프가 $\overline{AB}$와 만나기 위한 상수 a의 값으로 가능하지 <u>않은</u> 것은? [4점]

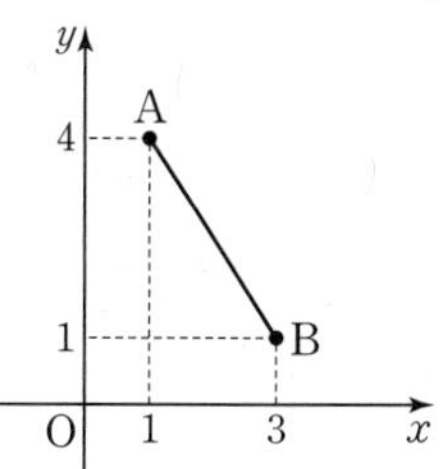

① $-\frac{1}{5}$ ② $-\frac{1}{4}$ ③ 1
④ 2 ⑤ 3

15 일차방정식 $x+ay+b=0$의 그래프에서 x절편이 8, y절편이 -4일 때, 상수 a, b에 대하여 $a-b$의 값은? [4점]

① -10 ② -4 ③ 6
④ 8 ⑤ 10

16 일차방정식 $x+ay+b=0$의 그래프가 제2사분면을 지나지 않을 때, 다음 중 가능한 것은? (단, a, b는 상수이고 $a\neq0$) [4점]

① $a>0$, $b>0$ ② $a>0$, $b<0$
③ $a>0$, $b=0$ ④ $a<0$, $b>0$
⑤ $a<0$, $b<0$

17 일차함수 $y=2ax+3$의 그래프를 y축의 방향으로 -5만큼 평행이동하면 일차함수 $y=-3x+b$의 그래프와 일치할 때, 상수 a, b에 대하여 ab의 값은? [4점]

① -6 ② 2 ③ 3
④ 4 ⑤ 6

18 네 직선 $x=p$, $x-2p=0$, $y=2$, $y+4=0$로 둘러싸인 도형의 넓이가 24일 때, 양수 p의 값은? [3점]

① 3 ② 4 ③ 6
④ 8 ⑤ 12

19 다음 그림과 같이 두 일차함수 $y=-x+6$, $y=-\frac{1}{2}x+2$의 그래프와 x축 및 y축으로 둘러싸인 도형의 넓이는? [4점]

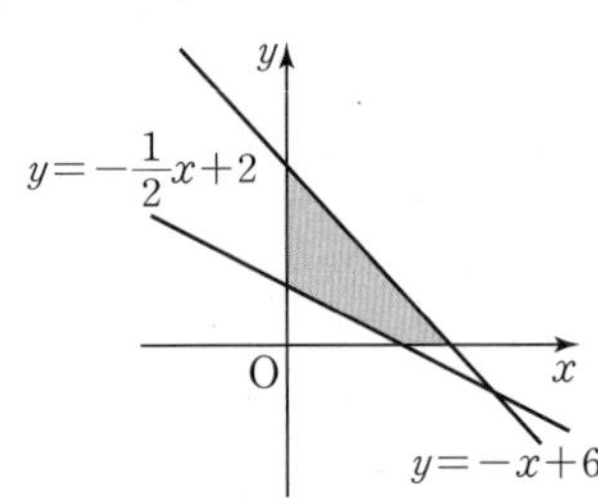

① 12 ② 14 ③ 15
④ 16 ⑤ 18

20 다음 그림과 같이 두 일차방정식 $2x-y+3=0$, $x+y+3=0$의 그래프가 y축과 만나는 점을 각각 A, B라고 하자. 두 그래프의 교점 C를 지나고, 두 직선과 y축으로 이루어진 삼각형 ABC의 넓이를 이등분하는 일차함수의 그래프의 식을 $y=ax+b$라고 하자. 이때 $a+b$의 값은? (단, a, b는 상수) [4점]

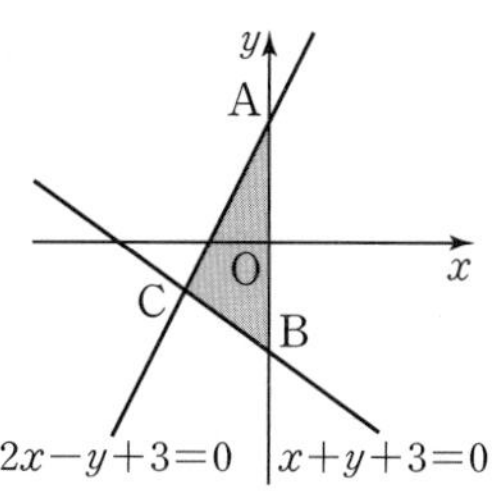

① -2 ② $-\frac{1}{2}$ ③ 0
④ $\frac{1}{2}$ ⑤ 1

서술형

21 어떤 매장의 어제 방문객은 500명이다. 오늘 오전 방문객은 어제에 비해 20 % 줄고, 오후 방문객은 10 % 늘어 전체 방문객 수는 어제보다 4명 줄었다고 한다. 오늘 오전 방문객 수를 구하시오. [5점]

22 상현이는 농구 경기에서 2점 슛과 3점 슛을 합하여 모두 9골을 넣어 20점을 얻었다. 이때 상현이가 성공시킨 2점, 3점 슛의 개수를 각각 구하시오. [5점]

23 기차가 A 역을 출발하여 50 km 떨어진 B 역을 향하여 분속 3 km의 일정한 속력으로 달리고 있다. 기차가 A역을 출발한 지 x분 후 위치에서 B 역까지의 거리를 y km라고 할 때, x와 y 사이의 관계를 식으로 나타내고, 8분 후 B 역까지의 거리를 구하시오. [5점]

24 연료 1 L로 15 km를 갈 수 있는 자동차가 있다. 연료를 넣기 위해 주유소에 들렀을 때 연료계기판의 눈금이 $\frac{1}{5}$에 위치하고 있었고 10 L의 연료를 넣어 연료계기판의 눈금이 $\frac{2}{5}$를 가리키게 되었다. 연료를 넣고 90 km를 달렸을 때, 남아 있는 연료의 양을 구하시오. [5점]

25 다음 그림의 직선과 평행하면서 점 $(1, -2)$를 지나는 직선이 있다. 이 직선과 x축, y축으로 둘러싸인 도형의 넓이를 구하시오. [5점]

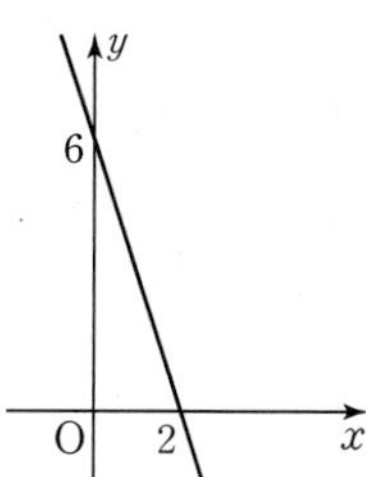

최종 마무리 50제

거리, 속력, 시간에 대한 연립방정식의 활용

01 선아는 집에서 4 km 떨어진 학교까지 가는데 처음에는 시속 6 km로 뛰다가 도중에 시속 3 km로 걸어서 50분 만에 도착하였다. 이때 선아가 뛰어간 거리는?

① 0.8 km ② 1 km ③ 1.5 km
④ 2 km ⑤ 3 km

연립방정식의 활용

02 볼펜 2자루와 형광펜 2자루의 값은 5600원이고 볼펜 1자루와 형광펜 5자루의 값은 8000원이다. 볼펜 1자루의 값은?

① 900원 ② 1100원 ③ 1300원
④ 1500원 ⑤ 1600원

수에 대한 연립방정식의 활용

03 각 자리의 숫자의 합이 8인 두 자리 자연수가 있다. 십의 자리의 숫자와 일의 자리의 숫자를 바꾼 두 자리 자연수는 처음 수보다 18이 작다고 할 때, 처음 두 자리 자연수는?

① 71 ② 62 ③ 53
④ 35 ⑤ 26

연립방정식의 활용

04 다음 표는 어느 제과점에서 제품 Ⅰ, Ⅱ를 1개씩 만드는 데 필요한 두 재료 A, B의 양과 제품 한 개당 이익을 나타낸 것이다. 재료 A는 20 kg, 재료 B는 19 kg을 모두 사용하여 제품 Ⅰ, Ⅱ를 만들었을 때의 총이익은?

	A(kg)	B(kg)	이익(만 원)
제품 Ⅰ	2	3	4
제품 Ⅱ	5	2	6

① 24만 원 ② 26만 원 ③ 28만 원
④ 30만 원 ⑤ 32만 원

거리, 속력, 시간에 대한 연립방정식의 활용

05 형이 집을 출발하여 분속 60 m의 속력으로 학교를 향해 걸어간 지 20분 후에 동생이 자전거를 타고 분속 300 m의 속력으로 형을 따라갔다. 형이 집을 출발한 지 몇 분 후에 형과 동생이 만나는가?

① 25분 후 ② 28분 후 ③ 30분 후
④ 32분 후 ⑤ 35분 후

수에 대한 연립방정식의 활용

06 서로 다른 두 자연수가 있다. 큰 수를 작은 수로 나누면 몫이 2이고 나머지는 10이다. 또, 큰 수의 3배를 작은 수로 나누면 몫은 7이고 나머지는 6이다. 두 수의 합은?

① 82 ② 84 ③ 86
④ 88 ⑤ 92

비율에 대한 연립방정식의 활용

07 어느 영화관의 어제 총관객 수는 1200명이었다. 오늘은 어제에 비하여 남자 관객 수는 5 % 감소하고, 여자 관객 수는 20 % 증가하여 전체 관객 수는 60명이 증가하였다. 이때 오늘 입장한 남자 관객 수는?

① 456명 ② 480명 ③ 684명
④ 720명 ⑤ 864명

도형에 대한 연립방정식의 활용

08 윗변의 길이가 아랫변의 길이보다 3 cm 더 짧은 사다리꼴이 있다. 이 사다리꼴의 높이가 6 cm이고 넓이가 51 cm^2일 때, 이 사다리꼴의 윗변의 길이는?

① 6 cm ② 7 cm ③ 8 cm
④ 9 cm ⑤ 10 cm

연립방정식의 활용

09 닭과 토끼가 모두 100마리인데, 다리를 세어 보니 268개였다. 닭은 몇 마리인가?

① 62마리 ② 64마리 ③ 66마리
④ 68마리 ⑤ 72마리

연립방정식의 활용

10 경복궁 야간 특별 관람 요금은 1인당 3000원이고, 창경궁 야간 특별 관람 요금은 1인당 1000원이다. 지민이네 반 친구들 32명이 경복궁과 창경궁 중 한 곳을 야간에 관람하면서 낸 돈이 54000원일 때, 경복궁을 관람한 학생은 몇 명인가?

① 11명 ② 12명 ③ 13명
④ 14명 ⑤ 15명

연립방정식의 활용

11 민희와 채영이가 가위바위보를 하여 이긴 사람은 두 계단 올라가고, 진 사람은 한 계단 내려가기로 했다. 그 결과 처음의 위치보다 민희는 4계단 올라가고 채영이는 1계단을 올라가 있었다. 두 사람이 가위바위보를 한 전체 횟수는?
(단, 비기는 경우는 없다.)

① 5회 ② 6회 ③ 7회
④ 8회 ⑤ 9회

연립방정식의 활용

12 희수네 학교의 수학 시험은 4점짜리 문제와 5점짜리 문제가 출제된다. 이번 수학 시험에서 희수는 18개의 문제를 맞혀서 80점을 받았다. 희수가 맞춘 4점짜리 문제의 개수는?

① 7개 ② 8개 ③ 9개
④ 10개 ⑤ 11개

연립방정식의 활용

13 학생들이 현장학습을 가서 야외의 긴 의자에 앉는데 한 의자에 5명씩 앉으면 4명이 앉지 못하고, 한 의자에 7명씩 앉으면 아무도 앉지 않은 의자 한 개가 남고 마지막 한 의자에는 6명이 앉게 된다. 이때 의자의 개수는?

① 4개 ② 5개 ③ 6개
④ 7개 ⑤ 8개

연립방정식의 활용

14 올해 혜수와 아버지의 나이를 합하면 79살이고 10년 후에는 아버지의 나이가 혜수 나이의 2배가 된다. 올해 혜수의 나이는?

① 17살 ② 19살 ③ 22살
④ 23살 ⑤ 25살

일차함수의 함숫값과 그래프 위의 점

15 다음 중에서 y가 x의 함수가 아닌 것은?

① 자연수 x의 약수 y
② 가로의 길이가 x cm이고 세로의 길이가 $(x+3)$ cm인 직사각형의 넓이 y cm^2
③ 시속 x km의 일정한 속력으로 달리는 고속열차가 500 km를 달리는 데 걸리는 시간 y시간
④ 1분에 40장을 인쇄할 수 있는 복합기가 x분 동안 인쇄한 종이 y장
⑤ 450원짜리 오이 x개의 값은 y원

일차함수의 함숫값과 그래프 위의 점

16 함수 $f(x)=-2x+1$에 대하여 $f(-2)+f(1)$의 값은?

① 3 ② 4 ③ 5
④ 6 ⑤ 7

일차함수의 함숫값과 그래프 위의 점

17 다음 중 y가 x에 대한 일차함수인 것을 모두 고르면? (정답 2개)

① $y=\frac{3}{x}+1$ ② $y=-\frac{x}{2}$
③ $y=x^2-2x$ ④ $y=12x-3$
⑤ $y=x(x-1)$

일차함수의 함숫값과 그래프 위의 점

18 다음 중 y가 x에 대한 일차함수가 아닌 것을 모두 고르면? (정답 2개)

① 하루 중 컴퓨터가 켜져 있는 시간이 x시간일 때, 꺼져 있는 시간은 y시간
② 자연수 x보다 작은 소수의 개수 y개
③ 밑변의 길이가 x cm이고 넓이가 24 cm^{2}인 삼각형의 높이 y cm
④ x보다 5만큼 큰 수는 y이다.
⑤ 한 변의 길이가 x cm인 정삼각형의 둘레의 길이는 y cm

일차함수의 그래프

19 다음 일차함수의 그래프 중에서 x의 값이 3만큼 증가할 때, y의 값이 4만큼 감소하는 것은?

① $y=-\frac{4}{3}x+2$ ② $y=-\frac{3}{4}x+1$
③ $y=\frac{3}{4}x-1$ ④ $y=\frac{4}{3}x-1$
⑤ $y=3x-4$

일차함수의 그래프의 x절편, y절편

20 일차함수 $y=\frac{3}{2}x-6$의 그래프의 x절편을 m, y절편을 n이라고 할 때, $m+n$의 값은?

① -10　② -2　③ 0
④ 2　⑤ 10

일차함수의 그래프

21 일차함수 $y=ax+b$의 그래프가 오른쪽 그림과 같을 때, 다음 중 일차함수 $y=bx-a$의 그래프로 가능한 것은? (단, a, b는 상수)

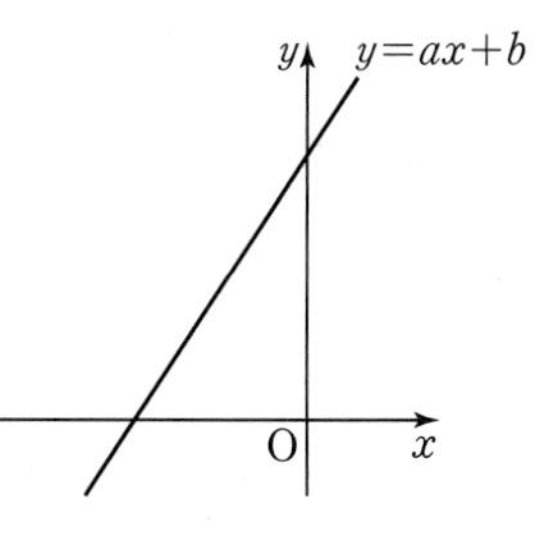

①
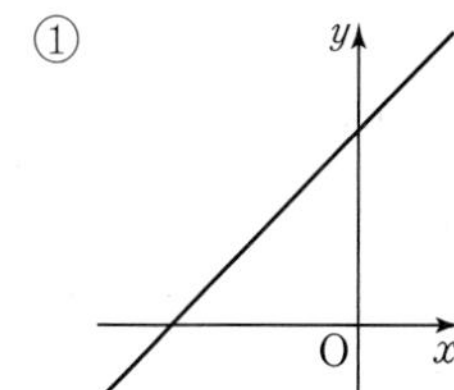

②
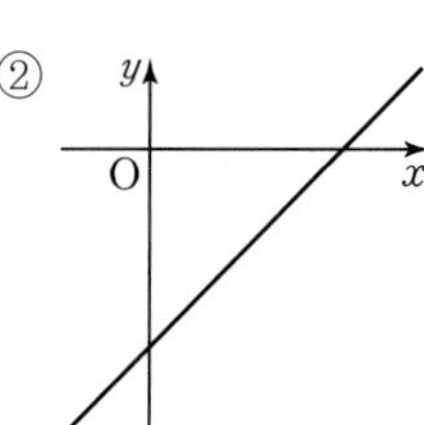

③
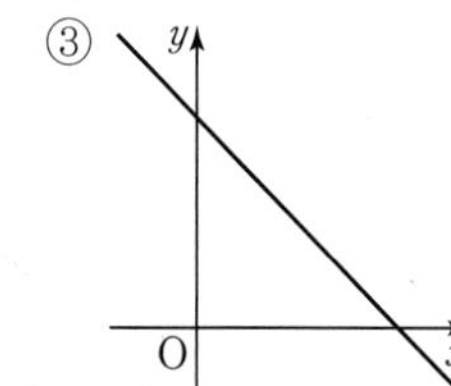

④
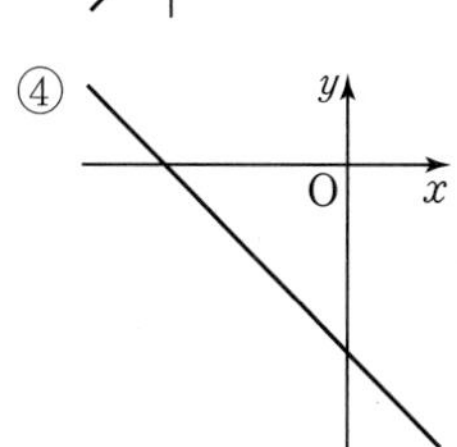

⑤
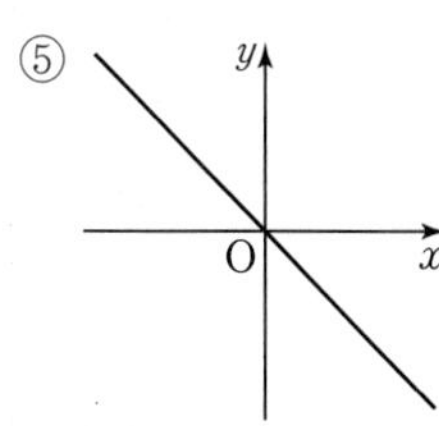

일차함수의 그래프

22 다음 중에서 일차함수 $y=-\frac{1}{2}x+1$의 그래프에 대한 설명으로 옳은 것은?

① x절편은 1이다.
② 점 $(-4, 3)$을 지나는 직선이다.
③ 제4사분면을 지나지 않는다.
④ 오른쪽 위로 향하는 그래프이다.
⑤ 일차함수 $y=\frac{1}{2}x-1$의 그래프와 평행하다.

일차함수와 평행이동

23 일차함수 $y=2x-3$의 그래프를 y축의 방향으로 2만큼 평행이동한 그래프의 식은?

① $y=2x-5$　② $y=2x-1$
③ $y=2x+1$　④ $y=2x+3$
⑤ $y=2x+5$

일차함수와 평행이동

24 다음 일차함수 중 그 그래프가 오른쪽 그림의 그래프와 평행한 것은?

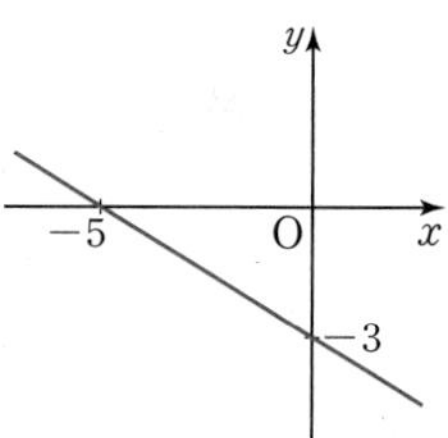

① $y=-\frac{5}{3}x-3$　② $y=-\frac{5}{3}x+3$
③ $y=-\frac{3}{5}x-3$　④ $y=-\frac{3}{5}x+5$
⑤ $y=\frac{3}{5}x+5$

일차함수의 식

25 일차함수 $y=3x+4$의 그래프를 y축의 방향으로 k만큼 평행이동하면 점 $(1, 0)$을 지날 때, k의 값은?

① -3　② -4　③ -5
④ -6　⑤ -7

일차함수의 식

26 오른쪽 그림의 직선과 평행하고 x절편이 3인 일차함수의 그래프가 점 $(6, k)$를 지날 때, k의 값은?

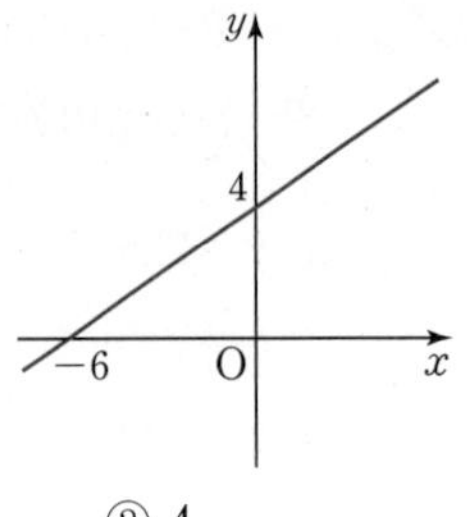

① 2 ② 3 ③ 4
④ 5 ⑤ 6

일차함수의 식

27 두 점 $(-2, 1)$, $(1, 7)$을 지나는 직선을 그래프로 하는 일차함수의 식은?

① $y=2x-4$ ② $y=2x-2$
③ $y=2x+5$ ④ $y=3x+4$
⑤ $y=3x+7$

일차함수의 식

28 세 점 $(-3, 2)$, $(1, 6)$, $(4, k)$가 한 직선 위에 있을 때, k의 값은?

① 6 ② 7 ③ 8
④ 9 ⑤ 10

일차함수의 식

29 서로 평행한 두 일차함수 $y=-2x+2$, $y=mx+n$의 그래프가 x축과 만나는 점을 각각 A, B라고 하면 $\overline{AB}=3$이다. 이때 상수 m, n에 대하여 $m+n$의 값은? (단, $n>0$)

① 4 ② 5 ③ 6
④ 7 ⑤ 8

일차함수의 식

30 다음 중 x절편이 4, y절편이 -2인 일차함수의 그래프 위의 점의 좌표는?

① $(-4, -5)$ ② $(-2, -4)$
③ $(-1, -3)$ ④ $(1, -2)$
⑤ $(2, -1)$

거리, 속력, 시간 문제

31 고층 빌딩의 어떤 승강기가 지면으로부터 승강기 바닥까지의 높이 150 m에서 출발하여 매초 3 m의 일정한 속력으로 멈추지 않고 내려온다고 한다. 출발한 지 x초 후에 지면으로부터 승강기 바닥까지의 높이를 y m라고 할 때, x와 y 사이의 관계식은?

① $y=-3x-150$ ② $y=-3x+150$
③ $y=3x$ ④ $y=3x-150$
⑤ $y=3x+150$

거리, 속력, 시간 문제

32 지원이는 분속 90 m의 일정한 속력으로 둘레의 길이가 480 m인 운동장 트랙을 달리기 시작하였다. 2분 후 윤지는 지원이와 같은 출발 지점에서 같은 방향으로 분속 40 m의 일정한 속력으로 걷기 시작하였다. 윤지가 출발하고 지원이가 윤지보다 정확히 한 바퀴 앞설 때까지 걸리는 시간은?

① 4분 ② 5분 ③ 6분
④ 7분 ⑤ 8분

온도, 길이, 높이 문제

33 주전자에 25 ℃의 물을 담아 끓이려고 한다. 물의 온도가 1분마다 3 ℃씩 일정하게 올라간다고 할 때, 물의 온도가 70 ℃가 될 때까지 걸린 시간은?

① 12분 ② 13분 ③ 14분
④ 15분 ⑤ 16분

도형의 둘레의 길이, 넓이 문제

34 다음 그림과 같이 반지름의 길이가 2 cm인 원 x개를 둘레의 길이가 y cm인 직사각형의 모양으로 딱맞게 둘러싸려고 한다. x와 y 사이의 관계식은?

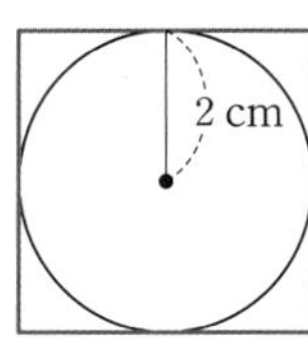

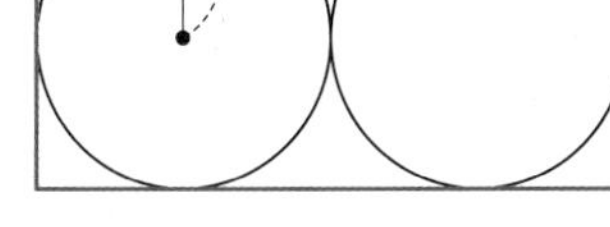

① $y=2x+6$ ② $y=4x+16$
③ $y=4x+8$ ④ $y=8x$
⑤ $y=8x+8$

물의 양 문제

35 물이 각각 10 L, 20 L 들어 있는 두 물통 A, B가 있다. 물통 A에는 1분에 2 L씩 물이 일정하게 나오는 수도로, 물통 B에는 2분에 1 L씩 물이 일정하게 나오는 수도로 동시에 물을 채우려고 한다. 얼마 후에 두 물통의 물의 양이 같아지는가?

① 6분 후 ② 6분 30초 후
③ 6분 40초 후 ④ 6분 45초 후
⑤ 7분 후

그래프 문제

36 집에서 6 km 떨어진 할머니댁까지 가는데 동생은 걸어서 가고, 형은 동생이 출발한 지 5분 후에 자전거를 타고 간다.

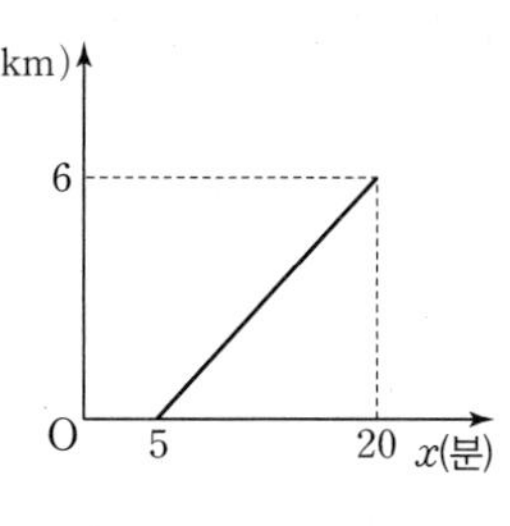

위의 그래프는 동생이 출발한 지 x분 후에 형이 간 거리 y km를 나타낸 것이다. 형이 집에서 2 km 떨어진 곳에 도달하는 것은 동생이 출발하고 몇 분 후인가?

① 8분 후 ② 9분 후 ③ 10분 후
④ 11분 후 ⑤ 12분 후

개수, 금액 문제

37 어느 자선 음악회의 입장료 전액을 불우 이웃돕기 성금으로 내고자 한다. 입장료는 1명당 3만 원이고, 인터넷 예매로 판매된 입장권의 총 금액은 150만 원이다. 공연 당일 현장에서 추가로 x매의 입장권이 판매되면 총 y만 원의 불우 이웃돕기 성금을 모을 수 있다고 한다고 할 때, x와 y 사이의 관계식은?

① $y=-3x+150$ ② $y=3x-150$
③ $y=3x$ ④ $y=3x+150$
⑤ $y=150x$

일차방정식의 그래프

38 다음 중 일차방정식 $3x-y+2=0$의 그래프에 대한 설명으로 옳지 않은 것은?

① y절편은 2이다.
② 점 (2, 6)을 지나는 직선이다.
③ 오른쪽 위로 향하는 그래프이다.
④ 일차함수 $y=3x-1$의 그래프와 평행하다.
⑤ 제 1, 2, 3사분면을 지나는 직선이다.

일차방정식의 그래프

39 일차방정식 $ax+by-6=0$의 그래프가 일차함수 $y=-\frac{1}{2}x+1$의 그래프와 평행하고 y절편은 -3일 때, 상수 a, b에 대하여 $a+b$의 값은?

① -3 ② -2 ③ 1
④ 2 ⑤ 3

그래프를 이용한 연립방정식의 해

40 두 일차방정식 $2x-3y-5=0$, $-x+y+4=0$의 그래프의 교점의 좌표를 (a, b)라고 할 때, $a-b$의 값은?

① 2 ② 3 ③ 4
④ 5 ⑤ 6

그래프를 이용한 연립방정식의 해

41 오른쪽 그림은 연립방정식 $\begin{cases} x-y+a=0 \\ x+by+4=0 \end{cases}$의 해를 구하기 위하여 두 일차방정식의 그래프를 각각 그린 것이다. 이때 $a+b$의 값은? (단, a, b는 상수)

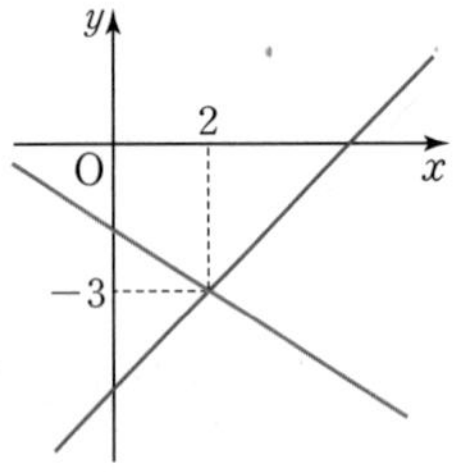

① -7 ② -5 ③ -3
④ 2 ⑤ 3

축과 평행한 그래프

42 두 점 $(a+5, -a+3)$, $(-a+1, a+3)$을 지나는 직선이 y축에 평행할 때, a의 값은?

① -3 ② -2 ③ -1
④ 0 ⑤ 1

축과 평행한 그래프

43 두 일차방정식 $4x+3y=2$, $2x+y=2$의 그래프의 교점을 지나고, x축에 평행한 직선의 방정식은?

① $y=-6$ ② $y=-2$ ③ $x=-2$
④ $x=2$ ⑤ $x=4$

직선의 방정식 구하기

44 두 직선 $3x+7y-1=0$, $x+3y+1=0$의 교점을 지나고, 일차방정식 $x-5y-1=0$의 그래프와 평행한 직선의 방정식은?

① $x+5y-10=0$ ② $x-5y-15=0$
③ $x-5y+10=0$ ④ $x+5y-20=0$
⑤ $x+5y+20=0$

직선의 방정식 구하기

45 x축에 수직이고 점 $(1,\ -3)$을 지나는 직선의 방정식은?

① $x=-3$　② $x=1$　③ $y=-3$
④ $y=1$　⑤ $x+y=-2$

해가 무수히 많은 경우

46 두 일차방정식 $ax+8y+6=0$, $\frac{1}{2}x-4y+b=0$의 그래프의 교점이 두 개 이상이 되도록 하는 두 상수 a, b의 값을 각각 구하면?

① $a=-2$, $b=-6$
② $a=-1$, $b=3$
③ $a=-1$, $b=-3$
④ $a=2$, $b=-3$
⑤ $a=2$, $b=6$

해가 무수히 많은 경우

47 연립방정식 $\begin{cases} ax-3y+12=0 \\ y=\frac{2}{3}x+b \end{cases}$ 의 해가 무수히 많을 때, 두 직선 $3ax+y-4b=0$, $x+cy=0$은 서로 평행하다고 한다. 이때 c의 값은?
(단, a, b, c는 상수)

① -3　② -2　③ $-\frac{1}{6}$
④ $\frac{1}{6}$　⑤ $\frac{1}{2}$

직선으로 둘러싸인 도형의 넓이

48 다음 그림과 같이 y절편이 같은 두 직선 $y=3x-6$, $y=ax+b$가 x축과 만나는 점을 각각 A, B라 하고 y축과 만나는 점을 C라고 하자. $\triangle$ABC의 넓이가 30일 때, 상수 a, b에 대하여 $a+b$의 값은? (단, $a>0$)

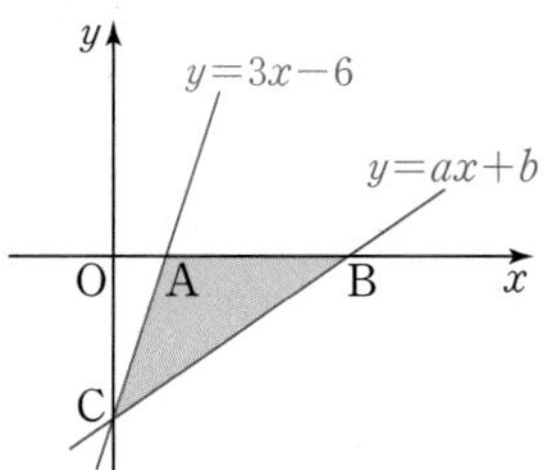

① $-\frac{11}{2}$　② -5　③ $-\frac{9}{2}$
④ -4　⑤ -3

직선으로 둘러싸인 도형의 넓이

49 두 일차방정식 $x-y-3=0$, $2x+y-3=0$의 그래프와 y축으로 둘러싸인 도형의 넓이는?

① 3　② 4　③ 6
④ 8　⑤ 10

직선으로 둘러싸인 도형의 넓이

50 오른쪽 그림과 같은 직사각형 ABCD의 넓이를 이등분하고 y절편이 -2인 직선을 그래프로 하는 일차함수의 식의 기울기는?

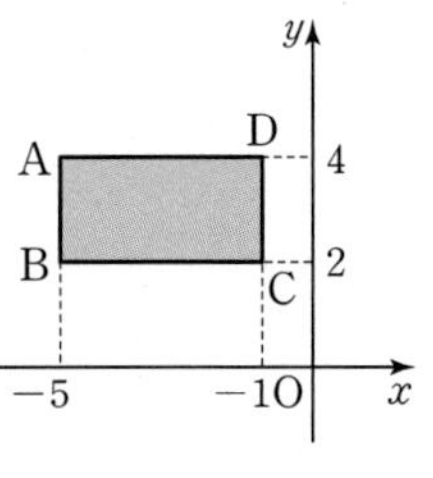

① -3　② $-\frac{5}{2}$　③ $-\frac{7}{3}$
④ -2　⑤ $-\frac{5}{3}$

memo

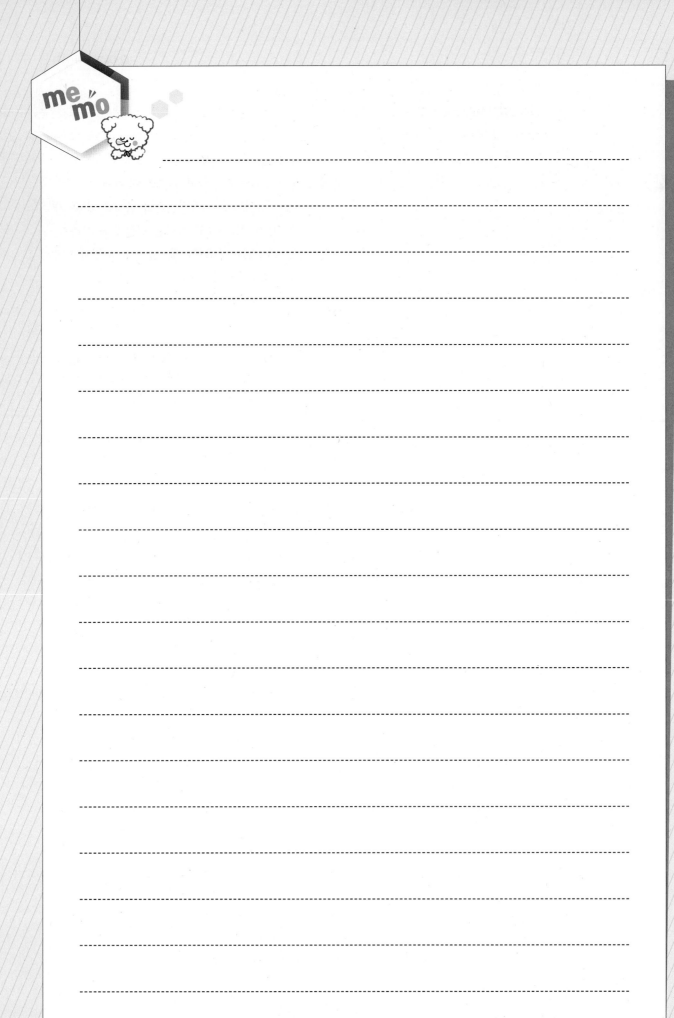

+ **수학 전문가 100여 명의 노하우**로 만든
수학 특화 시리즈

+ **연산 ε ▸ 개념 α ▸ 유형 β ▸ 고난도 Σ** 의
단계별 영역 구성

+ **난이도별, 유형별 선택**으로
사용자 맞춤형 학습

연산 ε(6책) | **개념 α**(6책) | **유형 β**(6책) | **고난도 Σ**(6책)

효과가 상상 이상입니다.

예전에는 아이들의 어휘 학습을 위해 학습지를 만들어 주기도 했는데,
이제는 이 교재가 있으니 어휘 학습 고민은 해결되었습니다.
아이들에게 아침 자율 활동으로 할 것을 제안하였는데,
"선생님, 더 풀어도 되나요?"라는 모습을 보면,
아이들의 기초 학습 습관 형성에도 큰 도움이 되고 있다고 생각합니다.

ㄷ초등학교 안00 선생님

어휘 공부의 힘을 느꼈습니다.

학습에 자신감이 없던 학생도 이미 배운 어휘가 수업에 나왔을 때 반가워합니다.
어휘를 먼저 학습하면서 흥미도가 높아지고
동기 부여가 되는 것을 보면서 어휘 공부의 힘을 느꼈습니다.

ㅂ학교 김00 선생님

학생들 스스로 뿌듯해해요.

처음에는 어휘 학습을 따로 한다는 것 자체가 부담스러워했지만,
공부하는 내용에 대해 이해도가 높아지는 경험을 하면서
스스로 뿌듯해하는 모습을 볼 수 있었습니다.

ㅅ초등학교 손00 선생님

앞으로도 활용할 계획입니다.

학생들에게 확인 문제의 수준이 너무 어렵지 않으면서도
교과서에 나오는 낱말의 뜻을 확실하게 배울 수 있었고,
주요 학습 내용과 관련 있는 낱말의 뜻과 용례를
정확하게 공부할 수 있어서 효과적이었습니다.

ㅅ초등학교 지00 선생님

중학도 역시 EBS

정답과 풀이

전국 중학교
기출문제
완벽 분석

시험 대비
적중 문항
수록

중학 수학 내신 대비 기출문제집

2-1 기말고사

실전 모의고사
+
최종 마무리 50제

중학 수학 내신 대비 기출문제집

2-1 기말고사

정답과 풀이

정답과 풀이

Ⅱ. 부등식과 연립방정식

3 연립방정식의 활용

개념 체크

본문 8~9쪽

01 (1) 우유의 개수: x, 젤리의 개수: y

(2) $\begin{cases} x+y=9 \\ 900x+800y=7500 \end{cases}$

(3) $x=3$, $y=6$

(4) 우유: 3개, 젤리: 6개

02 37, 16

03 5 cm

04

	걸어갈 때	뛰어갈 때	총
거리	x km	y km	3 km
속력	시속 3 km	시속 6 km	—
시간	$\frac{x}{3}$시간	$\frac{y}{6}$시간	$\frac{2}{3}$시간

걸어간 거리: 1 km, 뛰어간 거리: 2 km

05

	A	B	섞은 후
농도	2 %	6 %	3 %
소금물의 양	x g	y g	500 g
소금의 양	$\frac{2}{100}x$ g	$\frac{6}{100}y$ g	$\frac{3}{100}\times 500=15$(g)

2 % 소금물 A: 375 g, 6 % 소금물 B: 125 g

06

	남자 지원자 수	여자 지원자 수	전체 지원자 수
작년	x명	y명	600명
변화	$\frac{10}{100}x$명 감소	$\frac{30}{100}y$명 증가	20명 증가
올해	$\left(1-\frac{10}{100}\right)x$명	$\left(1+\frac{30}{100}\right)y$명	620명

올해 남자 지원자 수: 360명

대표 유형

본문 10~13쪽

01 ⑤	02 ②	03 15살	04 ④	05 ①
06 ③	07 98	08 49	09 ④	
10 36 cm^2	11 ②	12 ④	13 ③	14 ④
15 ①	16 ②	17 ③	18 6 %	19 ③
20 ③	21 ①	22 ⑤	23 ③	24 80개

01 입장한 어른의 수를 x명, 어린이의 수를 y명이라고 하면

$\begin{cases} x+y=9 & \cdots\cdots \text{㉠} \\ 9000x+6000y=60000 & \cdots\cdots \text{㉡} \end{cases}$

㉠과 ㉡을 연립하여 풀면

$x=2$, $y=7$

따라서 입장한 어린이의 수는 7명이다.

02 현재 소정이 어머니의 나이를 x살, 소정이의 나이를 y살이라고 하면

$\begin{cases} x=3y & \cdots\cdots \text{㉠} \\ x+14=2(y+14) & \cdots\cdots \text{㉡} \end{cases}$

㉠과 ㉡을 연립하여 풀면

$x=42$, $y=14$

따라서 소정이 어머니의 현재 나이는 42살이다.

03 가은이의 나이를 x살, 쌍둥이 동생의 나이를 각각 y살이라고 하면

$\begin{cases} x+2y=31 & \cdots\cdots \text{㉠} \\ x=2y-1 & \cdots\cdots \text{㉡} \end{cases}$

㉠과 ㉡을 연립하여 풀면

$x=15$, $y=8$

따라서 가은이의 나이는 15살이다.

04 희성이가 넣은 2점 슛의 개수를 x개, 3점 슛의 개수를 y개라고 하면

$\begin{cases} x+y=14 & \cdots\cdots \text{㉠} \\ 2x+3y=31 & \cdots\cdots \text{㉡} \end{cases}$

㉠과 ㉡을 연립하여 풀면

$x=11$, $y=3$

따라서 희성이가 넣은 2점 슛의 개수는 11개이다.

05 서현이가 맞힌 문제의 개수를 x개, 틀린 문제의 개수를 y개라고 하면

$$\begin{cases} x+y=15 & \cdots\cdots ㉠ \\ 30x-20y=100 & \cdots\cdots ㉡ \end{cases}$$

㉠과 ㉡을 연립하여 풀면

$x=8$, $y=7$

따라서 서현이가 맞힌 문제의 개수는 8개이다.

06 가위바위보에서 준우가 이긴 횟수를 x회, 현수가 이긴 횟수를 y회라고 하면

두 사람이 비기는 경우가 없으므로 준우가 진 횟수는 현수가 이긴 횟수와 같은 y회이다.

같은 이유로 현수가 진 횟수는 준우가 이긴 횟수와 같은 x회이다.

$$\begin{cases} 3x-y=8 & \cdots\cdots ㉠ \\ 3y-x=16 & \cdots\cdots ㉡ \end{cases}$$

㉠과 ㉡을 연립하여 풀면

$x=5$, $y=7$

따라서 $x+y=12$이므로 두 사람이 가위바위보를 한 전체 횟수는 12회이다.

07 십의 자리의 숫자를 x, 일의 자리의 숫자를 y라고 하면

$$\begin{cases} x+y=17 & \cdots\cdots ㉠ \\ 10y+x=10x+y-9 & \cdots\cdots ㉡ \end{cases}$$

㉠과 ㉡을 연립하여 풀면

$x=9$, $y=8$

따라서 처음 수는 98이다.

08 십의 자리의 숫자를 x, 일의 자리의 숫자를 y라고 하면

$$\begin{cases} y=2x+1 & \cdots\cdots ㉠ \\ 10y+x=2(10x+y)-4 & \cdots\cdots ㉡ \end{cases}$$

㉠과 ㉡을 연립하여 풀면

$x=4$, $y=9$

따라서 처음 수는 49이다.

09 서로 다른 두 자연수를 x, y라고 하면 (단, $x>y$)

$$\begin{cases} x+y=45 & \cdots\cdots ㉠ \\ x=2y+6 & \cdots\cdots ㉡ \end{cases}$$

㉠과 ㉡을 연립하여 풀면

$x=32$, $y=13$

따라서 두 수는 32, 13이므로 두 수의 차는 19이다.

10 직사각형의 가로의 길이를 x cm, 세로의 길이를 y cm라고 하면

$$\begin{cases} 2(x+y)=26 & \cdots\cdots ㉠ \\ x=2y+1 & \cdots\cdots ㉡ \end{cases}$$

㉠과 ㉡을 연립하여 풀면

$x=9$, $y=4$

따라서 직사각형의 넓이는 $9\times4=36\ (\text{cm}^2)$이다.

11 철사로 만든 직사각형의 가로의 길이를 x cm, 세로의 길이를 y cm라고 하면

$$\begin{cases} 2(x+y)=34 & \cdots\cdots ㉠ \\ x=y+7 & \cdots\cdots ㉡ \end{cases}$$

㉠과 ㉡을 연립하여 풀면

$x=12$, $y=5$

따라서 직사각형의 넓이는 $12\times5=60\ (\text{cm}^2)$이다.

12 사다리꼴의 윗변의 길이를 x cm, 아랫변의 길이를 y cm라고 하면

$$\begin{cases} y=2x-1 & \cdots\cdots ㉠ \\ \frac{1}{2}\times(x+y)\times6=33 & \cdots\cdots ㉡ \end{cases}$$

㉠과 ㉡을 연립하여 풀면

$x=4$, $y=7$

따라서 윗변의 길이는 4 cm이다.

13 채원이가 시속 4 km로 걸은 거리를 x km, 시속 3 km로 걸은 거리를 y km라고 하면

$$\begin{cases} \frac{x}{4}+\frac{y}{3}=\frac{7}{4} & \cdots\cdots ㉠ \\ x+y=6 & \cdots\cdots ㉡ \end{cases}$$

㉠과 ㉡을 연립하여 풀면

$x=3$, $y=3$

따라서 채원이가 시속 4 km로 걸은 거리는 3 km이다.

14 A 등산로의 길이를 x km, C 등산로의 길이를 y km라고 하면

$$\begin{cases} \frac{x}{3}+\frac{y}{6}=2 & \cdots\cdots ㉠ \\ y=x+3 & \cdots\cdots ㉡ \end{cases}$$

㉠과 ㉡을 연립하여 풀면

$x=3$, $y=6$

따라서 $x+y=9$이므로 수아가 걸은 총 거리는 9 km이다.

15 다온이가 걸은 거리를 x m, 현덕이가 걸은 거리를 y m라고 하면

$$\begin{cases} x+y=800 & \cdots\cdots ㉠ \\ \frac{x}{50}=\frac{y}{30} & \cdots\cdots ㉡ \end{cases}$$

㉠과 ㉡을 연립하여 풀면

$x=500,\ y=300$

따라서 다온이는 500 m, 현덕이는 300 m를 걸었으므로 다온이는 현덕이보다 200 m 더 걸었다.

16 수민이가 출발한 지 x분 후, 언니가 출발한 지 y분 후에 둘이 만난다고 하면

$\begin{cases} x=y+30 & \cdots\cdots ㉠ \\ 50x=150y & \cdots\cdots ㉡ \end{cases}$

㉠과 ㉡을 연립하여 풀면

$x=45,\ y=15$

따라서 수민이의 언니가 출발한 지 15분 후에 수민이를 만난다.

17 1 %의 소금물의 양을 x g, 4 %의 소금물의 양을 y g이라고 하면

$\begin{cases} x+y=300 & \cdots\cdots ㉠ \\ \frac{1}{100}x+\frac{4}{100}y=\frac{3}{100}\times 300 & \cdots\cdots ㉡ \end{cases}$

㉠과 ㉡을 연립하여 풀면

$x=100,\ y=200$

따라서 4 %의 소금물을 200 g 넣었다.

18 A 설탕물의 농도를 x %, B 설탕물의 농도를 y %라고 하면

$\begin{cases} \frac{x}{100}\times 100+\frac{y}{100}\times 100=\frac{8}{100}\times 200 & \cdots\cdots ㉠ \\ \frac{x}{100}\times 300+\frac{y}{100}\times 100=\frac{7}{100}\times 400 & \cdots\cdots ㉡ \end{cases}$

㉠과 ㉡을 연립하여 풀면

$x=6,\ y=10$

따라서 A 설탕물의 농도는 6 %이다.

19 넣은 4 %의 A 용액의 양이 x g이고, 넣은 4 %의 A 용액과 6 %의 A 용액의 비가 1 : 2이므로 6 %의 A 용액은 $2x$ g이다.

$\begin{cases} x+2x+y=400 & \cdots\cdots ㉠ \\ \frac{4}{100}x+\frac{6}{100}\times 2x=\frac{3}{100}\times 400 & \cdots\cdots ㉡ \end{cases}$

㉠과 ㉡을 연립하여 풀면

$x=75,\ y=175$

따라서 $y-x=100$이다.

20 섭취한 A 식품의 양이 x g, B 식품의 양은 y g이고, 두 식품을 합하여 500 g 섭취했으므로

$\begin{cases} x+y=500 & \cdots\cdots ㉠ \\ \frac{45}{100}x+\frac{60}{100}y=255 & \cdots\cdots ㉡ \end{cases}$

㉠과 ㉡을 연립하여 풀면

$x=300,\ y=200$

따라서 $x-y=100$이다.

21 전체 일의 양을 1로 놓고 원석이와 아준이가 하루에 할 수 있는 일의 양을 각각 x, y라고 하면

$\begin{cases} 6x+6y=1 & \cdots\cdots ㉠ \\ 3x+8y=1 & \cdots\cdots ㉡ \end{cases}$

㉠과 ㉡을 연립하여 풀면

$x=\frac{1}{15},\ y=\frac{1}{10}$

따라서 아준이가 하루에 할 수 있는 일의 양은 $\frac{1}{10}$이므로 혼자 작업하여 마치려면 10일이 걸린다.

22 전체 작업량을 1로 놓고 규린이와 승원이가 하루에 할 수 있는 일의 양을 각각 x, y라고 하면

$\begin{cases} 10x+8y=1 & \cdots\cdots ㉠ \\ 8x+12y=1 & \cdots\cdots ㉡ \end{cases}$

㉠과 ㉡을 연립하여 풀면

$x=\frac{1}{14},\ y=\frac{1}{28}$

따라서 규린이가 하루에 할 수 있는 일의 양은 $\frac{1}{14}$이므로 $p=14$이며 승원이가 하루에 할 수 있는 일의 양은 $\frac{1}{28}$이므로 $q=28$이다.

따라서 $q-p=14$이다.

23 작년의 남학생 수를 x명, 작년의 여학생 수를 y명이라고 하면

$\begin{cases} x+y=1000 & \cdots\cdots ㉠ \\ \frac{4}{100}x-\frac{2}{100}y=7 & \cdots\cdots ㉡ \end{cases}$

㉠과 ㉡을 연립하여 풀면

$x=450,\ y=550$

따라서 올해의 남학생 수는 $\left(1+\frac{4}{100}\right)\times 450=468$(명)이고, 올해의 여학생 수는 $\left(1-\frac{2}{100}\right)\times 550=539$(명)이므로 올해의 남학생 수와 여학생 수의 차는

$539-468=71$이다.

24 재영이가 구입한 A 제품의 개수를 x개, B 제품의 개

수를 y개라고 하면

$$\begin{cases} x+y=150 & \cdots\cdots ㉠ \\ \left(1000\times\frac{15}{100}\right)x+\left(2000\times\frac{15}{100}\right)y=33000 & \cdots\cdots ㉡ \end{cases}$$

㉠과 ㉡을 연립하여 풀면

$x=80$, $y=70$

따라서 구입한 A 제품의 개수는 80개이다.

기출 예상 문제

본문 14~17쪽

01 ③	02 ⑤	03 ③	04 ②	05 ③
06 40살	07 ②	08 ④	09 14	10 73
11 ④	12 ②	13 ⑤	14 ⑤	
15 ④	16 ④	17 ③	18 ①	19 ③
20 식품 A: 50 g, 식품 B: 150 g			21 ①	
22 356명	23 ①	24 ③		

01 입장한 청소년의 수를 x명, 어린이의 수를 y명이라고 하면

$$\begin{cases} x+y+2=15 & \cdots\cdots ㉠ \\ 10000\times2+7000x+5000y=97000 & \cdots\cdots ㉡ \end{cases}$$

㉠과 ㉡을 연립하여 풀면

$x=6$, $y=7$

따라서 입장한 청소년의 수는 6명이다.

02 기훈이가 맞힌 문제의 개수를 x개, 틀린 문제의 개수를 y개라고 하면

$$\begin{cases} x+y=25 & \cdots\cdots ㉠ \\ 4x-2y=88 & \cdots\cdots ㉡ \end{cases}$$

㉠과 ㉡을 연립하여 풀면

$x=23$, $y=2$

따라서 기훈이가 맞힌 문제의 개수는 23개이다.

03 가위바위보에서 어진이가 이긴 횟수를 x회, 석민이가 이긴 횟수를 y회라고 하면

두 사람이 비기는 경우가 없으므로 어진이가 진 횟수는 석민이가 이긴 횟수와 같은 y회이다.

마찬가지로 석민이가 진 횟수는 어진이가 이긴 횟수와 같은 x회이다.

$$\begin{cases} 3x-2y=11 & \cdots\cdots ㉠ \\ 3y-2x=-4 & \cdots\cdots ㉡ \end{cases}$$

㉠과 ㉡을 연립하여 풀면

$x=5$, $y=2$

따라서 $x+y=7$이므로 두 사람이 가위바위보를 한 전체 횟수는 7회이다.

04 농장에서 닭을 x마리, 돼지를 y마리 기른다고 하면

$$\begin{cases} x+y=100 & \cdots\cdots ㉠ \\ 2x+4y=270 & \cdots\cdots ㉡ \end{cases}$$

㉠과 ㉡을 연립하여 풀면

$x=65$, $y=35$

따라서 이 농장에서는 닭을 65마리, 돼지를 35마리 기르므로 닭의 수와 돼지의 수의 차는 30이다.

05 판매된 빵의 개수를 x개, 음료수의 개수를 y개라고 하면

$$\begin{cases} x+y=34 & \cdots\cdots ㉠ \\ 800x+700y=25100 & \cdots\cdots ㉡ \end{cases}$$

㉠과 ㉡을 연립하여 풀면

$x=13$, $y=21$

따라서 음료수는 21개 판매되었다.

06 올해 민성이 아버지의 나이를 x살, 민성이의 나이를 y살이라고 하면

$$\begin{cases} x+y=56 & \cdots\cdots ㉠ \\ x+12=3(y+12) & \cdots\cdots ㉡ \end{cases}$$

㉠과 ㉡을 연립하여 풀면

$x=48$, $y=8$

따라서 $x-y=40$이므로 민성이와 아버지의 나이의 차는 40살이다.

07 상자의 개수를 x개, 배의 개수를 y개라고 하면

$$\begin{cases} y=10x-3 & \cdots\cdots ㉠ \\ y=9x+8 & \cdots\cdots ㉡ \end{cases}$$

㉠과 ㉡을 연립하여 풀면

$x=11$, $y=107$

따라서 배의 개수는 107개이다.

08 서로 다른 두 자연수를 x, y라고 하면 (단, $x>y$)

$$\begin{cases} x=7y+7 & \cdots\cdots ㉠ \\ \frac{1}{2}x=3y+10 & \cdots\cdots ㉡ \end{cases}$$

㉠과 ㉡을 연립하여 풀면

$x=98$, $y=13$

따라서 두 수는 98, 13이므로 두 수의 차는 85이다.

09 서로 다른 두 자연수를 x, y라고 하면 (단, $x>y$)

$$\begin{cases} x-y=70 & \cdots\cdots ㉠ \\ x=6y & \cdots\cdots ㉡ \end{cases}$$

㉠과 ㉡을 연립하여 풀면

$x=84,\ y=14$

따라서 두 수는 84, 14이므로 두 수 중 작은 수는 14이다.

10 십의 자리의 숫자를 x, 일의 자리의 숫자를 y라고 하면

$\begin{cases} x=2y+1 & \cdots\cdots ㉠ \\ 10x+y=2(10y+x)-1 & \cdots\cdots ㉡ \end{cases}$

㉠과 ㉡을 연립하여 풀면

$x=7,\ y=3$

따라서 처음 수는 73이다.

11 긴 끈의 길이를 x cm, 짧은 끈의 길이를 y cm라고 하면

$\begin{cases} x=3y-2 & \cdots\cdots ㉠ \\ x=2y+5 & \cdots\cdots ㉡ \end{cases}$

㉠과 ㉡을 연립하여 풀면

$x=19,\ y=7$

따라서 길이가 긴 끈의 길이는 19 cm이다.

12 직사각형의 세로의 길이를 x cm, 가로의 길이를 y cm라고 하면

$\begin{cases} 2(x+y)=20 & \cdots\cdots ㉠ \\ x=3y-2 & \cdots\cdots ㉡ \end{cases}$

㉠과 ㉡을 연립하여 풀면

$x=7,\ y=3$

따라서 세로의 길이는 7 cm이다.

13 직사각형의 가로의 길이를 x cm, 세로의 길이를 y cm라고 하면 직사각형의 가로의 길이를 5 cm 줄이고, 세로의 길이를 2배로 늘였으므로 새로운 직사각형의 가로와 세로의 길이는 각각 $(x-5)$ cm, $2y$ cm이다.

$\begin{cases} 2(x+y)=30 & \cdots\cdots ㉠ \\ 2\{(x-5)+2y\}=30 & \cdots\cdots ㉡ \end{cases}$

㉠과 ㉡을 연립하여 풀면

$x=10,\ y=5$

따라서 처음 직사각형의 가로의 길이는 10 cm이다.

14 사다리꼴의 윗변의 길이를 x cm, 아랫변의 길이를 y cm라고 하면

$\begin{cases} x=2y+1 & \cdots\cdots ㉠ \\ \frac{1}{2}(x+y)\times 4=14 & \cdots\cdots ㉡ \end{cases}$

㉠과 ㉡을 연립하여 풀면

$x=5,\ y=2$

따라서 윗변의 길이는 5 cm이다.

15 예서가 시속 6 km로 걸은 거리를 x km, 시속 4 km로 걸은 거리를 y km라고 하면

$\begin{cases} \frac{x}{6}+\frac{y}{4}=\frac{7}{12} & \cdots\cdots ㉠ \\ x+y=3 & \cdots\cdots ㉡ \end{cases}$

㉠과 ㉡을 연립하여 풀면

$x=2,\ y=1$

따라서 예서가 시속 6 km로 걸은 거리는 2 km이다.

16 윤서가 등산할 때 올라간 거리를 x km, 내려간 거리를 y km라고 하면

$\begin{cases} x=y+1 & \cdots\cdots ㉠ \\ \frac{x}{3}+\frac{y}{5}=3 & \cdots\cdots ㉡ \end{cases}$

㉠과 ㉡을 연립하여 풀면

$x=6,\ y=5$

따라서 $x+y=11$이므로 윤서가 등산할 때 걸은 전체 거리는 11 km이다.

17 동생이 출발한 지 x분 후, 형이 출발한 지 y분 후에 둘이 만난다고 하면

$\begin{cases} x=y+30 & \cdots\cdots ㉠ \\ 40x=100y & \cdots\cdots ㉡ \end{cases}$

㉠과 ㉡을 연립하여 풀면

$x=50,\ y=20$

따라서 9시에 동생이 출발한 지 50분 후 형을 만나게 되므로 만나는 시간은 9시 50분이다.

18 지름이 $\frac{2}{\pi}$ km인 원 모양의 호수의 둘레의 길이는

$\left(\pi\times\frac{2}{\pi}\right)$ km$=2$ km$=2000$ m이다.

두 사람 중 속력이 느린 사람이 분속 x m, 빠른 사람이 분속 y m로 걷는다고 하면

$\begin{cases} 10x+10y=2000 & \cdots\cdots ㉠ \\ 40y-40x=2000 & \cdots\cdots ㉡ \end{cases}$

㉠과 ㉡을 연립하여 풀면

$x=75,\ y=125$

따라서 두 사람의 속력의 차는 분속 50 m이다.

19 넣은 2 %의 소금물의 양을 x g, 5 %의 소금물의 양을

y g이라고 하면

$$\begin{cases} x+y=600 & \cdots\cdots ㉠ \\ \frac{2}{100}x+\frac{5}{100}y=\frac{3}{100}\times 600 & \cdots\cdots ㉡ \end{cases}$$

㉠과 ㉡을 연립하여 풀면

$x=400$, $y=200$

따라서 5 %의 소금물을 200 g 넣었다.

20 섭취해야 하는 식품 A의 양을 x g, 식품 B의 양을 y g이라고 하면

$$\begin{cases} \frac{20}{100}x+\frac{20}{100}y=40 & \cdots\cdots ㉠ \\ \frac{30}{100}x+\frac{10}{100}y=30 & \cdots\cdots ㉡ \end{cases}$$

㉠과 ㉡을 연립하여 풀면

$x=50$, $y=150$

따라서 식품 A는 50 g, 식품 B는 150 g을 섭취하면 된다.

21 필요한 금속 A의 양을 x g, 금속 B의 양을 y g이라고 하면

$$\begin{cases} \frac{1}{2}x+\frac{3}{4}y=\frac{2}{3}\times 390 \\ \frac{1}{2}x+\frac{1}{4}y=\frac{1}{3}\times 390 \end{cases}$$

$$\Rightarrow \begin{cases} 2x+3y=1040 & \cdots\cdots ㉠ \\ 2x+y=520 & \cdots\cdots ㉡ \end{cases}$$

㉠과 ㉡을 연립하여 풀면

$x=130$, $y=260$

따라서 필요한 금속 A의 양은 130 g이다.

22 작년의 남학생 수를 x명, 작년의 여학생 수를 y명이라고 하면

$$\begin{cases} x+y=1000 & \cdots\cdots ㉠ \\ -\frac{11}{100}x+\frac{8}{100}y=4 & \cdots\cdots ㉡ \end{cases}$$

㉠과 ㉡을 연립하여 풀면

$x=400$, $y=600$

따라서 올해의 남학생 수는

$\left(1-\frac{11}{100}\right)\times 400=356$(명)

23 은솔이네 반의 남학생 수를 x명, 여학생 수를 y명이라고 하면

$$\begin{cases} x+y=25 \\ \frac{40}{100}x+\frac{20}{100}y=\frac{28}{100}\times 25 \end{cases}$$

$$\Rightarrow \begin{cases} x+y=25 & \cdots\cdots ㉠ \\ 2x+y=35 & \cdots\cdots ㉡ \end{cases}$$

㉠과 ㉡을 연립하여 풀면

$x=10$, $y=15$

따라서 은솔이네 반 남학생의 수는 10명이다.

24 전체 작업량을 1로 놓고 소윤이와 장훈이가 하루에 할 수 있는 일의 양을 각각 x, y라고 하면

$$\begin{cases} 6(x+y)=1 & \cdots\cdots ㉠ \\ 9x+4y=1 & \cdots\cdots ㉡ \end{cases}$$

㉠과 ㉡을 연립하여 풀면

$x=\frac{1}{15}$, $y=\frac{1}{10}$

따라서 소윤이가 하루에 혼자 할 수 있는 작업량은 $\frac{1}{15}$이므로 3일간 작업했을 때 남은 일의 양은

$1-3\times\frac{1}{15}=\frac{4}{5}=\frac{8}{10}$이다.

이때 장훈이가 하루에 혼자 할 수 있는 작업량은 $\frac{1}{10}$이므로 장훈이가 8일간 남은 일을 혼자 하면 작업을 완료할 수 있다.

고난도 집중 연습

본문 18~19쪽

1 85점 **1-1** 25명 **2** 38500원 **2-1** 350명
3 180 **3-1** 160 m
4 시속 2.5 km $\left(\text{또는 시속 } \frac{5}{2}\text{ km}\right)$ **4-1** 1시간

1 풀이 전략 합격한 응시생의 성적의 평균과 불합격한 응시생의 성적의 평균을 각각 미지수 x, y를 사용하여 연립방정식을 세운다.

합격한 응시생의 성적의 평균을 x점, 불합격한 응시생의 성적의 평균을 y점이라고 하자. 합격한 응시생의 수는 50명, 불합격한 응시생의 수는 750명이므로 800명의 응시생 전체의 성적의 평균은 $\frac{50x+750y}{800}$점이다.

최저 합격 점수는 응시생 800명의 성적의 평균보다 12점 높고, 합격한 응시생의 성적의 평균보다 3점 낮으므로

$\frac{50x+750y}{800}+12=x-3$ …… ㉠

불합격한 응시생 성적의 평균의 3배와 합격한 응시생 성적의 평균의 2배의 차는 40점이므로

$3y-2x=40$ …… ㉡

또는 $2x-3y=40$ …… ㉢

㉠과 ㉡을 연립하여 풀면

$x=88$, $y=72$이고

㉠과 ㉢을 연립하여 풀면

$x=8$, $y=-8$이므로 조건을 만족시키지 않는다.

따라서 합격한 응시생의 성적의 평균은 88점, 불합격한 응시생의 성적의 평균은 72점이다. 따라서 합격한 응시생 중 가장 낮은 점수는 88점보다 3점 낮은 85점이다.

1-1 풀이 전략 남학생 수와 여학생 수를 각각 미지수 x, y를 사용하여 연립방정식을 세운다.

이 학급의 남학생 수를 x명, 여학생 수를 y명이라고 하자. 전체 학생 수는 $(x+y)$명이므로

학급 전체 학생의 수학 성적의 평균을 구하면

$\frac{85x+80y}{x+y}=82$ …… ㉠

남학생 수와 여학생 수의 차는 5명이므로

$x-y=5$ …… ㉡ 또는 $y-x=5$ …… ㉢

㉠과 ㉡을 연립하여 풀면

$x=-10$, $y=-15$이므로 조건을 만족시키지 않는다.

㉠과 ㉢을 연립하여 풀면

$x=10$, $y=15$이다.

따라서 이 학급의 남학생 수는 10명, 여학생 수는 15명이므로 전체 학생 수는 25명이다.

2 풀이 전략 은비와 동생이 이번 달에 받은 용돈을 각각 미지수 x, y를 사용하여 연립방정식을 세운다.

은비와 동생이 이번 달에 받은 용돈을 각각 x원, y원이라고 하자.

은비와 동생이 이번 달에 받은 용돈의 비는 6 : 5이므로 $6:5=x:y$에서 $5x=6y$이다.

또한 은비와 동생이 이번 달 현재까지 사용한 용돈의 비는 4 : 3이므로 $(x-8000):(y-8500)=4:3$에서 $-3x+4y=10000$이다.

즉, $\begin{cases} 5x=6y & \cdots\cdots ㉠ \\ -3x+4y=10000 & \cdots\cdots ㉡ \end{cases}$

㉠과 ㉡을 연립하여 풀면

$x=30000$, $y=25000$

따라서 은비와 동생이 각각 받은 용돈은 30000원, 25000원이고, 사용한 용돈은 22000원, 16500원이다.

따라서 두 사람이 사용한 용돈의 합은 38500원이다.

다른 풀이 은비와 동생이 이번 달에 받은 용돈을 각각 $6x$원, $5x$원, 은비와 동생이 이번 달 현재까지 사용한 용돈을 각각 $4y$원, $3y$원이라고 하자.

현재 은비에게 남은 용돈이 8000원이고 동생에게 남은 용돈은 8500원이므로

$\begin{cases} 6x-4y=8000 & \cdots\cdots ㉠ \\ 5x-3y=8500 & \cdots\cdots ㉡ \end{cases}$

㉠과 ㉡을 연립하여 풀면

$x=5000$, $y=5500$

따라서 은비와 동생이 각각 받은 용돈은 30000원, 25000원이고, 사용한 용돈은 22000원, 16500원이다.

따라서 두 사람이 사용한 용돈의 합은 38500원이다.

2-1 풀이 전략 입사 지원자의 수와 불합격자의 수를 각각 남녀의 비를 고려하여 미지수 x, y를 사용하여 연립방정식을 세운다.

회사의 지원자 중 남자를 x명, 여자를 y명이라고 하자.

합격자 중 남자는 $\frac{3}{3+5}\times 80=30$(명)이고, 여자는 $\frac{5}{3+5}\times 80=50$(명)이다.

지원자의 남녀의 비는 3 : 4이고

$x:y=3:4$에서 $4x=3y$

또한 불합격자의 남녀의 비는 $4:5$이므로

$(x-30):(y-50)=4:5$에서

$-5x+4y=50$

즉, $\begin{cases} 4x=3y & \cdots\cdots ㉠ \\ -5x+4y=50 & \cdots\cdots ㉡ \end{cases}$

㉠과 ㉡을 연립하여 풀면

$x=150,\ y=200$

따라서 회사의 지원자 중 남자는 150명, 여자는 200명이므로 전체 지원자 수는 350명이다.

다른 풀이 회사의 지원자 중 남자를 $3x$명, 여자를 $4x$명이라 하고, 불합격자 중 남자를 $4y$명, 여자를 $5y$명이라고 하자. 합격자 중 남자는 $\frac{3}{3+5}\times 80=30$(명)이고, 여자는 $\frac{5}{3+5}\times 80=50$(명)이다.

남자 합격자 수가 30명이고

여자 합격자 수가 50명이므로

$\begin{cases} 3x-4y=30 & \cdots\cdots ㉠ \\ 4x-5y=50 & \cdots\cdots ㉡ \end{cases}$

㉠과 ㉡을 연립하여 풀면

$x=50,\ y=30$

따라서 회사의 지원자 중 남자는 150명, 여자는 200명이므로 전체 지원자 수는 350명이다.

3 **풀이 전략** 지하철이 다리를 완전히 통과할 때까지 달린 거리는 지하철의 길이와 다리의 길이의 합임을 이용하여 연립방정식을 세운다.

지하철의 속력이 초속 x m, 지하철의 길이가 y m이므로 지하철이 길이가 1 km인 다리를 통과할 때 달린 거리는 $(1000+y)$ m이고, 걸린 시간은 1분, 즉 60초이다.

또한, 지하철이 길이가 300 m인 다리를 통과할 때 달린 거리는 $(300+y)$ m이고, 걸린 시간은 25초이다.

$\begin{cases} 1000+y=60x & \cdots\cdots ㉠ \\ 300+y=25x & \cdots\cdots ㉡ \end{cases}$

㉠과 ㉡을 연립하여 풀면

$x=20,\ y=200$

따라서 $|x-y|=180$이다.

3-1 **풀이 전략** 기차가 터널을 완전히 통과할 때까지 달린 거리는 기차와 터널의 길이의 합임을 이용하여 연립방정식을 세운다.

기차의 속력을 초속 x m, 기차의 길이를 y m라고 하면 기차가 길이 180 m인 터널을 완전히 통과할 때 달린 거리는 $(180+y)$ m이고, 걸린 시간은 17초이다.

또한 기차가 길이 240 m인 터널을 완전히 통과할 때 달린 거리는 $(240+y)$ m이고, 걸린 시간은 20초이다.

$\begin{cases} 180+y=17x & \cdots\cdots ㉠ \\ 240+y=20x & \cdots\cdots ㉡ \end{cases}$

㉠과 ㉡을 연립하여 풀면

$x=20,\ y=160$

따라서 기차의 길이는 160 m이다.

4 **풀이 전략** 흐르지 않는 물에서의 배의 속력과 강물의 속력을 각각 시속 x km, y km라 할 때, 강물을 거슬러 올라갈 때 속력은 시속 $(x-y)$ km임을 활용하여 연립방정식을 세운다.

흐르지 않는 물에서의 배의 속력을 시속 x km, 강물의 속력을 시속 y km라고 하면

$\begin{cases} 2(x+y)=30 & \cdots\cdots ㉠ \\ 3(x-y)=30 & \cdots\cdots ㉡ \end{cases}$

㉠과 ㉡을 연립하여 풀면

$x=12.5,\ y=2.5$

따라서 강물의 속력은 시속 2.5 km $\left(\text{또는 시속 } \frac{5}{2} \text{ km}\right)$이다.

4-1 **풀이 전략** 흐르지 않는 물에서의 배의 속력과 평소의 강물의 속력을 각각 시속 x km, y km라 하고, 연립방정식을 세운다.

흐르지 않는 물에서의 배의 속력을 시속 x km, 평소의 강물의 속력을 시속 y km라고 하면

평소에 강을 거슬러 올라갈 때의 속력은 시속 $(x-y)$ km이고 장마철 강을 거슬러 올라갈 때의 속력은 시속 $\left(x-\frac{3}{2}y\right)$ km이므로

$\begin{cases} \frac{5}{4}(x-y)=20 & \cdots\cdots ㉠ \\ \frac{4}{3}\left(x-\frac{3}{2}y\right)=20 & \cdots\cdots ㉡ \end{cases}$

㉠과 ㉡을 연립하여 풀면

$x=18,\ y=2$

따라서 평소에 강을 따라 내려갈 때의 속력은 $x+y=20$, 즉 시속 20 km이므로 이때 걸리는 시간은 $\frac{20}{20}=1$(시간)이다.

서술형 집중 연습

본문 20~21쪽

예제 1 풀이 참조	**유제 1** 54살
예제 2 풀이 참조	**유제 2** 45
예제 3 풀이 참조	**유제 3** $\frac{9}{2}$ km (또는 4.5 km)
예제 4 풀이 참조	**유제 4** 286권

예제 1 올해 어머니의 나이를 x살, 아들의 나이를 y살이라고 하자. ··· 1단계

$\boxed{3}$년 전 어머니와 아들의 나이의 합이 $\boxed{52}$살이었으므로 $(x-\boxed{3})+(y-\boxed{3})=\boxed{52}$ ······ ㉠

10년 후에 어머니의 나이는 아들의 나이의 2배보다 3살 많으므로

$\boxed{x}+10=2(\boxed{y}+10)+\boxed{3}$ ······ ㉡

··· 2단계

㉠과 ㉡을 연립하여 풀면

$x=\boxed{43}$, $y=\boxed{15}$ ··· 3단계

따라서 $x-y=\boxed{28}$이므로 어머니와 아들의 나이의 차는 $\boxed{28}$살이다. ··· 4단계

채점 기준표

단계	채점 기준	비율
1단계	어머니와 아들의 나이를 각각 미지수로 놓은 경우	20 %
2단계	조건에 맞는 연립방정식을 세운 경우	40 %
3단계	연립방정식을 올바로 푼 경우	30 %
4단계	문제에 알맞은 답을 구한 경우	10 %

유제 1 지금 할아버지의 나이를 x살, 손녀의 나이를 y살이라고 하자. ··· 1단계

8년 전에 할아버지의 나이는 손녀의 나이의 7배이므로 $x-8=7(y-8)$ ······ ㉠

1년 후에 할아버지의 나이는 손녀의 나이의 4배이므로 $x+1=4(y+1)$ ······ ㉡

··· 2단계

㉠과 ㉡을 연립하여 풀면

$x=71$, $y=17$ ··· 3단계

따라서 $x-y=54$이므로 할아버지와 손녀의 나이의 차는 54살이다. ··· 4단계

채점 기준표

단계	채점 기준	비율
1단계	할아버지와 손녀의 나이를 각각 미지수로 놓은 경우	20 %
2단계	조건에 맞는 연립방정식을 세운 경우	40 %
3단계	연립방정식을 올바로 푼 경우	30 %
4단계	문제에 알맞은 답을 구한 경우	10 %

예제 2 십의 자리의 숫자를 x, 일의 자리의 숫자를 y라고 하자. ··· 1단계

이 수는 각 자리의 숫자의 합의 4배이므로

$10x+y=4(\boxed{x+y})$ ······ ㉠

이 수의 십의 자리의 숫자와 일의 자리의 숫자를 바꾼 수는 처음 수보다 36만큼 크므로

$\boxed{10y+x}=10x+y+\boxed{36}$ ······ ㉡

··· 2단계

㉠과 ㉡을 연립하여 풀면

$x=\boxed{4}$, $y=\boxed{8}$ ··· 3단계

따라서 처음 수는 $\boxed{48}$이다. ··· 4단계

채점 기준표

단계	채점 기준	비율
1단계	십의 자리의 숫자와 일의 자리의 숫자를 각각 미지수로 놓은 경우	20 %
2단계	조건에 맞는 연립방정식을 세운 경우	40 %
3단계	연립방정식을 올바로 푼 경우	30 %
4단계	문제에 알맞은 답을 구한 경우	10 %

유제 2 십의 자리의 숫자를 x, 일의 자리의 숫자를 y라고 하자. ··· 1단계

이 수의 각 자리의 숫자의 합이 9이므로

$x+y=9$ ······ ㉠

이 수의 십의 자리의 숫자와 일의 자리의 숫자를 바꾼 수는 처음 수보다 9만큼 크다고 했으므로

$10y+x=10x+y+9$ ······ ㉡

··· 2단계

㉠과 ㉡을 연립하여 풀면

$x=4$, $y=5$ ··· 3단계

따라서 처음 수는 45이다. ··· 4단계

채점 기준표

단계	채점 기준	비율
1단계	십의 자리의 숫자와 일의 자리의 숫자를 각각 미지수로 놓은 경우	20 %
2단계	조건에 맞는 연립방정식을 세운 경우	40 %
3단계	연립방정식을 올바로 푼 경우	30 %
4단계	문제에 알맞은 답을 구한 경우	10 %

예제 3 승윤이가 시속 4 km로 걸은 거리를 x km, 시속 3 km로 걸은 거리를 y km라고 하자. ··· 1단계

승윤이의 집에서 약속 장소까지의 거리는 $\boxed{3}$ km이므로 $x+y=\boxed{3}$ ...... ㉠

집에서 약속 장소까지 가는데 걸린 시간이 1시간 10분이므로 $\frac{x}{4}+\boxed{\frac{1}{3}}+\frac{y}{3}=\boxed{\frac{7}{6}}$ ...... ㉡

··· 2단계

㉠과 ㉡을 연립하여 풀면

$x=\boxed{2}$, $y=\boxed{1}$ ··· 3단계

따라서 승윤이가 문구점에 도착하기 전까지 걸은 거리는 $\boxed{2}$ km이다. ··· 4단계

채점 기준표

단계	채점 기준	비율
1단계	승윤이가 구간에 따라 걸은 거리를 각각 미지수로 놓은 경우	20 %
2단계	조건에 맞는 연립방정식을 세운 경우	40 %
3단계	연립방정식을 올바로 푼 경우	30 %
4단계	문제에 알맞은 답을 구한 경우	10 %

유제 3 승훈이가 집에서 약수터에 갈 때 걸은 거리를 x km, 약수터에서 집으로 돌아올 때 걸은 거리를 y km라고 하자. ··· 1단계

승훈이가 약수터에 갔다오는데 걸린 총 시간이 1시간 50분이므로

$\frac{x}{4}+\frac{1}{2}+\frac{y}{3}=\frac{11}{6}$ ...... ㉠

약수터에 가는 길보다 약수터에서 돌아오는 길이 500 m만큼 더 멀다고 했으므로 $y=x+\frac{1}{2}$ ...... ㉡

··· 2단계

㉠과 ㉡을 연립하여 풀면

$x=2$, $y=\frac{5}{2}$ ··· 3단계

따라서 $x+y=2+\frac{5}{2}=\frac{9}{2}$에서 걸은 총 거리는

$\frac{9}{2}$ km(또는 4.5 km)이다. ··· 4단계

채점 기준표

단계	채점 기준	비율
1단계	승훈이가 구간에 따라 걸은 거리를 각각 미지수로 놓은 경우	20 %
2단계	조건에 맞는 연립방정식을 세운 경우	40 %
3단계	연립방정식을 올바로 푼 경우	30 %
4단계	문제에 알맞은 답을 구한 경우	10 %

예제 4 올해의 남학생 수를 x명, 올해의 여학생 수를 y명이라고 하자. ··· 1단계

올해의 전체 학생 수는 $\boxed{500}$명이었으므로

$x+y=\boxed{500}$ ...... ㉠

내년의 예상 학생 수는 올해의 학생 수에 비해 2 % 증가할 예정이므로 $500\times\frac{2}{100}=10$에서 $\boxed{10}$명이 증가할 예정이다. 따라서

$\boxed{-\frac{10}{100}}x+\boxed{\frac{15}{100}}y=\boxed{10}$ ...... ㉡

··· 2단계

㉠과 ㉡을 연립하여 풀면

$x=\boxed{260}$, $y=\boxed{240}$ ··· 3단계

따라서 올해의 남학생 수는 $\boxed{260}$명이다. ··· 4단계

채점 기준표

단계	채점 기준	비율
1단계	올해의 남학생과 여학생의 수를 각각 미지수로 놓은 경우	20 %
2단계	조건에 맞는 연립방정식을 세운 경우	40 %
3단계	연립방정식을 올바로 푼 경우	30 %
4단계	문제에 알맞은 답을 구한 경우	10 %

유제 4 작년 도서관의 시집의 개수를 x권, 소설책의 개수를 y권이라고 하자. ··· 1단계

작년 도서관의 시집과 소설책을 합하면 550권이었으므로

$x+y=550$ ...... ㉠

올해는 작년보다 3권이 감소했으므로

$\frac{10}{100}x-\frac{10}{100}y=-3$ ...... ㉡

··· 2단계

㉠과 ㉡을 연립하여 풀면

$x=260$, $y=290$ ··· 3단계

따라서 올해 도서관의 시집은

$\left(1+\frac{10}{100}\right)\times260=286$(권)이다. ··· 4단계

채점 기준표

단계	채점 기준	비율
1단계	시집과 소설책의 개수를 각각 미지수로 놓은 경우	20 %
2단계	조건에 맞는 연립방정식을 세운 경우	40 %
3단계	연립방정식을 올바로 푼 경우	30 %
4단계	문제에 알맞은 답을 구한 경우	10 %

중단원 실전 테스트 1회

본문 22~24쪽

01 ⑤ 02 ④ 03 ① 04 ④ 05 ④
06 ③ 07 ④ 08 ⑤ 09 ③ 10 ⑤
11 ⑤ 12 ④
13 소금물 A: 13 %, 소금물 B: 3 %
14 청동 A: 120 g, 청동 B: 180 g 15 16초 후
16 다리의 길이: 430 m, A 기차의 속력: 초속 30 m

01 두 자연수 중 큰 수를 x, 작은 수를 y라고 하면

$\begin{cases} x=7y+2 & \cdots\cdots ㉠ \\ 8y=x+3 & \cdots\cdots ㉡ \end{cases}$

㉠을 ㉡에 대입하면

$8y=(7y+2)+3$, $y=5$

$y=5$를 ㉠에 대입하여 x를 구하면

$x=37$

따라서 두 자연수의 합은 $37+5=42$

02 처음 수의 십의 자리의 숫자를 x, 일의 자리의 숫자를 y라고 하면

$\begin{cases} x=y-3 \\ 10y+x=2(10x+y)-20 \end{cases}$

➡ $\begin{cases} x=y-3 & \cdots\cdots ㉠ \\ -19x+8y=-20 & \cdots\cdots ㉡ \end{cases}$

㉠을 ㉡에 대입하여 y를 구하면

$-11y=-77$, $y=7$

$y=7$을 ㉠에 대입하여 x를 구하면

$x=4$

따라서 바꾼 수는 74이다.

03 A 아이스크림 한 개의 가격을 x원, B 아이스크림 한 개의 가격을 y원이라고 하면

$\begin{cases} 5x+4y=4300 & \cdots\cdots ㉠ \\ x-y=-400 & \cdots\cdots ㉡ \end{cases}$

㉠$+4\times$㉡을 하면

$9x=2700$, $x=300$

$x=300$을 ㉠에 대입하여 y를 구히면

$y=700$

따라서 A 아이스크림 한 개와 B 아이스크림의 한 개의 가격의 합은 1000원이다.

04 현재 오빠의 나이를 x살, 동생의 나이를 y살이라고 하면

$\begin{cases} (x-6)+(y-6)=20 \\ y+4=x \end{cases}$

➡ $\begin{cases} x+y=32 & \cdots\cdots ㉠ \\ y=x-4 & \cdots\cdots ㉡ \end{cases}$

㉡을 ㉠에 대입하여 정리하면

$2x=36$, $x=18$

$x=18$을 ㉡에 대입하여 y를 구하면

$y=14$

따라서 현재 오빠의 나이는 18살, 동생의 나이는 14살이다.

오빠의 나이가 동생의 나이의 2배가 되는 해를 t라고 하면

$18-t=2(14-t)$에서

$t=10$

따라서 오빠의 나이가 동생의 나이의 2배가 된 해는 지금으로부터 10년 전이다.

05 민정이가 이긴 횟수를 x회, 진 횟수를 y회라고 하면 수빈이가 이긴 횟수는 y회, 진 횟수는 x회이므로

$\begin{cases} 5x+2y=79 & \cdots\cdots ㉠ \\ 2x+5y=82 & \cdots\cdots ㉡ \end{cases}$

$5\times$㉠$-2\times$㉡을 하면

$21x=231$, $x=11$

$x=11$을 ㉠에 대입하여 y를 구하면

$y=12$

따라서 $n=11+12=23$

06 판매 가능한 사과와 배의 총 개수가 2000개이고, 사과와 배의 비가 $3:2$이므로

판매 가능한 과일 중 사과의 개수는

$2000\times\frac{3}{5}=1200$(개),

배의 개수는 $2000\times\frac{2}{5}=800$(개)이다.

처음 큰 상자에 담겨 있는 사과의 개수를 x개, 배의 개수를 y개라고 하면

$\begin{cases} x:y=14:11 \\ (x-1200):(y-800)=2:3 \end{cases}$

➡ $\begin{cases} 11x-14y=0 & \cdots\cdots ㉠ \\ 3x-2y=2000 & \cdots\cdots ㉡ \end{cases}$

$7\times$㉡$-$㉠을 하면

$10x=14000$, $x=1400$

$x=1400$을 ㉠에 대입하여 y를 구하면

$y=1100$

따라서 처음 큰 상자에 담겨 있던 사과와 배의 총 개수는 $1400+1100=2500$(개)

07 사다리꼴의 윗변의 길이를 x cm, 아랫변의 길이를 y cm라고 하면

$$\begin{cases} y=3x+3 \\ \frac{1}{2}\times(x+y)\times 6=69 \end{cases}$$

$$\Rightarrow \begin{cases} y=3x+3 & \cdots\cdots ㉠ \\ x+y=23 & \cdots\cdots ㉡ \end{cases}$$

㉠을 ㉡에 대입하여 x를 구하면

$4x=20$, $x=5$

$x=5$를 ㉠에 대입하여 y를 구하면

$y=18$

따라서 아랫변의 길이는 18 cm, 윗변의 길이는 5 cm이므로 두 길이의 차는 13 cm이다.

08 남학생 수를 x명, 여학생 수를 y명이라고 하면

$$\begin{cases} x+y=350 \\ \frac{30}{100}x+\frac{45}{100}y=\frac{36}{100}\times 350 \end{cases}$$

$$\Rightarrow \begin{cases} x+y=350 & \cdots\cdots ㉠ \\ 2x+3y=840 & \cdots\cdots ㉡ \end{cases}$$

㉡$-2\times$㉠을 하면

$y=140$

$y=140$을 ㉠에 대입하여 x를 구하면

$x=210$

따라서 봉사 활동에 참여한 남학생 수는

$210\times\frac{30}{100}=63$(명)이다.

09 어제 판매한 돈가스의 개수를 x개, 라면의 개수를 y개라고 하면

$$\begin{cases} x+y=60 \\ \frac{30}{100}x+\frac{20}{100}y=14 \end{cases}$$

$$\Rightarrow \begin{cases} x+y=60 & \cdots\cdots ㉠ \\ 3x+2y=140 & \cdots\cdots ㉡ \end{cases}$$

㉡$-2\times$㉠을 하면

$x=20$

$x=20$을 ㉠에 대입하여 y를 구하면

$y=40$

따라서 어제 판매한 라면의 개수는 40개이고 오늘 판매한 라면의 개수는 $\left(1+\frac{20}{100}\right)\times 40=48$(개)이므로 어제와 오늘 판매한 라면의 개수는

$40+48=88$(개)이다.

10 구입한 바류의 개수를 x개, 콘류의 개수를 y개라고 하면

$$\begin{cases} x+y=200 \\ \frac{20}{100}\times 500x+\frac{25}{100}\times 800y=26000 \end{cases}$$

$$\Rightarrow \begin{cases} x+y=200 & \cdots\cdots ㉠ \\ x+2y=260 & \cdots\cdots ㉡ \end{cases}$$

㉡$-$㉠을 하면

$y=60$

$y=60$을 ㉠에 대입하여 x를 구하면

$x=140$

따라서 바류 아이스크림은 140개와 콘류 아이스크림은 60개이므로 그 차는 80개이다.

11 8 %의 소금물의 양을 x g, 더 넣은 물의 양을 y g이라고 하면

$$\begin{cases} y=x-150 \\ \frac{8}{100}\times x=\frac{5}{100}\times(x+y) \end{cases}$$

$$\Rightarrow \begin{cases} y=x-150 & \cdots\cdots ㉠ \\ 3x-5y=0 & \cdots\cdots ㉡ \end{cases}$$

㉠을 ㉡에 대입하면

$2x=750$, $x=375$

$x=375$를 ㉠에 대입하면

$y=225$

따라서 5 %의 소금물의 양은

$x+y=375+225=600$ (g)이다.

12 성희가 출발한 지 x분 후, 해인이가 출발한 지 y분 후에 두 사람이 만난다고 하면

$$\begin{cases} x=y+5 \\ 80x+100y=4000 \end{cases}$$

$$\Rightarrow \begin{cases} x=y+5 & \cdots\cdots ㉠ \\ 4x+5y=200 & \cdots\cdots ㉡ \end{cases}$$

㉠을 ㉡에 대입하여 y를 구하면

$4(y+5)+5y=200$, $y=20$

$y=20$을 ㉠에 대입하여 x를 구하면

$x=25$

따라서 성희가 출발한 지 25분 후에 처음으로 만난다.

13 소금물 A의 농도를 x %, 소금물 B의 농도를 y %라고 하면

$$\begin{cases} \frac{x}{100}\times300+\frac{y}{100}\times200=\frac{9}{100}\times500 \\ \frac{x}{100}\times200+\frac{y}{100}\times200=\frac{8}{100}\times400 \end{cases}$$ ··· 1단계

$$\Rightarrow \begin{cases} 3x+2y=45 & \cdots\cdots ㉠ \\ x+y=16 & \cdots\cdots ㉡ \end{cases}$$

㉠$-2\times$㉡을 하면

$x=13$

$x=13$을 ㉠에 대입하여 y를 구하면

$y=3$ ··· 2단계

따라서 두 소금물 A, B의 농도는 각각 13 %, 3 %이다. ··· 3단계

채점 기준표

단계	채점 기준	비율
1단계	x, y에 대한 연립방정식을 세운 경우	40 %
2단계	x, y의 값을 구한 경우	40 %
3단계	문제 조건에 맞게 답을 구한 경우	20 %

14 필요한 청동 A의 무게를 x g, 청동 B의 무게를 y g이라고 하면

$$\begin{cases} \frac{3}{4}x+\frac{5}{6}y=\frac{4}{5}\times300 \\ \frac{1}{4}x+\frac{1}{6}y=\frac{1}{5}\times300 \end{cases}$$ ··· 1단계

$$\Rightarrow \begin{cases} 9x+10y=2880 & \cdots\cdots ㉠ \\ 3x+2y=720 & \cdots\cdots ㉡ \end{cases}$$

㉠$-3\times$㉡을 하면

$4y=720$, $y=180$

$y=180$을 ㉠에 대입하면

$9x=1080$, $x=120$ ··· 2단계

따라서 필요한 청동 A와 청동 B의 무게는 각각 120 g과 180 g이다. ··· 3단계

채점 기준표

단계	채점 기준	비율
1단계	x, y에 대한 연립방정식을 세운 경우	40 %
2단계	x, y의 값을 구한 경우	40 %
3단계	문제 조건에 맞게 답을 구한 경우	20 %

15 두 사람이 만날 때까지 우석이가 간 거리를 x m, 정민이가 간 거리를 y m라고 하면

$$\begin{cases} x-y=16 \\ \frac{x}{5}=\frac{y}{4} \end{cases}$$ ··· 1단계

$$\Rightarrow \begin{cases} x-y=16 & \cdots\cdots ㉠ \\ 4x-5y=0 & \cdots\cdots ㉡ \end{cases}$$

$4\times$㉠$-$㉡을 하면

$y=64$

$y=64$를 ㉠에 대입하여 x를 구하면

$x=80$ ··· 2단계

따라서 우석이와 정민이가 만나는 것은 출발한 지 $\frac{80}{5}=16$(초) 후이다. ··· 3단계

채점 기준표

단계	채점 기준	비율
1단계	x, y에 대한 연립방정식을 세운 경우	40 %
2단계	x, y의 값을 구한 경우	40 %
3단계	문제 조건에 맞게 답을 구한 경우	20 %

16 다리의 길이를 x m, A 기차의 속력을 초속 y m라고 하면 기차가 다리를 완전히 지나가는데 기차가 이동한 거리는 (기차의 길이)+(다리의 길이)이다.
길이가 800 m인 A 기차가 다리를 지나는데 41초가 걸리고, 길이가 350 m인 B 기차가 A 기차의 2배의 속력으로 이 다리를 지나는데 13초가 걸리므로

$$\begin{cases} 800+x=41y \\ 350+x=13\times2y \end{cases}$$ ··· 1단계

$$\Rightarrow \begin{cases} x-41y=-800 & \cdots\cdots ㉠ \\ x-26y=-350 & \cdots\cdots ㉡ \end{cases}$$

㉠$-$㉡을 하면

$-15y=-450$, $y=30$

$y=30$을 ㉠에 대입하여 x를 구하면

$x=430$ ··· 2단계

따라서 다리의 길이는 430 m이고, A 기차의 속력은 초속 30 m이다. ··· 3단계

채점 기준표

단계	채점 기준	비율
1단계	x, y에 대한 연립방정식을 세운 경우	40 %
2단계	x, y의 값을 구한 경우	40 %
3단계	문제 조건에 맞게 답을 구한 경우	20 %

중단원 실전 테스트 2회

본문 25~27쪽

01 ⑤ 02 ① 03 ④ 04 ⑤ 05 ②
06 ② 07 ② 08 ④ 09 ① 10 ③
11 ② 12 ②
13 전반전: 62점, 후반전: 30점
14 식품 A: 500 g, 식품 B: 300 g
15 올라간 거리: 10 km, 내려온 거리: 12 km
16 열차의 길이: 200 m, 열차의 속력: 초속 40 m

01 큰 수를 x, 작은 수를 y라고 하면

$$\begin{cases} x+y=47 & \cdots\cdots ㉠ \\ x-y=23 & \cdots\cdots ㉡ \end{cases}$$

㉠+㉡을 하면

$2x=70$, $x=35$

$x=35$를 ㉠에 대입하여 y를 구하면

$y=12$

$35=12\times2+11$이므로

큰 수를 작은 수로 나누었을 때 나머지는 11이다.

02 처음 수의 십의 자리의 숫자를 x, 일의 자리의 숫자를 y라고 하면

$$\begin{cases} 3y=4x-11 \\ 10y+x=(10x+y)-18 \end{cases}$$

$$\Rightarrow \begin{cases} -4x+3y=-11 & \cdots\cdots ㉠ \\ -x+y=-2 & \cdots\cdots ㉡ \end{cases}$$

㉠−㉡×3을 하면

$-x=-5$, $x=5$

$x=5$를 ㉡에 대입하여 y를 구하면

$3y=9$, $y=3$

따라서 바꾼 수는 35이다.

03 사과 1개의 가격을 x원, 배 1개의 가격을 y원이라고 하면

$$\begin{cases} 6x+4y=10800 \\ 4x+6y=11200 \end{cases} \Rightarrow \begin{cases} 3x+2y=5400 & \cdots\cdots ㉠ \\ 2x+3y=5600 & \cdots\cdots ㉡ \end{cases}$$

2×㉠−3×㉡을 하면

$-5y=-6000$, $y=1200$

$y=1200$을 ㉠에 대입하여 x를 구하면

$3x=3000$, $x=1000$

따라서 사과 1개의 가격은 1000원이고, 배 1개의 가격은 1200원이다.

04 현재 아버지의 나이를 x살, 딸의 나이를 y살이라고 하면

$$\begin{cases} x-y=33 \\ x+12=2(y+12)+3 \end{cases} \Rightarrow \begin{cases} x-y=33 & \cdots\cdots ㉠ \\ x-2y=15 & \cdots\cdots ㉡ \end{cases}$$

㉠−㉡을 하면

$y=18$

$y=18$을 ㉠에 대입하여 x를 구하면

$x=51$

따라서 현재 아버지의 나이는 51살, 딸의 나이는 18살이다.

5년 후의 아버지의 나이는 56살, 딸의 나이는 23살이므로 그 합은 79살이다.

05 A 팀이 이긴 경기 수를 x경기, 비긴 경기 수를 y경기라고 하면 A 팀이 치른 25경기 중 7경기를 졌으므로 A 팀이 이기거나 비긴 경기 수는 18경기이다.

$$\begin{cases} x+y=18 & \cdots\cdots ㉠ \\ 3x+y=40 & \cdots\cdots ㉡ \end{cases}$$

㉠−㉡을 하면

$-2x=-22$, $x=11$

$x=11$을 ㉠에 대입하여 y를 구하면

$y=7$

따라서 A 팀이 이긴 경기 수와 비긴 경기 수의 차는 $11-7=4$이다.

06 탱크에 물을 가득 채웠을 때의 물의 양을 1로 놓고, 큰 호스와 작은 호스로 1시간 동안 채울 수 있는 물의 양을 각각 x, y라고 하면

$$\begin{cases} 6x+3y=1 & \cdots\cdots ㉠ \\ 4x+6y=1 & \cdots\cdots ㉡ \end{cases}$$

2×㉠−㉡을 하면

$8x=1$, $x=\frac{1}{8}$

$x=\frac{1}{8}$을 ㉠에 대입하여 y를 구하면

$y=\frac{1}{12}$

따라서 $x=\frac{1}{8}$, $y=\frac{1}{12}$

이때 크고 작은 두 호스를 한꺼번에 사용하여 탱크에 물을 가득 채우는 데 걸리는 시간을 n시간이라고 하면

$\frac{1}{8}n+\frac{1}{12}n=1$

$n=\frac{24}{5}$

따라서 크고 작은 두 호스를 한꺼번에 사용하여 탱크 물을 가득 채우는 데 4시간 48분이 걸린다.

07 직사각형의 긴 변의 길이를 x cm, 짧은 변의 길이를 y cm라고 하면

$\begin{cases} 2x+3y=23 & \cdots\cdots ㉠ \\ 3x-2y=15 & \cdots\cdots ㉡ \end{cases}$

$3\times$㉠$-2\times$㉡을 하면

$13y=39$, $y=3$

$y=3$을 ㉡에 대입하여 x를 구하면

$3x-6=15$, $x=7$

따라서 직사각형의 긴 변의 길이는 7 cm, 짧은 변의 길이는 3 cm이므로 이 직사각형의 넓이는

$7\times3=21(\text{cm}^2)$

08 남학생 수를 x명, 여학생 수를 y명이라고 하면

$\begin{cases} x+y=200 \\ \frac{4}{9}x+\frac{1}{2}y=\frac{47}{100}\times200 \end{cases}$

➡ $\begin{cases} x+y=200 & \cdots\cdots ㉠ \\ 8x+9y=1692 & \cdots\cdots ㉡ \end{cases}$

$8\times$㉠$-$㉡을 하면

$-y=-92$, $y=92$

$y=92$를 ㉠에 대입하여 x를 구하면

$x=108$

따라서 2학년의 남학생은 108명, 여학생은 92명이므로 차는 $108-92=16$(명)이다.

09 작년의 남학생 수를 x명, 여학생 수를 y명이라고 하면

$\begin{cases} x+y=573+7 \\ \frac{5}{100}x-\frac{7}{100}y=-7 \end{cases}$

➡ $\begin{cases} x+y=580 & \cdots\cdots ㉠ \\ 5x-7y=-700 & \cdots\cdots ㉡ \end{cases}$

$5\times$㉠$-$㉡을 하면

$12y=3600$, $y=300$

$y=300$을 ㉠에 대입하여 x를 구하면

$x=280$

따라서 작년의 여학생 수가 300명이므로 올해의 여학생 수는 $300-300\times\frac{7}{100}=279$(명)이다.

10 할인하기 전 셔츠의 판매 가격을 x원, 바지의 판매 가격을 y원이라고 하면

$\begin{cases} 3x+3y=81000 \\ \frac{30}{100}\times3x+\frac{40}{100}\times3y=29100 \end{cases}$

➡ $\begin{cases} x+y=27000 & \cdots\cdots ㉠ \\ 3x+4y=97000 & \cdots\cdots ㉡ \end{cases}$

$3\times$㉠$-$㉡을 하면

$-y=-16000$, $y=16000$

$y=16000$을 ㉠에 대입하여 x를 구하면

$x=11000$

따라서 할인하기 전의 바지의 판매 가격은 16000원이므로 바지의 할인된 판매 가격은

$16000\times\left(1-\frac{40}{100}\right)=9600$(원)

11 덜어 낸 소금물의 양을 x g, 더 넣은 소금물의 양을 y g이라고 하면

$\begin{cases} 300-x+y=220 \\ \frac{5}{100}\times(300-x)+\frac{10}{100}y=\frac{6}{100}\times220 \end{cases}$

➡ $\begin{cases} x-y=80 & \cdots\cdots ㉠ \\ x-2y=36 & \cdots\cdots ㉡ \end{cases}$

㉠$-$㉡을 하면

$y=44$

$y=44$를 ㉠에 대입하여 x를 구하면

$x=124$

따라서 덜어 낸 소금물의 양은 124 g이고, 더 넣은 소금물의 양은 44 g이므로 합은 168 g이다.

12 명수의 속력을 초속 x m, 수진이의 속력을 초속 y m라고 하면

$\begin{cases} x:y=50:30 \\ 60x+60y=480 \end{cases}$

➡ $\begin{cases} 3x-5y=0 & \cdots\cdots ㉠ \\ x+y=8 & \cdots\cdots ㉡ \end{cases}$

㉠$-$㉡$\times3$을 하면

$-8y=-24$, $y=3$

$y=3$을 ㉠에 대입하면

$3x-15=0$, $x=5$

따라서 명수와 수진이의 속력은 각각 초속 5 m, 초속 3 m이므로 명수와 수진이의 속력의 차는 초속 2 m이다.

13 A 학교가 전반전에 얻은 점수를 x점, 후반전에 얻은 점수를 y점이라고 하면 B 학교가 전반전에 얻은 점수는 $(x+10)$점, 후반전에 얻은 점수는 $0.5y$점이므로

$\begin{cases} x+y=112 \\ (x+10)+0.5y=92 \end{cases}$ ··· 1단계

➡ $\begin{cases} x+y=112 & \cdots\cdots ㉠ \\ 2x+y=164 & \cdots\cdots ㉡ \end{cases}$

㉡−㉠을 하면

$x=52$

$x=52$를 ㉠에 대입하여 y를 구하면

$y=60$ ··· 2단계

따라서 B 학교가 전반전에 얻은 점수는 $52+10=62$(점), 후반전에 얻은 점수는 $0.5\times60=30$(점)이다.

··· 3단계

채점 기준표

단계	채점 기준	비율
1단계	x, y에 대한 연립방정식을 세운 경우	40 %
2단계	x, y의 값을 구한 경우	40 %
3단계	문제 조건에 맞게 답을 구한 경우	20 %

14 섭취해야 하는 식품 A의 양을 x g, 식품 B의 양을 y g이라고 하면 식품 A의 x g과 식품 B의 y g에서 얻을 수 있는 열량의 합은 580 kcal이고, 식품 A의 x g과 식품 B의 y g에서 얻을 수 있는 탄수화물의 양은 204 g이므로

$\begin{cases} \frac{80}{100}x+\frac{60}{100}y=580 \\ \frac{30}{100}x+\frac{18}{100}y=204 \end{cases}$ ··· 1단계

➡ $\begin{cases} 4x+3y=2900 & \cdots\cdots ㉠ \\ 5x+3y=3400 & \cdots\cdots ㉡ \end{cases}$

㉠−㉡을 하면

$-x=-500$, $x=500$

$x=500$을 ㉠에 대입하여 y를 구하면

$2000+3y=2900$, $y=300$ ··· 2단계

따라서 식품 A는 500 g, 식품 B는 300 g을 섭취해야 한다. ··· 3단계

채점 기준표

단계	채점 기준	비율
1단계	x, y에 대한 연립방정식을 세운 경우	40 %
2단계	x, y의 값을 구한 경우	40 %
3단계	문제 조건에 맞게 답을 구한 경우	20 %

15 설악산 등산을 하는데 올라간 거리를 x km, 내려온 거리를 y km라고 하면

$\begin{cases} y=x+2 \\ \frac{x}{2.5}+\frac{y}{4.5}=\frac{20}{3} \end{cases}$ ··· 1단계

➡ $\begin{cases} y=x+2 & \cdots\cdots ㉠ \\ 9x+5y=150 & \cdots\cdots ㉡ \end{cases}$

㉠을 ㉡에 대입하여 x를 구하면

$9x+5(x+2)=150$, $x=10$

$x=10$을 ㉠에 대입하여 y를 구하면

$y=12$ ··· 2단계

따라서 설악산 등산을 하는데 올라간 거리는 10 km, 내려온 거리는 12 km이다. ··· 3단계

채점 기준표

단계	채점 기준	비율
1단계	x, y에 대한 연립방정식을 세운 경우	40 %
2단계	x, y의 값을 구한 경우	40 %
3단계	문제 조건에 맞게 답을 구한 경우	20 %

16 열차의 길이를 x m, 열차의 속력을 초속 y m라고 하면 열차가 터널 안에서 $(2000-x)$ m를 가는 동안에는 완전히 가려져 보이지 않으므로

$\begin{cases} 1000+x=30y & \cdots\cdots ㉠ \\ 2000-x=45y & \cdots\cdots ㉡ \end{cases}$ ··· 1단계

㉠+㉡을 하면

$3000=75y$, $y=40$

$y=40$을 ㉠에 대입하여 x를 구하면

$x=200$ ··· 2단계

따라서 열차의 길이는 200 m이고, 열차의 속력은 초속 40 m이다. ··· 3단계

채점 기준표

단계	채점 기준	비율
1단계	x, y에 대한 연립방정식을 세운 경우	40 %
2단계	x, y의 값을 구한 경우	40 %
3단계	문제 조건에 맞게 답을 구한 경우	20 %

Ⅲ. 함수

1 일차함수와 그 그래프

개념 체크 본문 30~31쪽

01 (1)

x	1	2	3	4	⋯
y	1	1, 2	1, 3	1, 2, 4	⋯

함수가 아니다.

(2)

x	1	2	3	4	⋯
y	1	2	2	3	⋯

함수이다.

02 (1) -7 (2) -1 (3) 2 (4) 5

03 (1)

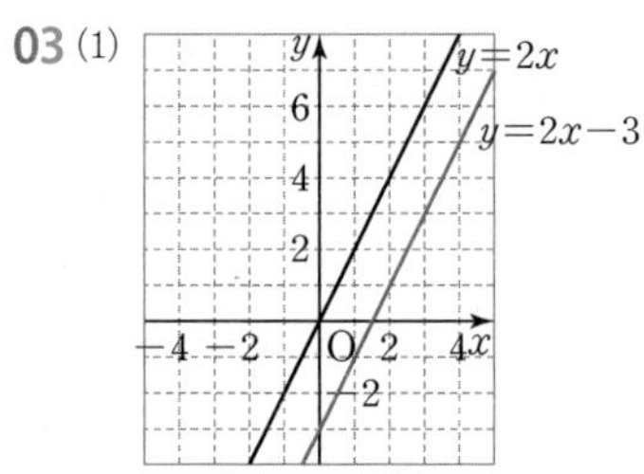

(2) x절편: $\frac{3}{2}$, y절편: -3

04 (1) 3 (2) -3

05 (1) 기울기: $\frac{3}{2}$, y절편: -1

(2)

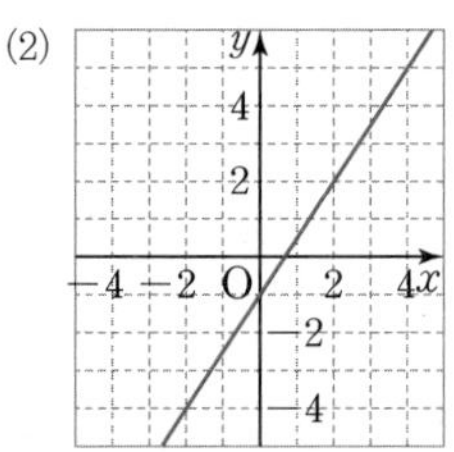

06 ㄷ, ㅁ

07 (1) ㄴ, ㄹ (2) ㄷ, ㅁ

08 (1) $y=5x-4$ (2) $y=-3x-2$ (3) $y=-2x$ (4) $y=3x+9$ (5) $y=-x-2$ (6) $y=2x-2$ (7) $y=\frac{4}{3}x+4$ (8) $y=-2x-2$

대표 유형 본문 32~35쪽

01 ①	02 ④	03 ②	04 ④	05 ④
06 ③	07 ③	08 ④	09 ④	10 ⑤
11 ④	12 ①	13 ②	14 ④	15 ⑤
16 ①	17 ③	18 ④	19 ②	20 ④
21 ②	22 ③	23 ④	24 ④	

01 $f(x)=x+a$의 그래프가 점 $(3, -2)$를 지나므로
$f(3)=3+a=-2$에서 $a=-5$
따라서 $f(x)=x-5$
$f(-2)=k$이므로
$-2-5=k$에서
$k=-7$

02 $f(x)=2x-4$에서
$f(2a)=a+2$이므로
$4a-4=a+2$에서 $a=2$
$f(-b)=b+2$이므로
$-2b-4=b+2$에서 $b=-2$
따라서 $a+b=2+(-2)=0$

03 일차함수 $y=3x-1$의 그래프가 점 $(2, b)$를 지나므로 $b=6-1=5$
따라서 $y=ax+1$의 그래프가 점 $(2, 5)$를 지나므로
$5=2a+1$, $2a=4$에서
$a=2$
따라서 $a+b=2+5=7$

04 $y=2x+3$의 그래프를 y축의 방향으로 $-k$만큼 평행이동하면
$y=2x+3-k$
이 그래프는 일차함수 $y=2x+1$의 그래프와 일치하므로
$3-k=1$에서 $k=2$

05 $y=-3x+b$의 그래프를 y축의 방향으로 -5만큼 평행이동하면
$y=-3x+b-5$
이 그래프는 일차함수 $y=ax+2$의 그래프와 일치하므로
$-3=a$, $b-5=2$에서

$a=-3$, $b=7$
따라서 $a+b=-3+7=4$

06 $y=3x+a$의 그래프를 y축의 음의 방향으로 2만큼 평행이동하면
$y=3x+a-2$
이 그래프가 $y=3x-5$의 그래프와 일치하므로
$a-2=-5$에서
$a=-3$
따라서 $y=2x-3$의 그래프를 y축의 양의 방향으로 5만큼 평행이동하면
$y=2x-3+5$
따라서 $y=2x+2$

07 $y=-3x+1$의 그래프를 y축의 방향으로 a만큼 평행이동하면
$y=-3x+1+a$
즉, $f(x)=-3x+1+a$
$f(a)=7$이므로
$-3a+1+a=7$에서
$a=-3$

08 $y=ax+6$의 그래프의 x절편이 2이면 점 $(2, 0)$을 지나므로
$0=2a+6$에서 $a=-3$
따라서 $y=-3x+6$의 그래프가 점 $(k, -2k)$를 지나므로
$-2k=-3k+6$에서 $k=6$
따라서 $a+k=-3+6=3$

09 $y=ax+2$에 $x=-2$, $y=6$을 대입하면
$6=-2a+2$에서 $a=-2$
$y=-2x+2$에 $y=0$을 대입하면
$0=-2x+2$에서 $x=1$
따라서 $y=-2x+2$의 그래프의 x절편은 1이다.

10 $y=-3x+6$의 그래프의 y절편이 6이므로
$y=-x+2a$의 그래프의 x절편도 6이다.
따라서 $y=-x+2a$의 그래프가 점 $(6, 0)$을 지나므로
$0=-6+2a$에서
$a=3$

11 $(\text{기울기})=\dfrac{(y\text{의 값의 증가량})}{(x\text{의 값의 증가량})}=\dfrac{-3-6}{k-2}$
$=\dfrac{-9}{k-2}=-4$
즉, $-4(k-2)=-9$에서 $-4k+8=-9$
$k=\dfrac{17}{4}$
따라서 $f(x)=-4x+\dfrac{17}{4}$이므로
$f\left(\dfrac{1}{16}\right)=4$

12 $\dfrac{f(-1)-f(-2)}{-1-(-2)}$는 x의 값이 -2에서 -1까지 증가할 때, y의 값이 $f(-2)$에서 $f(-1)$까지 변하는 비율이므로 함수 $y=f(x)$의 그래프의 기울기를 의미한다.
즉, $(\text{기울기})=\dfrac{(y\text{의 값의 증가량})}{(x\text{의 값의 증가량})}=-5$

13 두 일차함수의 그래프가 서로 평행하려면 기울기가 같아야 하므로
$\dfrac{(3k+7)-(k-1)}{4-1}=4$에서
$2k+8=12$, $k=2$

14 $ab<0$에서 a와 b의 부호는 반대이고, $a<b$이므로
$a<0$, $b>0$
$y=\dfrac{a}{b}x+b$의 그래프에서
$(\text{기울기})=\dfrac{a}{b}<0$, $(y\text{절편})=b>0$
따라서 $y=\dfrac{a}{b}x+b$의 그래프는 ④와 같다.

15 $y=f(x)$의 그래프가 두 점 $(0, 1)$, $(1, 3)$을 지나므로
기울기는 $\dfrac{3-1}{1-0}=2$
또, y절편은 1이므로 $f(x)=2x+1$
$y=g(x)$의 그래프가 두 점 $(0, 4)$, $(1, 3)$을 지나므로
기울기는 $\dfrac{3-4}{1-0}=-1$
또, y절편은 4이므로 $g(x)=-x+4$
따라서 $f(5)-g(5)=11-(-1)=12$

16 $y=-\frac{4}{5}x+4$의 그래프의 x절편은 5, y절편은 4이므로 그 그래프는 다음 그림과 같다.

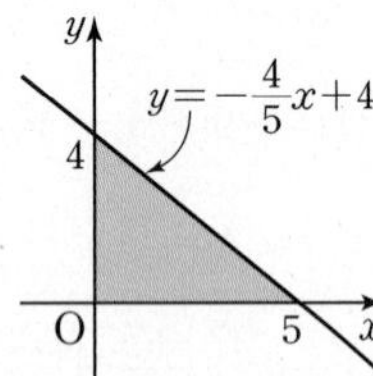

따라서 구하는 넓이는

$\frac{1}{2}\times5\times4=10$

17 $y=-x+5$의 그래프의 x절편은 5, y절편은 5이고, $y=\frac{7}{5}x-7$의 그래프의 x절편은 5, y절편은 -7이므로 그 그래프는 다음 그림과 같다.

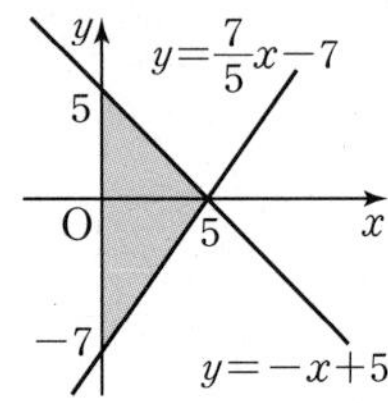

따라서 구하는 넓이는

$\frac{1}{2}\times12\times5=30$

18 $y=ax+6$의 그래프의 y절편이 6이므로

B(0, 6)

이때 △AOB의 넓이가 15이므로

$\frac{1}{2}\times\overline{OA}\times6=15$에서 $\overline{OA}=5$

따라서 A$(-5, 0)$이므로

$y=ax+6$에 $x=-5$, $y=0$을 대입하면

$0=a\times(-5)+6$에서

$a=\frac{6}{5}$

19 $y=ax+3$과 $y=-x+3$의 그래프의 y절편은 3이므로 A(0, 3)

$y=-x+3$의 그래프의 x절편은 3이므로 C(3, 0)

이때 △ABC의 넓이가 12이므로

$\frac{1}{2}\times\overline{BC}\times3=12$에서 $\overline{BC}=8$

따라서 B$(-5, 0)$이므로

$y=ax+3$에 $x=-5$, $y=0$을 대입하면

$0=-5a+3$에서

$a=\frac{3}{5}$

20 $(\text{기울기})=\frac{(y\text{의 값의 증가량})}{(x\text{의 값의 증가량})}=\frac{1}{2}$

이고 y절편이 -2이므로

$y=\frac{1}{2}x-2$이다.

이 일차함수의 그래프가 점 $(4a+2, a+5)$를 지나므로

$a+5=\frac{1}{2}(4a+2)-2$에서

$a=6$

21 주어진 그래프가 두 점 $(0, -4)$, $(3, 2)$를 지나므로

$(\text{기울기})=\frac{2-(-4)}{3-0}=2$, 즉 $a=2$

함수 $y=2x+b$의 그래프가 점 $(-2, 4)$를 지나므로

$4=2\times(-2)+b$, $b=8$

따라서 $f(x)=2x+8$이므로

$f(3)=14$

22 주어진 그래프가 두 점 $(2, -3)$, $(7, 7)$을 지나므로

$(\text{기울기})=\frac{7-(-3)}{7-2}=2$

$y=2x+b$로 놓고 $x=2$, $y=-3$을 대입하면

$-3=4+b$에서

$b=-7$

따라서 $y=2x-7$, 즉 $f(x)=2x-7$

$f(5)=m$에서

$m=10-7=3$

또 $f(n)=0$에서

$2n-7=0$

$n=\frac{7}{2}$

따라서 $m+n=3+\frac{7}{2}=\frac{13}{2}$

23 주어진 그래프가 두 점 $(-4, 0)$, $(0, -3)$을 지나므로

$(\text{기울기})=\frac{-3-0}{0-(-4)}=-\frac{3}{4}$

또, y절편이 -3이므로

$y=-\frac{3}{4}x-3$

따라서 $a=-\frac{3}{4}$, $b=-3$이므로

$a+b=-\frac{15}{4}$이고

$\frac{a}{b}=\frac{1}{4}$

따라서 $f(x)=-\frac{15}{4}x+\frac{1}{4}$이므로

$f(-1)=4$

24 $y=\frac{2}{3}x+2$의 그래프와 x축 위에서 만나므로

$y=\frac{2}{3}x+2$에 $y=0$을 대입하면

$0=\frac{2}{3}x+2$, $x=-3$

$y=-\frac{2}{3}x+6$의 그래프와 y축 위에서 만나므로

$y=-\frac{2}{3}x+6$에 $x=0$을 대입하면

$y=6$

즉, 구하는 일차함수의 그래프가 두 점 $(-3, 0)$, $(0, 6)$을 지나므로

$(\text{기울기})=\frac{6-0}{0-(-3)}=2$

또, y절편이 6이므로

$y=2x+6$

따라서 $a=2$, $b=6$이므로

$ab=2\times6=12$

기출 예상 문제

본문 36~37쪽

01 ②	02 ①	03 ①	04 ③	05 ①
06 ③	07 ②	08 ③	09 ①	10 ②
11 ①	12 ①			

01 $f(a)=5a-3$, $f(b)=5b-3$이므로

$f(a)-f(b)=(5a-3)-(5b-3)$

$=5(a-b)=14$

$5(a-b)=14$

따라서 $a-b=\frac{14}{5}$

02 $f(x)=ax+1$의 그래프는 점 $(2, -9)$를 지나므로

$2a+1=-9$에서

$a=-5$

그러므로 $f(x)=-5x+1$

$g(-1)=-3$에서 $3+b=-3$

$b=-6$

그러므로 $g(x)=-3x-6$

따라서 $f(3)=-15+1=-14$,

$g(-4)=12-6=6$이므로

$f(3)+g(-4)=-14+6=-8$

03 $y=ax-5$에서 $x=-1$, $y=3$을 대입하면

$3=-a-5$에서 $a=-8$

$y=-8x-5$의 그래프를 y축의 음의 방향으로 1만큼 평행이동하면

$y=-8x-5-1$

즉, $y=-8x-6$

$y=-8x-6$에 $x=\frac{k}{2}$, $y=2$를 대입하면

$2=-4k-6$

$k=-2$

따라서 $a+k=-8+(-2)=-10$

04 $y=ax-6$의 그래프를 y축의 방향으로 b만큼 평행이동하면

$y=ax-6+b$

$y=ax-6+b$에 $x=3$, $y=-1$을 대입하면

$-1=3a-6+b$

$3a+b=5$ ...... ㉠

$y=ax-6+b$에 $x=-2$, $y=5$를 대입하면

$5=-2a-6+b$

$-2a+b=11$ ...... ㉡

㉠, ㉡을 연립하여 풀면 $a=-\frac{6}{5}$, $b=\frac{43}{5}$

따라서 $a+b=-\frac{6}{5}+\frac{43}{5}=\frac{37}{5}$

05 $y=ax-6$의 그래프의 x절편이 -3이면 점 $(-3, 0)$을 지나므로

$0=-3a-6$에서 $a=-2$

따라서 $y=-2x-6$의 그래프가 점 $(2k, -3k)$를 지나므로

$-3k=-4k-6$에서

$k=-6$

따라서 $a+k=-2+(-6)=-8$

06 $y=\frac{1}{2}x-3$의 그래프의 x절편은 6이므로 $\mathrm{P}(6, 0)$

$y=-3x+a$의 그래프의 x절편은 $\frac{a}{3}$이므로 $\mathrm{Q}\left(\frac{a}{3}, 0\right)$

이때 $\overline{\mathrm{PQ}}=3$이므로 $\left|\frac{a}{3}-6\right|=3$

$\frac{a}{3}-6=-3$ 또는 $\frac{a}{3}-6=3$

$\frac{a}{3}=3$ 또는 $\frac{a}{3}=9$

따라서 $a=9$ 또는 $a=27$이므로

a의 값의 합은 36

07 $f(x)=ax+b$라고 하면

$(\text{기울기})=a=\frac{(y\text{의 값의 증가량})}{(x\text{의 값의 증가량})}=\frac{f(4)-f(1)}{4-1}$

$=-3$

따라서 $y=-3x+b$에 $x=-4$, $y=5$를 대입하면

$5=12+b$에서

$b=-7$

따라서 $f(x)=-3x-7$이므로

$f(-2)=-1$

08 $y=abx+(a+b)$의 그래프가 제1사분면, 제2사분면, 제4사분면을 지나므로 다음 그림과 같이 오른쪽 아래로 향하고 y축과 양의 부분에서 만난다.

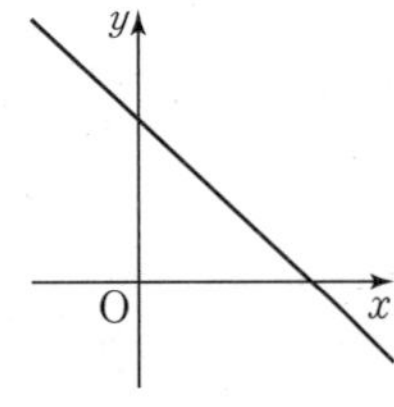

즉, $(\text{기울기})=ab<0$, $(y\text{절편})=a+b>0$이고 $a>b$이므로

$a>0$, $b<0$

따라서 $y=ax-b$의 그래프에서 $(\text{기울기})=a>0$, $(y\text{절편})=-b>0$이므로 그래프로 알맞은 것은 ③과 같다.

09 $y=-4x-3$의 그래프를 y축의 방향으로 -5만큼 평행이동한 그래프의 식은

$y=-4x-3-5$

즉, $y=-4x-8$

$y=-4x-8$의 그래프의 x절편은 -2, y절편은 -8이므로 그림에서 구하는 넓이는

$\frac{1}{2}\times 2\times 8=8$

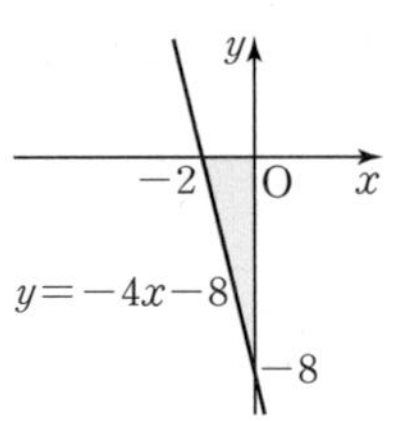

10 $y=ax-4$의 그래프의 x절편은 $\frac{4}{a}$이므로

$y=-ax+b$의 그래프의 x절편도 $\frac{4}{a}$이다.

$y=-ax+b$에 $x=\frac{4}{a}$, $y=0$을 대입하면

$0=-4+b$에서 $b=4$

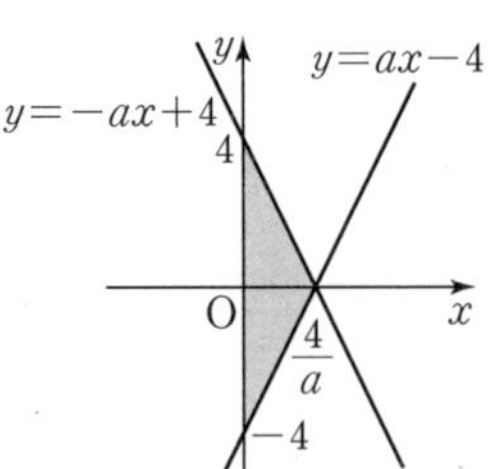

따라서 두 그래프와 y축으로 둘러싸인 도형은 위의 그림과 같고, 이 도형의 넓이가 8이므로

$\frac{1}{2}\times 8\times\frac{4}{a}=8$에서

$a=2$

따라서 $a+b=2+4=6$

11 $y=-2x-16$에 $y=0$을 대입하면

$0=-2x-16$, $x=-8$

$y=2x+4$에 $x=0$을 대입하면 $y=4$

즉, 구하는 일차함수의 그래프는 두 점 $(-8, 0)$, $(0, 4)$를 지나므로

(기울기) $=\frac{4-0}{0-(-8)}=\frac{1}{2}$

또, y절편이 4이므로

$y=\frac{1}{2}x+4$, 즉 $f(x)=\frac{1}{2}x+4$

따라서 $f(10)=9$

12 $y=(a-3)x+2b$의 그래프를 y축의 방향으로 -4만큼 평행이동하면 $y=(a-3)x+2b-4$ ······ ㉠

주어진 그래프가 두 점 $(-1, 4)$, $(3, 0)$을 지나므로

기울기는 $\frac{0-4}{3-(-1)}=-1$

$y=-x+k$ (k는 상수)로 놓고 $x=3$, $y=0$을 대입하면

$0=-3+k$, 즉 $k=3$이므로 $y=-x+3$ ······ ㉡

이때 ㉠, ㉡이 일치하므로

$a-3=-1$, $2b-4=3$

따라서 $a=2$, $b=\frac{7}{2}$이므로

$a+b=2+\frac{7}{2}=\frac{11}{2}$

고난도 집중 연습

본문 38~39쪽

1 ③	**1-1** ④
2 ④	**2-1** $y=-\frac{5}{3}x+5$
3 $(1, 0)$	**3-1** 18
4 $\frac{5}{3}\le k\le 9$	**4-1** $\frac{3}{2}\le a\le 4$

1 풀이 전략 함수 $y=f(x)$의 그래프 위의 두 점 $(a, f(a))$, $(b, f(b))$에 대하여

(기울기) $=\frac{(y\text{의 값의 증가량})}{(x\text{의 값의 증가량})}=\frac{f(b)-f(a)}{b-a}$ $(a\neq b)$이다.

일차함수 $y=f(x)$의 기울기를 m이라고 하면

$f(b)-f(3a)=-3(3a-b)$에서

$m=\frac{f(b)-f(3a)}{b-3a}=3$

$f(x)=3x+k$ (k는 상수)라 할 때

이 그래프가 점 $(-1, 3)$을 지나므로

$3=-3+k$에서

$k=6$

따라서 $f(x)=3x+6$이므로

$f(3)=3\times3+6=15$

1-1 풀이 전략 함수 $y=f(x)$의 그래프 위의 두 점 $(a, f(a))$, $(b, f(b))$에 대하여

(기울기) $=\frac{(y\text{의 값의 증가량})}{(x\text{의 값의 증가량})}=\frac{f(b)-f(a)}{b-a}$ $(a\neq b)$이다.

일차함수 $f(x)=ax+b$의 그래프의 기울기 a는

$a=\frac{f(x+3)-f(x)}{(x+3)-x}=-3$

$f(x)=-3x+b$에서 $f(2)=3$이므로

$-6+b=3$, $b=9$

따라서 $f(x)=-3x+9$이므로

$f(-2)=6+9=15$

2 풀이 전략 두 함수의 그래프의 y절편을 구하고 삼각형의 넓이를 이용하여 식을 세운다.

$y=\frac{1}{5}x+1$의 그래프의 x절편은 -5, y절편은 1이므로

$A(-5, 0)$, $C(0, 1)$

$y=ax+b$의 그래프의 y절편은 b이므로 $B(0, b)$

이때 $\triangle ACB$의 넓이가 10이므로

$\frac{1}{2}\times(b-1)\times5=10$에서

$b-1=4$

$b=5$

따라서 $y=ax+5$의 그래프가 점 $A(-5, 0)$을 지나므로

$0=-5a+5$, $a=1$

따라서 $a+b=1+5=6$

2-1 풀이 전략 두 함수의 그래프의 x절편을 구하고 삼각형의 넓이를 이용하여 식을 세운다.

$y=-\frac{5}{7}x+5$의 그래프의 x절편은 7, y절편은 5이므로

$A(7, 0)$, $B(0, 5)$

$\triangle ABC$의 넓이가 10이므로

$\frac{1}{2}\times(\overline{OA}-\overline{OC})\times5=10$

$\overline{OA}-\overline{OC}=4$

$\overline{OA}=7$이므로 $\overline{OC}=3$

즉, $C(3, 0)$

따라서 구하는 일차함수의 그래프는 두 점 $B(0, 5)$, $C(3, 0)$을 지나므로 기울기는

$\frac{0-5}{3-0}=-\frac{5}{3}$

또, y절편이 5이므로 구하는 일차함수의 식은

$y=-\frac{5}{3}x+5$

3 풀이 전략 점 B의 좌표를 $(a, 0)$으로 놓고 사각형 ABCD가 정사각형임을 이용하여 식을 세운다.

점 B의 좌표를 $(a, 0)$이라고 하면

점 A는 $y=3x$의 그래프 위의 점이므로 $A(a, 3a)$

$\overline{AB}=3a$이고, 사각형 ABCD는 정사각형이므로

$C(4a, 0)$

점 D의 x좌표는 점 C의 x좌표와 같고, y좌표는 점 A의 y좌표와 같으므로

$D(4a, 3a)$

점 D는 $y=-3x+15$의 그래프 위의 점이므로

$3a=-3\times4a+15$에서

$a=1$

따라서 점 B의 좌표는 $(1, 0)$이다.

3-1 풀이 전략 점 B의 좌표를 $(a, 0)$으로 놓고 주어진 조건을 이용하여 식을 세운다.

점 B의 좌표를 $(a, 0)$이라고 하면

점 A는 $y=2x$의 그래프 위의 점이므로 $A(a, 2a)$

$\overline{AB}=2a$이고, 사각형 ABCD가 $\overline{AB}:\overline{BC}=1:2$인 직사각형이므로 $\overline{BC}=4a$

따라서 $C(5a, 0)$

점 D의 x좌표는 점 C의 x좌표와 같고, y좌표는 점 A의 y좌표와 같으므로

$D(5a, 2a)$

점 D는 $y=-2x+18$의 그래프 위의 점이므로

$2a=-10a+18$, $12a=18$에서

$a=\frac{3}{2}$

따라서 $\overline{AB}=2a=3$, $\overline{BC}=4a=6$이므로 직사각형 ABCD의 넓이는

$3\times6=18$

4 풀이 전략 부등식의 성질을 이용하여 조건에 맞는 k의 값의 범위를 구한다.

$y=ax-3$에 $x=4$, $y=k$를 대입하면

$k=4a-3$

$\frac{1}{2}\le a\le3$이므로

$\frac{1}{2}\times4-3\le4a-3\le3\times4-3$에서

$-1\le4a-3\le9$

즉, $-1\le k\le9$ …… ㉠

이때 $y=-4x+3k-5$의 그래프가 제3사분면을 지나지 않아야 하므로

$3k-5\ge0$

$k\ge\frac{5}{3}$ …… ㉡

따라서 ㉠, ㉡에서 $\frac{5}{3}\le k\le9$

4-1 풀이 전략 직선의 기울기를 이용하여 조건에 맞는 a의 값의 범위를 구한다.

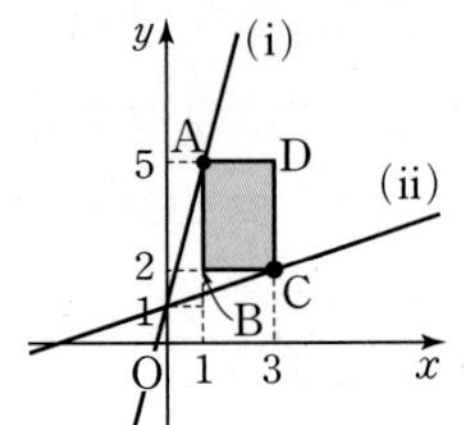

(i) $y=ax+1$의 그래프가 점 $A(1, 5)$를 지날 때

$5=a+1$에서 $a=4$

(ii) $y=ax+1$의 그래프가 점 $C(3, 2)$를 지날 때

$2=3a+1$에서 $a=\frac{1}{3}$

(i), (ii)에서 $y=ax+1$의 그래프가 직사각형과 만나도록 하는 상수 a의 값의 범위는

$\frac{1}{3}\le a\le4$ …… ㉠

이때 $y=2x-2a+3$의 그래프가 제2사분면을 지나지 않아야 하므로

$-2a+3\le0$

$a\ge\frac{3}{2}$ …… ㉡

따라서 ㉠, ㉡에서 $\frac{3}{2}\le a\le4$

서술형 집중 연습

본문 40~41쪽

예제 1 풀이 참조 **유제 1** 2
예제 2 풀이 참조 **유제 2** -7
예제 3 풀이 참조 **유제 3** 2
예제 4 풀이 참조 **유제 4** 2

예제 1 $f(1)=7$이므로 $f(x)=ax+3b$에
$x=\boxed{1}$, $y=\boxed{7}$을 대입하면
$a+3b=7$ ⋯⋯ ㉠ ⋯ 1단계
$g(-2)=-3$이므로 $g(x)=bx+a$에
$x=\boxed{-2}$, $y=\boxed{-3}$을 대입하면
$-2b+a=-3$ ⋯⋯ ㉡ ⋯ 2단계
㉠, ㉡을 연립하여 풀면
$a=\boxed{1}$, $b=\boxed{2}$
따라서 $a+b=1+2=\boxed{3}$ ⋯ 3단계

채점 기준표

단계	채점 기준	비율
1단계	$f(1)=7$을 이용하여 a, b에 대한 식을 구한 경우	40 %
2단계	$g(-2)=-3$을 이용하여 a, b에 대한 식을 구한 경우	40 %
3단계	$a+b$의 값을 구한 경우	20 %

유제 1 $y=3x-4$에 $x=a$, $y=a-b$를 대입하면
$a-b=3a-4$에서
$2a+b=4$ ⋯⋯ ㉠ ⋯ 1단계
$y=3x-4$에 $x=b+2$, $y=a+2b$를 대입하면
$a+2b=3(b+2)-4$에서
$a-b=2$ ⋯⋯ ㉡ ⋯ 2단계
㉠, ㉡을 연립하여 풀면
$a=2$, $b=0$
따라서 $a+b=2+0=2$ ⋯ 3단계

채점 기준표

단계	채점 기준	비율
1단계	지나는 점 $(a, a-b)$를 이용하여 a, b에 대한 식을 구한 경우	40 %
2단계	지나는 점 $(b+2, a+2b)$를 이용하여 a, b에 대한 식을 구한 경우	40 %
3단계	$a+b$의 값을 구한 경우	20 %

예제 2 일차함수 $y=-2ax+3$의 그래프를 y축의 방향으로 -5만큼 평행이동하면
$y=-2ax+3+(\boxed{-5})$에서
$y=-2ax-\boxed{2}$ ⋯ 1단계
이 그래프의 x절편이 $\frac{3}{4}$이므로
$y=-2ax-\boxed{2}$에
$x=\boxed{\frac{3}{4}}$, $y=\boxed{0}$을 대입하면
$\boxed{0}=-2a\times\boxed{\frac{3}{4}}-\boxed{2}$
따라서 $a=\boxed{-\frac{4}{3}}$ ⋯ 2단계

채점 기준표

단계	채점 기준	비율
1단계	평행이동한 그래프의 함수의 식을 구한 경우	40 %
2단계	상수 a의 값을 구한 경우	60 %

유제 2 일차함수 $y=3x-5$의 그래프를 y축의 방향으로 a만큼 평행이동하면 $y=3x-5+a$ ⋯ 1단계
이 그래프가 점 $(2, 3)$을 지나므로
$3=6-5+a$에서
$a=2$ ⋯ 2단계
따라서 일차함수 $y=3x-3$의 그래프는 점 $(-2, b)$를 지나므로
$b=3\times(-2)-3$에서
$b=-9$ ⋯ 3단계
따라서 $a+b=2+(-9)=-7$ ⋯ 4단계

채점 기준표

단계	채점 기준	비율
1단계	평행이동한 그래프의 함수의 식을 구한 경우	30 %
2단계	a의 값을 구한 경우	30 %
3단계	b의 값을 구한 경우	30 %
4단계	$a+b$의 값을 구한 경우	10 %

예제 3 두 점 $(0, 2)$, $(a, -6)$을 지나는 직선의 기울기는
$\frac{-6-\boxed{2}}{a-\boxed{0}}=\boxed{-\frac{8}{a}}$이고 y절편이 $\boxed{2}$이므로
이 직선을 그래프로 하는 일차함수의 식을
$y=\boxed{-\frac{8}{a}}x+\boxed{2}$로 놓을 수 있다. ⋯ 1단계
이 직선의 x절편은 $\boxed{\frac{a}{4}}$이고
직선과 x축 및 y축으로 둘러싸인 도형의 넓이가 12이므로
$\frac{1}{2}\times\boxed{\frac{a}{4}}\times2=12$에서

$a=\boxed{48}$ ··· 2단계

일차함수 $y=\boxed{-\frac{1}{6}}x+\boxed{2}$의 그래프가 점 $(6,\ b)$를 지나므로 $b=\boxed{1}$

따라서 $a+b=48+1=\boxed{49}$ ··· 3단계

채점 기준표

단계	채점 기준	비율
1단계	직선을 그래프로 하는 일차함수의 식을 구한 경우	30 %
2단계	a의 값을 구한 경우	40 %
3단계	$a+b$의 값을 구한 경우	30 %

유제 3 $y=bx+3$의 그래프의 y절편은 3이므로

$y=\frac{3}{5}x+a$의 그래프의 y절편도 3이다.

그러므로 $a=3$ ··· 1단계

$y=\frac{3}{5}x+3$의 그래프의 x절편은 -5

주어진 일차함수의 그래프와 x축으로 둘러싸인 삼각형의 넓이가 12이므로

$\frac{1}{2}\times$(밑변의 길이)$\times 3=12$에서

밑변의 길이는 8이다.

그러므로 $y=bx+3$의 그래프의 x절편은 3이다. ··· 2단계

$y=bx+3$에 $x=3,\ y=0$을 대입하면

$0=3b+3,\ b=-1$

따라서 $a+b=3+(-1)=2$ ··· 3단계

채점 기준표

단계	채점 기준	비율
1단계	a의 값을 구한 경우	30 %
2단계	$y=bx+3$의 그래프의 x절편을 구한 경우	40 %
3단계	$a+b$의 값을 구한 경우	30 %

예제 4 주어진 그래프가 두 점 $(-1,\ -3)$, $(2,\ 3)$을 지나므로

$$(\text{기울기})=\frac{3-\boxed{(-3)}}{2-\boxed{(-1)}}=\boxed{2}$$

따라서 구하는 일차함수의 그래프의 기울기는 $\boxed{2}$이다. ··· 1단계

구하는 일차함수의 식을 $y=\boxed{2}x+b$ (b는 상수)로 놓자.

이 그래프가 점 $(1,\ 2)$를 지나므로

$y=2x+b$에 $x=\boxed{1}$, $y=\boxed{2}$를 대입하면

$b=\boxed{0}$ ··· 2단계

따라서 일차함수 $y=\boxed{2}x+\boxed{0}$의 y절편은 $\boxed{0}$이다. ··· 3단계

채점 기준표

단계	채점 기준	비율
1단계	기울기를 구한 경우	40 %
2단계	일차함수의 식을 구한 경우	40 %
3단계	y절편을 구한 경우	20 %

유제 4 그래프가 두 점 $(-2,\ 1)$, $(3,\ -4)$를 지나므로

$$(\text{기울기})=\frac{(-4)-1}{3-(-2)}=-1$$

따라서 구하는 일차함수의 그래프의 기울기는 -1이다. ··· 1단계

구하는 일차함수의 식을 $y=-x+b$ (b는 상수)로 놓자.

이 그래프의 x절편이 3이므로

$x=3,\ y=0$을 대입하면

$b=3$

따라서 $f(x)=-x+3$ ··· 2단계

이때 $f(a)=-2a+5$이므로

$-a+3=-2a+5$에서

$a=2$ ··· 3단계

채점 기준표

단계	채점 기준	비율
1단계	기울기를 구한 경우	30 %
2단계	일차함수 $y=f(x)$의 식을 구한 경우	30 %
3단계	a의 값을 구한 경우	40 %

중단원 실전 테스트 1회

본문 42~44쪽

01 ③	02 ②	03 ②	04 ⑤	05 ③
06 ⑤	07 ④	08 ③	09 ②	10 ④
11 제2사분면		12 ④	13 30	14 30
15 $\frac{1}{3} \le a \le \frac{7}{3}$		16 27		

01 ㄱ. $y=4x$

ㄴ. $x=1.5$일 때, 가장 가까운 정수는 1과 2이다.

ㄷ. $x=2$일 때, 약수가 2개인 자연수는 2, 3, 5, … 등 y의 값이 무수히 많다.

ㄹ. $y=x+14$

ㅁ. $y=\frac{x}{100}\times 100=x$

따라서 y가 x의 함수인 것은 ㄱ, ㄹ, ㅁ의 3개이다.

02 $y=2x(b-ax)+x+4$에서

$y=-2ax^2+(2b+1)x+4$

이 함수가 x에 대한 일차함수가 되려면

$-2a=0,\ 2b+1\neq 0$

$a=0,\ b\neq -\frac{1}{2}$

03 $f(2)=3-4a=-5$이므로

$-4a=-8$에서 $a=2$

즉, $f(x)=3-4x$

$f(2-b)=3-4(2-b)=1$이므로

$-5+4b=1,\ 4b=6,\ b=\frac{3}{2}$

따라서 $a+b=2+\frac{3}{2}=\frac{7}{2}$

04 $y=a(x-2)$의 그래프를 y축의 방향으로 -3만큼 평행이동하면

$y=a(x-2)-3$

즉, $y=ax-2a-3$

이 함수의 그래프가 점 $(1,\ -2)$를 지나므로

$-2=a-2a-3,\ a=-1$

$y=-x-1$의 그래프가 점 $(-3,\ b)$를 지나므로

$b=3-1=2$

따라서 $a+b=-1+2=1$

05 $\frac{f(6)-f(4)}{2}=-2$에서

$\frac{f(6)-f(4)}{6-4}=-2$이므로

일차함수 $y=f(x)$의 그래프의 기울기는 -2이다.

즉, $a=-2$

$y=f(x)$의 그래프의 x절편이 5이므로

$y=-2x+b$에 $x=5,\ y=0$을 대입하면

$0=-10+b$에서

$b=10$

따라서 $f(x)=-2x+10$이므로

$f(-2)=-2\times(-2)+10=14$

06 $y=-4x+a$의 그래프의 x절편은 $\frac{a}{4}$, y절편은 a이므로

$\mathrm{D}\left(\frac{a}{4},\ 0\right)$, $\mathrm{A}(0,\ a)$

$y=\frac{2}{3}x+2b$의 그래프의 x절편은 $-3b$, y절편은 $2b$이므로 $\mathrm{C}(-3b,\ 0)$, $\mathrm{B}(0,\ 2b)$

이때 $\overline{\mathrm{AB}}:\overline{\mathrm{BO}}=5:2$에서

$\overline{\mathrm{BO}}=2b$이므로 $\overline{\mathrm{AO}}=7b$

즉, $a=7b$ …… ㉠

$\overline{\mathrm{CD}}=\frac{95}{4}$이므로

$\frac{a}{4}-(-3b)=\frac{95}{4}$에서

$a+12b=95$ …… ㉡

㉠, ㉡을 연립하여 풀면

$a=35,\ b=5$

따라서 $a+b=40$

07 주어진 그래프가 두 점 $(0,\ 3)$, $(6,\ 8)$을 지나므로

$(\text{기울기})=\frac{8-3}{6-0}=\frac{5}{6}$

따라서

$\frac{5}{6}=\frac{(y\text{의 값의 증가량})}{(x\text{의 값의 증가량})}=\frac{(y\text{의 값의 증가량})}{5}$에서

$(y\text{의 값의 증가량})=\frac{25}{6}$

08 세 점이 한 직선 위에 있으면 세 점 중 어떤 두 점을 택해도 기울기는 모두 같다.

두 점 $(-3,\ k-1)$, $(-5,\ 4)$를 지나는 직선의 기울기는

$\frac{4-(k-1)}{-5-(-3)}=\frac{5-k}{-2}$

두 점 $(-5,\ 4)$, $(-1,\ k-1)$을 지나는 직선의 기울기는

$\dfrac{(k-1)-4}{-1-(-5)}=\dfrac{k-5}{4}$

따라서 $\dfrac{5-k}{-2}=\dfrac{k-5}{4}$에서

$20-4k=-2k+10$

$-2k=-10$

$k=5$

09 ㄱ. (기울기)$=4>0$이므로 오른쪽 위로 향하는 직선이다.

ㄴ. $y=4x-5$에 $x=4$, $y=1$을 대입하면 성립하지 않으므로 점 $(4,\ 1)$을 지나지 않는다.

ㄷ. $y=4x-5$의 그래프의 x절편은 $\dfrac{5}{4}$, y절편은 -5이다.

ㄹ. 그래프는 다음 그림과 같이 제1, 3, 4사분면을 지난다.

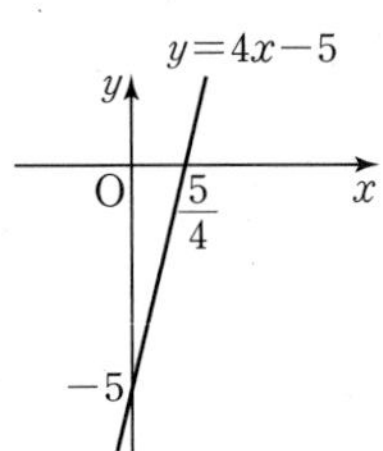

ㅁ. $y=4x$의 그래프를 y축의 방향으로 -5만큼 평행이동한 것이다.

따라서 옳은 것은 ㄱ, ㅁ의 2개이다.

10 $y=\dfrac{b}{a}x+2b$의 그래프의 y절편이 -4이므로

$2b=-4$에서 $b=-2$

$y=-\dfrac{2}{a}x-4$의 그래프의 x절편이 3이므로

$y=-\dfrac{2}{a}x-4$에 $x=3$, $y=0$을 대입하면

$0=-\dfrac{6}{a}-4$, $a=-\dfrac{3}{2}$

따라서 $y=abx+2a+b$의 그래프에서

(기울기)$=ab=-\dfrac{3}{2}\times(-2)=3$이고

(y절편)$=2a+b=-3+(-2)=-5$이므로

구하는 합은 $3+(-5)=-2$

11 $ab>0$에서 a와 b의 부호는 같고 $bc<0$에서 b와 c의 부호는 다르므로 a와 c의 부호는 다르다.

따라서 $y=\dfrac{b}{a}x+\dfrac{c}{a}$의 그래프에서

(기울기)$=\dfrac{b}{a}>0$, (y절편)$=\dfrac{c}{a}<0$

이므로 그 그래프는 다음 그림과 같고 제2사분면을 지나지 않는다.

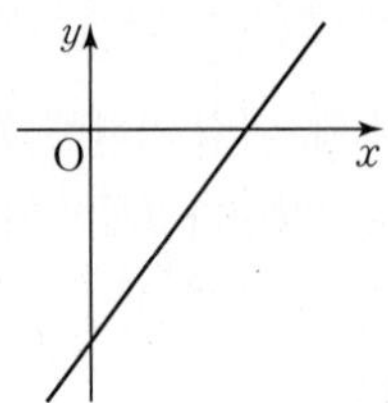

12 $y=-\dfrac{4}{3}x+8$의 그래프의 x절편은 6이고, y절편은 8이므로 $\triangle$OAB의 넓이는

$\dfrac{1}{2}\times6\times8=24$

$y=-\dfrac{4}{3}x+8$과 $y=ax$의 그래프의 교점을 C라 하고

점 C의 x좌표를 k라고 하면 $\triangle$BOC의 넓이는

$\triangle$OAB의 넓이의 $\dfrac{1}{2}$이므로

$\dfrac{1}{2}\times8\times k=12$

에서 $k=3$

즉, 점 C의 x좌표는 3이므로 $y=-\dfrac{4}{3}x+8$에 $x=3$을 대입하면

$y=4$

따라서 C$(3,\ 4)$

이때 $y=ax$의 그래프가 점 C$(3,\ 4)$를 지나므로

$4=3a$에서 $a=\dfrac{4}{3}$

13 $f(x)=ax+b$의 그래프가 두 점

$(-3,\ -2k)$, $(2,\ 3-2k)$를 지나므로

(기울기)$=\dfrac{(3-2k)-(-2k)}{2-(-3)}=\dfrac{3}{5}$ ··· 1단계

$\dfrac{f(200)-f(150)}{200-150}=\dfrac{(y\text{의 값의 증가량})}{(x\text{의 값의 증가량})}=$(기울기)

이므로

$\dfrac{f(200)-f(150)}{50}=\dfrac{3}{5}$

따라서 $f(200)-f(150)=\dfrac{3}{5}\times50=30$ ··· 2단계

단계	채점 기준	비율
1단계	기울기를 구한 경우	40 %
2단계	$f(200)-f(150)$의 값을 구한 경우	60 %

14 $y=-\frac{4}{3}x+12$의 그래프를 y축의 방향으로 -4만큼 평행이동하면

$y=-\frac{4}{3}x+12-4$

즉, $y=-\frac{4}{3}x+8$ ··· 1단계

$y=-\frac{4}{3}x+12$의 그래프의 x절편은 9, y절편은 12이고

$y=-\frac{4}{3}x+8$의 그래프의 x절편은 6, y절편은 8이다. ··· 2단계

이 두 일차함수의 그래프와 x축, y축으로 둘러싸인 도형은 다음 그림과 같으므로 구하는 넓이는

$y=-\frac{4}{3}x+12$의 그래프와 x축, y축으로 둘러싸인 도형의 넓이에서 $y=-\frac{4}{3}x+8$의 그래프와 x축, y축으로 둘러싸인 도형의 넓이를 뺀 것과 같다.

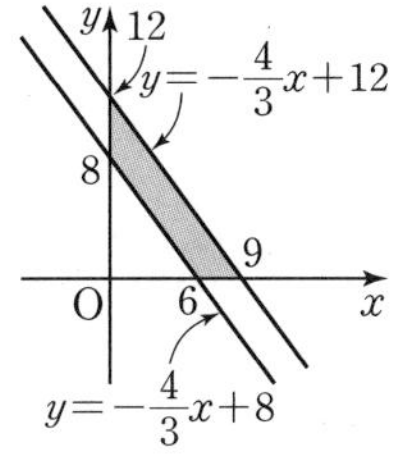

따라서 구하는 넓이는

$\frac{1}{2}\times9\times12-\frac{1}{2}\times6\times8$

$=54-24=30$ ··· 3단계

단계	채점 기준	비율
1단계	평행이동한 함수의 식을 구한 경우	30 %
2단계	두 그래프의 x절편과 y절편을 구한 경우	50 %
3단계	구하는 도형의 넓이를 구한 경우	20 %

15 (i) $y=ax+1$의 그래프가 점 A(3, 8)을 지날 때

$8=3a+1$에서 $a=\frac{7}{3}$ ··· 1단계

(ii) $y=ax+1$의 그래프가 점 B(6, 3)을 지날 때

$3=6a+1$에서 $a=\frac{1}{3}$ ··· 2단계

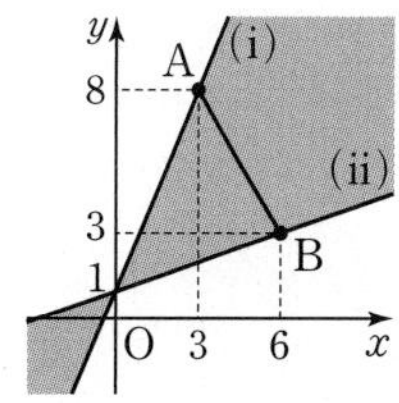

따라서 선분 AB와 만나도록 하는 상수 a의 값의 범위는

$\frac{1}{3}\le a\le\frac{7}{3}$ ··· 3단계

단계	채점 기준	비율
1단계	점 A를 지날 때 a의 값을 구한 경우	40 %
2단계	점 B를 지날 때 a의 값을 구한 경우	40 %
3단계	a의 값의 범위를 구한 경우	20 %

16 $y=2x+6$의 그래프의 x절편은 -3, y절편은 6

$y=x-3$의 그래프의 x절편은 3, y절편은 -3이다.

$y=-2x+6$의 그래프의 x절편은 3, y절편은 6,

$y=-x-3$의 그래프의 x절편은 -3, y절편은 -3이다. ··· 1단계

주어진 네 일차함수의 그래프는 다음 그림과 같다.

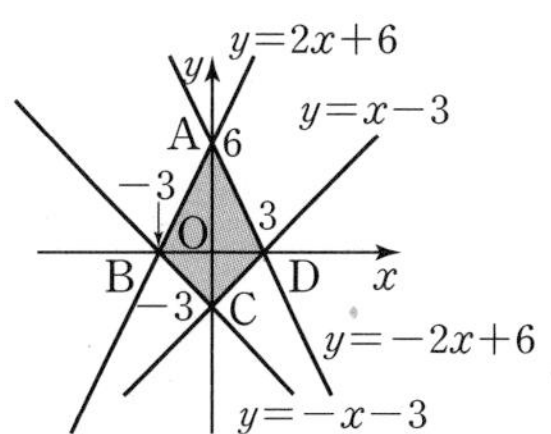

따라서 구하는 넓이는

$\triangle ABD+\triangle BCD$

$=\frac{1}{2}\times6\times6+\frac{1}{2}\times6\times3$

$=18+9=27$ ··· 2단계

단계	채점 기준	비율
1단계	네 함수의 그래프의 x절편과 y절편을 각각 구한 경우	60 %
2단계	구하는 도형의 넓이를 구한 경우	40 %

중단원 실전 테스트 2회 본문 45~47쪽

01 ②	02 ④	03 ①	04 ⑤	05 ④
06 ④	07 ③	08 ③	09 ③	10 ⑤
11 ②	12 ①	13 5	14 $-\frac{21}{2}$	15 1
16 1				

01 ㄱ. $y=-6$에서 -6은 일차식이 아니므로 일차함수가 아니다.

ㄴ. $y=2x-x^2$은 $y=(x$에 대한 이차식)이므로 일차함수가 아니다.

ㄷ. $y=4x-3$이므로 일차함수이다.

ㄹ. $y=\frac{1}{x}+3$에서 $\frac{1}{x}$은 분모에 미지수가 있으므로 일차함수가 아니다.

ㅁ. $y=-x+1$이므로 일차함수이다.

따라서 일차함수인 것은 ㄷ, ㅁ의 2개이다.

02 $y=a-3x$의 그래프가 점 $(-1, 7)$을 지나므로

$7=a-3\times(-1)$에서

$a=4$

따라서 $y=-3x+4$의 그래프가 점 $(b, -5)$를 지나므로

$-5=-3b+4$, $3b=9$에서 $b=3$

따라서 $a+b=4+3=7$

03 $y=-7x+p$의 그래프를 y축의 방향으로 -3만큼 평행이동하면

$y=-7x+p-3$

$y=-7x+p-3$의 그래프의 x절편은 $\frac{p}{7}-\frac{3}{7}$,

y절편은 $p-3$이므로

$\left(\frac{p}{7}-\frac{3}{7}\right)+(p-3)=\frac{8}{7}$에서

$p=4$

04 두 직선이 평행하려면 기울기가 서로 같아야 하므로

$6=\frac{(2k+7)-(k-5)}{-3-(-6)}=\frac{k+12}{3}$에서

$k+12=18$

$k=6$

즉, 함수 $y=f(x)$의 그래프는 두 점 $(-6, 1)$, $(-3, 19)$를 지난다.

$f(x)=6x+b$ (b는 상수)로 놓으면 이 함수의 그래프가 점 $(-6, 1)$을 지나므로

$1=-36+b$에서 $b=37$

따라서 $f(x)=6x+37$이므로

$f(2)=12+37=49$

05 (기울기)$=\frac{f(a)-f(-1)}{a-(-1)}=3$

$f(x)=3x+b$ (b는 상수)로 놓으면 이 함수의 그래프가 점 $(-2, 3)$을 지나므로

$f(-2)=3\times(-2)+b=3$에서 $b=9$

따라서 $f(x)=3x+9$이므로

$f(4)=3\times4+9=21$

06 다음 그림과 같이 점 B를 x축에 대하여 대칭이동시킨 점을 B′이라고 하면 B′$(12, -5)$

$\overline{AP}+\overline{BP}=\overline{AP}+\overline{B'P}\geq\overline{AB'}$

즉, 점 P가 두 점 A, B′을 지나는 직선 위에 있을 때 $\overline{AP}+\overline{BP}$의 값이 최소가 된다.

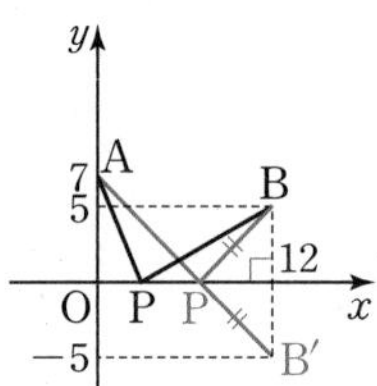

이때 두 점 A$(0, 7)$, B′$(12, -5)$를 지나는 직선을 그래프로 하는 일차함수의 식을 구하면

(기울기)$=\frac{-5-7}{12-0}=-1$, (y절편)$=7$이므로

$y=-x+7$

따라서 $y=-x+7$에 $y=0$을 대입하면 $x=7$이므로 점 P의 x좌표는 7이다.

07 x의 값이 증가할 때 y의 값이 감소하려면 기울기가 음수이어야 한다.

기울기가 음수이면서 그래프가 제1사분면을 지나지 않으려면 y절편이 0 또는 음수이어야 한다.

따라서 x의 값이 증가할 때 y의 값이 감소하면서 제1사분면을 지나지 않는 것은 ③이다.

08 세 점 $(-6,\ 2)$, $(2,\ -4)$, $(a,\ -7)$이 한 직선 위에 있으므로 세 점 중 어떤 두 점을 택해도 기울기는 모두 같다.

$\dfrac{-4-2}{2-(-6)}=\dfrac{-7-(-4)}{a-2}$

$-\dfrac{3}{4}=\dfrac{-3}{a-2}$

$a-2=4$에서

$a=6$

09 $y=-(ax+b)$에서 $y=-ax-b$

ㄱ. $a>0$이면 $-a<0$이므로 오른쪽 아래로 향하는 직선이다.

ㄴ. $a>0$, $b>0$이면 $-a<0$, $-b<0$이므로 오른쪽 아래로 향하는 직선이고, y축과 음의 부분에서 만나므로 제1사분면을 지나지 않는다.

ㄷ. $b>0$이면 $-b<0$이므로 $a<0$일 때는 제2사분면을 지나지 않는다.

ㄹ. $a<0$이면 $-a>0$이므로 x의 값이 증가할 때 y의 값도 증가한다.

ㅁ. x축과 점 $\left(-\dfrac{b}{a},\ 0\right)$에서 만나고, y축과 점 $(0,\ b)$에서 만난다.

ㅂ. $b<0$이면 $-b>0$이므로 y축과 양의 부분에서 만난다.

ㅅ. a의 절댓값이 작을수록 x축에 가깝다.

따라서 옳은 것은 ㄴ, ㄹ, ㅂ, ㅅ의 4개이다.

10 주어진 직선과 x축, y축으로 둘러싸인 삼각형의 넓이가 16이고, x절편은 $a-2\ (a<0)$, y절편은 4이므로 다음 그림에서

$\dfrac{1}{2}\times\{-(a-2)\}\times 4=16$에서

$a=-6$

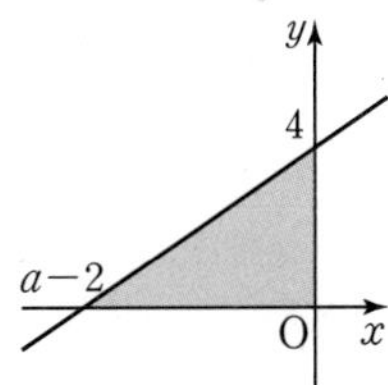

즉, 두 점 $(-8,\ 0)$, $(0,\ 4)$를 지나므로

(기울기)$=\dfrac{1}{2}$이고, y절편이 4이므로

$y=\dfrac{1}{2}x+4$

$y=\dfrac{1}{2}x+4$에 $x=8$, $y=b-3$을 대입하면

$b=11$

따라서 $b-a=11-(-6)=17$

11 y절편이 x절편의 5배이므로 x절편을 $a\ (a\neq 0)$이라고 하면 y절편은 $5a$이다.

두 점 $(a,\ 0)$, $(0,\ 5a)$를 지나므로

(기울기)$=\dfrac{5a-0}{0-a}=-5$

즉, 기울기가 -5이고 y절편이 $5a$이므로

$y=-5x+5a$

직선 $y=-5x+5a$가 점 $(-1,\ k)$를 지나므로

$k=5+5a$ …… ㉠

직선 $y=-5x+5a$가 점 $(k,\ 6)$을 지나므로

$6=-5k+5a$ …… ㉡

㉠$-$㉡을 하면 $k-6=5+5k$

$4k=-11$에서 $k=-\dfrac{11}{4}$

12 $y=ax+b$의 그래프의 y절편이 3이므로 $b=3$

$y=ax+3$의 그래프의 x절편이 5이므로

$y=ax+3$에 $x=5$, $y=0$을 대입하면

$0=5a+3$, $a=-\dfrac{3}{5}$

따라서 $f(x)=-\dfrac{3}{5}x+3$이므로

두 수 $m+n$, $m-n$에 대하여

(기울기)$=\dfrac{f(m+n)-f(m-n)}{(m+n)-(m-n)}=-\dfrac{3}{5}$

이때 $f(m+n)-f(m-n)=6nk$에서

$$\dfrac{f(m+n)-f(m-n)}{2n}=\dfrac{f(m+n)-f(m-n)}{(m+n)-(m-n)}=3k$$

즉, $3k=-\dfrac{3}{5}$이므로

$k=-\dfrac{1}{5}$

13 $y=-\dfrac{2}{3}x+4$의 그래프의 x절편은 6, y절편은 4이다. … 1단계

$a+3b=6$, $a-b=4$

위의 두 식을 연립하여 풀면

$a=\frac{9}{2}$, $b=\frac{1}{2}$ ··· 2단계

따라서 $a+b=\frac{9}{2}+\frac{1}{2}=5$ ··· 3단계

채점 기준표

단계	채점 기준	비율
1단계	주어진 식의 x절편과 y절편을 구한 경우	40 %
2단계	a, b의 값을 구한 경우	40 %
3단계	$a+b$의 값을 구한 경우	20 %

14 $y=3x-9$의 그래프의 x절편은 3이고, y절편은 -9이므로

B$(3, 0)$, C$(0, -9)$

이때 $\overline{OA}=2\overline{OB}$이므로 A$(-6, 0)$ ··· 1단계

즉, $y=ax+b$의 그래프의 x절편은 -6이고, y절편은 -9이다.

$y=ax+b$의 그래프의 y절편이 -9이므로 $b=-9$

$y=ax-9$의 그래프의 x절편이 -6이면 점 $(-6, 0)$을 지나므로

$0=-6a-9$에서 $a=-\frac{3}{2}$ ··· 2단계

따라서 $a+b=-\frac{3}{2}+(-9)=-\frac{21}{2}$ ··· 3단계

채점 기준표

단계	채점 기준	비율
1단계	세 점 A, B, C의 좌표를 구한 경우	30 %
2단계	a, b의 값을 구한 경우	50 %
3단계	$a+b$의 값을 구한 경우	20 %

15 $y=-ax+6$의 그래프의 y절편이 6이므로

B$(0, 6)$

이때 △AOB의 넓이가 9이므로

$\frac{1}{2}\times\overline{OA}\times 6=9$에서

$\overline{OA}=3$

즉, A$(-3, 0)$이므로 ··· 1단계

$y=-ax+6$에 $x=-3$, $y=0$을 대입하면

$0=-a\times(-3)+6$에서

$a=-2$ ··· 2단계

따라서 $y=-2x+2$의 그래프의 x절편은 1, y절편은 2이므로

구하는 도형의 넓이는

$\frac{1}{2}\times 1\times 2=1$ ··· 3단계

채점 기준표

단계	채점 기준	비율
1단계	점 A의 좌표를 구한 경우	30 %
2단계	a의 값을 구한 경우	40 %
3단계	구하는 도형의 넓이를 구한 경우	30 %

16 직선 $y=ax+2$의 그래프와 $\overline{AB}$, $\overline{DC}$와 만나는 점을 각각 E, F라고 하자.

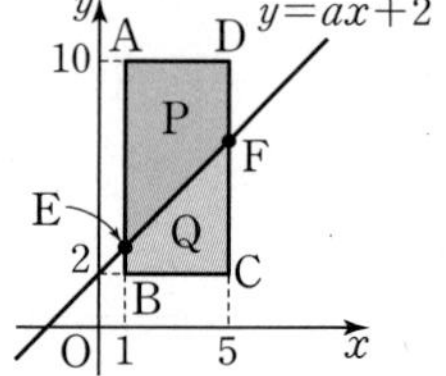

(직사각형 ABCD의 넓이)

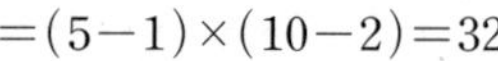

$=(5-1)\times(10-2)=32$

이고, P와 Q의 넓이의 비가 5 : 3이므로

(Q의 넓이)=(사다리꼴 EBCF의 넓이)

$=32\times\frac{3}{8}=12$ ··· 1단계

이때 B$(1, 2)$, C$(5, 2)$이고,

점 E와 점 F는 $y=ax+2$의 그래프 위의 점이므로

E$(1, a+2)$, F$(5, 5a+2)$

그러므로 $\overline{BE}=(a+2)-2=a$,

$\overline{CF}=(5a+2)-2=5a$ ··· 2단계

(사다리꼴 EBCF의 넓이)$=\frac{1}{2}\times(a+5a)\times 4=12$

이므로

$6a=6$

따라서 $a=1$ ··· 3단계

채점 기준표

단계	채점 기준	비율
1단계	사다리꼴 EBCF의 넓이를 구한 경우	40 %
2단계	$\overline{BE}$, $\overline{CF}$의 길이를 a에 대한 식으로 나타낸 경우	40 %
3단계	a의 값을 구한 경우	20 %

2 일차함수의 활용

개념 체크 본문 50~51쪽

01 (1) $y=50x$ (2) 1500 m
02 (1) $y=3x+10$ (2) 70 ℃
03 (1) $y=2x+10$ (2) 18 cm
04 6초 후
05 (1) $y=2x$ (2) 10분 후
06 (1) $y=2x+1$ (2) 13개
07 (1) $y=500x+5000$ (2) 22000원

대표 유형 본문 52~55쪽

01 ②	02 ④	03 ③	04 ②	05 ④
06 ⑤	07 ⑤	08 ④	09 ③	10 ①
11 ③	12 ③	13 ③	14 ⑤	15 ②
16 ⑤	17 ②	18 ①	19 ③	20 ⑤
21 ③	22 ②	23 ④	24 ③	

01 처음 두 사람 사이의 거리가 0.5 km이고, 두 사람은 1분에 0.1 km씩 가까워지고 있으므로
$y=-0.1x+0.5$
두 사람이 만나는 것은 $y=0$일 때이므로
$0=-0.1x+0.5$에서 $x=5$
따라서 두 사람은 5분 후에 만난다.

02 처음 지면으로부터 승강기 바닥까지의 높이가 80 m이고 승강기가 1초에 2 m씩 내려오고 있으므로
$y=-2x+80$
$y=20$이면 $20=-2x+80$에서 $x=30$
따라서 승강기 바닥이 지면으로부터 20 m 높이에 도착하는 것은 출발한 지 30초 후이다.

03 A, B 두 역 사이의 거리가 400 km이고, 열차가 B 역까지 1분에 2 km씩 가까워지므로
$y=-2x+400$
$y=100$이면 $100=-2x+400$에서 $x=150$
따라서 열차가 B 역까지 100 km 남은 지점을 통과하는 것은 150분 후, 즉 2시간 30분 후이다.

04 집에서 학교까지의 거리는 2100 m이고 영희가 학교에 가는데 1분에 40 m씩 일정하게 학교에 가까워지고 있으므로
$y=-40x+2100$
$y=980$이면 $980=-40x+2100$에서 $x=28$
따라서 영희가 학교에서 980 m 떨어진 지점을 지날 때는 7시 28분이다.

05 불을 붙인 지 x분 후의 양초의 길이를 y cm라고 하면
$y=-0.4x+30$
$x=60$이면 $y=-0.4\times60+30=6$
따라서 1시간 후의 양초의 길이는 6 cm이다.

06 섭씨온도가 5 ℃ 올라갈 때마다 화씨온도가 9 °F씩 올라가므로 섭씨온도가 1 ℃ 올라갈 때마다 화씨온도는 $\frac{9}{5}$ °F씩 일정하게 올라간다.
섭씨온도가 x ℃일 때 화씨온도를 y °F라고 하면
$y=\frac{9}{5}x+32$
$x=30$이면 $y=\frac{9}{5}\times30+32=54+32=86$
따라서 섭씨온도가 30 ℃일 때 화씨온도는 86 °F이다.

07 물체가 3 g씩 무거워질 때마다 용수철이 1 cm씩 늘어나므로 물체가 1 g씩 무거워질 때 용수철의 길이는 $\frac{1}{3}$ cm씩 일정하게 늘어난다.
x g의 물체를 매달 때의 용수철의 길이를 y cm라고 하면
$y=\frac{1}{3}x+10$
$x=18$이면 $y=\frac{1}{3}\times18+10=6+10=16$
따라서 18 g인 물체를 매달았을 때 용수철의 길이는 16 cm이다.

08 2분마다 10 ℃씩 올라가므로 1분마다 5 ℃씩 올라간다.
가열하기 시작한지 x분 후의 물의 온도를 y ℃라고 하면
$y=5x+20$
$y=100$이면 $100=5x+20$에서 $x=16$
따라서 물의 온도가 100 ℃가 되는 것은 가열하기 시작한지 16분 후이다.

09 100 m씩 높아질 때마다 기온이 0.6 ℃씩 내려가므로 1 m씩 높아질 때마다 기온이 0.006 ℃씩 내려간다.
지면으로부터 높이가 x m인 지점의 기온을 y ℃라고 하면
$y=-0.006x+22$
$y=-2$이면 $-2=-0.006x+22$에서 $x=4000$
따라서 기온 -2 ℃인 지점의 지면으로부터의 높이는 4000 m, 즉 4 km이다.

10 x초 후에 $\overline{BP}=2x$ cm이므로 $\triangle ABP$와 $\triangle DPC$의 넓이의 합을 y cm²라고 하면
$\triangle ABP=\frac{1}{2}\times4\times2x=4x\ (cm^2)$
$\triangle DPC=\frac{1}{2}\times6\times(8-2x)=24-6x\ (cm^2)$
이므로 $y=4x+(24-6x)=-2x+24$
$y=20$이면 $20=-2x+24$에서 $x=2$
따라서 $\triangle ABP$와 $\triangle DPC$의 넓이의 합이 20 cm²가 되는 것은 2초 후이다.

11 x초가 지난 후 $\overline{BP}=4x$ cm이므로
$y=\frac{1}{2}\times(20+4x)\times12=24x+120$

12 첫 번째 도형의 둘레의 길이는 12 cm이다.
하나의 사다리꼴을 더 만들 때마다 도형의 둘레의 길이는 6 cm씩 늘어난다.
따라서 $y=6x+6$이다.

13 낮 12시 이후 x분이 지났을 때 흘려보낸 물의 양을 y톤이라고 하면
$y=\frac{50}{20}x$에서 $y=\frac{5}{2}x$
$y=1500$이면 $1500=\frac{5}{2}x$에서 $x=600$
따라서 600분, 즉 10시간이므로 오후 10시가 되었을 때 흘려보낸 물의 양이 1500톤이 된다.

14 물의 높이가 20분 동안 10 cm 높아졌으므로 1분 동안 $\frac{1}{2}$ cm 높아진다.
처음 물통에 들어 있던 물의 높이를 b cm, x분 후 물의 높이를 y cm라고 하면 $y=\frac{1}{2}x+b$
$y=\frac{1}{2}x+b$에서 $x=10$일 때 $y=30$이므로
$30=5+b$, $b=25$
따라서 처음 물통에 들어 있던 물의 높이는 25 cm이다.

15 물이 흘러나간지 x분 후 남아 있는 물의 양을 y L라고 하면
0분일 때 물의 양이 180 L이고 1분마다 20 L의 물이 흘러나가므로 x와 y 사이의 관계식은 $y=-20x+180$이다.

16 4분마다 10 L씩 물을 넣으므로 1분마다 $\frac{10}{4}=\frac{5}{2}$ L씩 물을 넣는다.
x분 후 물의 양을 y L라고 하면
$y=\frac{5}{2}x+30$
$y=100$이면 $100=\frac{5}{2}x+30$에서 $x=28$
따라서 물탱크를 가득 채우는 데 28분이 걸린다.

17 x분 후 물의 양을 y L라고 하면
$y=(25-10)x+5=15x+5$
$y=50$이면 $50=15x+5$에서 $x=3$
따라서 3분 후에 물통을 가득 채울 수 있다.

18 기온이 x ℃일 때 소리의 속력을 초속 y m라고 하면
주어진 그래프는 두 점 (0, 331), (10, 337)을 지나므로 기울기는 $\frac{337-331}{10-0}=\frac{3}{5}$이고 y절편이 331이다.
즉, 일차함수의 식은 $y=\frac{3}{5}x+331$이므로
$x=30$이면 $y=349$
따라서 기온이 30 ℃일 때, 소리의 속력은 초속 349 m이다.

19 주어진 그래프가 두 점 (0, 400), (100, 0)을 지나므로 기울기가 $\frac{0-400}{100-0}=-4$, y절편은 400이다.
즉, 일차함수의 식은 $y=-4x+400$이므로
$100=-4x+400$에서 $x=75$
따라서 수액이 100 mL 남았을 때는 75분 동안 맞았을 때이다.

20 주어진 그래프가 두 점 (0, 40), (80, 30)을 지나므로 기울기는 $\frac{30-40}{80-0}=-\frac{1}{8}$이고, y절편은 40이다.

즉, 일차함수의 식은 $y=-\frac{1}{8}x+40$이므로

$0=-\frac{1}{8}x+40$에서 $x=320$

따라서 물을 모두 빼는 데 걸리는 시간은 320분, 즉 5분 20초이다.

21 각 그래프를 일차함수의 식으로 나타내면

A는 두 점 $(0,\ 3)$, $(5,\ 4)$를 지나므로

기울기가 $\frac{4-3}{5-0}=\frac{1}{5}$, y절편은 3

즉, 일차함수의 식은 $y=\frac{1}{5}x+3$

B는 두 점 $(0,\ 1)$, $(5,\ 3)$을 지나므로

기울기가 $\frac{3-1}{5-0}=\frac{2}{5}$, y절편은 1

즉, 일차함수의 식은 $y=\frac{2}{5}x+1$

두 물체 A, B가 같은 위치에 있으면

$\frac{1}{5}x+3=\frac{2}{5}x+1$에서 $x=10$

따라서 두 물체 A, B는 움직이기 시작한 지 10분 후에 만난다.

22 1시간에 4000원씩 증가하고 기본요금이 20000원이므로 x와 y 사이의 관계식은

$y=4000x+20000$

23 버스를 x번 타고 남은 금액을 y원이라고 하면

$y=-1050x+30000$

$x=9$이면 $y=-9450+30000=20550$

따라서 버스를 9번 타고 남은 금액은 20550원이다.

24 전단지 x장을 인쇄하는 데 드는 비용을 y원이라고 하면 (단, $x\geq 100$)

$y=30(x-100)+8000$

$x=200$이면 $y=30\times 100+8000=11000$

따라서 전단지 200장을 인쇄하는 데 11000원이 든다.

기출 예상 문제

본문 56~57쪽

01 ⑤	02 ③	03 ⑤	04 ①	05 ④
06 ④	07 ④	08 ③	09 ①	10 ⑤
11 ③	12 ④			

01 x초 후의 지면으로부터 승강기 바닥의 높이를 y m라고 하면

$y=-5x+480$

$y=250$이면 $250=-5x+480$에서 $x=46$

따라서 지면으로부터 승강기 바닥의 높이가 250 m인 지점을 지나는 것은 46초 후이다.

02 동생이 출발한 후 두 사람 사이의 거리는 1시간에 1 km씩 줄어든다. 또한, 지은이가 10분 동안 걸어간 거리는 $\frac{3}{60}\times 10=\frac{1}{2}$(km)이다.

따라서 동생이 출발하고 x시간 후 두 사람 사이의 거리를 y km라고 하면

$y=-x+\frac{1}{2}$

두 사람이 만날 때 $y=0$이므로 $x=\frac{1}{2}$이다.

따라서 두 사람은 동생이 출발한 지 $\frac{1}{2}$시간, 즉 30분 후에 만난다.

다른 풀이 동생이 출발하고 x시간 후 동생의 이동 거리는 $4x$ km이고, 지은이의 이동 거리는 $3\left(x+\frac{1}{6}\right)$ km이다.

동생이 출발하고 x시간 후 두 사람 사이의 거리를 y km라고 하면

$y=3\left(x+\frac{1}{6}\right)-4x$, 즉 $y=-x+\frac{1}{2}$

두 사람이 만날 때 $y=0$이므로 $x=\frac{1}{2}$이다.

따라서 두 사람은 동생이 출발한 지 $\frac{1}{2}$시간, 즉 30분 후에 만난다.

03 지면으로부터의 깊이가 x km인 곳의 온도를 y ℃라고 하면

$y=25x+20$

$x=6$이면 $y=150+20=170$

따라서 지면으로부터의 깊이가 6 km인 땅속의 온도는 170 ℃이다.

04 무게가 x g인 추를 매달았을 때 용수철의 길이를 y cm 라 하자.

무게가 5 g 늘어날 때마다 용수철의 길이가 2 cm씩 늘어나므로 무게가 1 g 늘어날 때마다 용수철의 길이가 $\frac{2}{5}$ cm씩 늘어난다.

$y=\frac{2}{5}x+20$

$x=30$이면 $y=12+20=32$

따라서 무게가 30 g인 추를 매달았을 때 용수철의 길이는 32 cm이다.

05 $\overline{BP}=(12-x)$cm이므로

$y=\frac{1}{2}\times(12-x)\times10$

즉, $y=-5x+60$

06 $\overline{BP}=(6-x)$cm이므로

$y=\frac{1}{2}\times\{(6-x)+6\}\times8$

즉, $y=-4x+48$

07 12분 동안 물의 높이가 6 cm 낮아졌으므로 1분 동안 물의 높이가 $\frac{1}{2}$ cm 낮아졌다.

x분 후의 물의 높이를 y cm라고 하면

$y=-\frac{1}{2}x+54$

물통을 모두 비우면 높이가 0 cm이므로

$0=-\frac{1}{2}x+54$에서 $x=108$

따라서 물통을 모두 비우는 데 걸리는 시간은 108분, 즉 1시간 48분이다.

08 x분 후 맞은 링거 주사의 양을 y mL라고 하면

$y=5x$

$y=1000$이면 $1000=5x$에서 $x=200$

200분은 3시간 20분이므로 최소한 오후 2시 40분에 맞기 시작해야 6시에 다 맞을 수 있다.

09 주어진 그래프가 직선이고 두 점 (10, 0), (40, 6)을 지나므로 기울기는 $\frac{6-0}{40-10}=\frac{1}{5}$

x절편은 10이므로 일차함수의 식은 $y=\frac{1}{5}x-2$

$y=4$이면 $4=\frac{1}{5}x-2$에서 $x=30$

따라서 동생이 출발한 지 30분 후이므로 형이 출발한 지 20분 후에 집에서 4 km 떨어진 곳까지 간다.

10 주어진 그래프가 직선이고 두 점 (0, 50), (600, 0)을 지나므로 기울기는

$\frac{-50}{600}=-\frac{1}{12}$

이고 y절편은 50이다.

즉, 일차함수의 식은 $y=-\frac{1}{12}x+50$

$y=24$이면 $24=-\frac{1}{12}x+50$에서 $x=312$

따라서 자동차가 312 km 이동했을 때 남은 휘발유 양이 24 L이다.

11 $x=1$일 때 $f(1)=3$, $x=2$일 때 $f(2)=5$, ⋯

따라서 $f(x)=2(x+1)-1=2x+1$이므로

$f(31)=63$

12 주어진 그래프를 일차함수의 식으로 나타내면

$y=2x+100$

6년 후는 $x=6$일 때이므로

$y=12+100=112$

따라서 6년 후의 원금과 이자의 합계 금액은 112만 원이다.

고난도 집중 연습 본문 58~59쪽

1 분속 50 m	**1-1** 16분 후
2 60초 후	**2-1** 20분 후
3 1시간 6분 40초	**3-1** 20분
4 2초 후	**4-1** $y=\frac{15}{2}x$

1 풀이 전략 민지의 속력을 문자로 두고, 시간과 거리 사이의 관계를 일차함수 식으로 나타낸다.

민지가 분속 a m로 이동한다고 하고, x분 동안 이동한 거리를 y m라고 하면 일정한 속도로 이동하므로 $y=ax$의 관계가 있다.

민지가 평소보다 더 이동한 거리는 800 m이고, 이동하는데 추가로 걸린 시간은 $20-4=16$(분)이므로

$800=16a$에서 $a=50$이다.

따라서 민지의 속력은 분속 50 m이다.

1-1 풀이 전략 두 사람이 출발한 지 x분 후의 민기와 진하와의 거리를 y m라 하고, 시간과 거리 사이의 관계를 일차함수의 식으로 나타낸다.

두 사람이 출발한 지 x분 후의 두 사람 사이의 거리를 y m라고 하자. 두 사람은 출발할 때 4000 m 떨어져 있고 1분에 250 m씩 가까워지고 있으므로

$y=-250x+4000$

두 사람이 만나는 것은 두 사람 사이의 거리가 0 m일 때이므로

$0=-250x+4000$에서 $x=16$

따라서 두 사람은 출발한 지 16분 후에 만난다.

2 풀이 전략 형과 동생의 그래프를 각각 일차함수의 식으로 나타낸다.

형의 그래프의 식은 $y=2x$이고

동생의 그래프의 식은 $y=\frac{4}{3}x+40$이다.

형이 동생을 앞지르기 시작한 때는 두 사람이 만날 때이므로 위치가 같아질 때이다.

즉, $2x=\frac{4}{3}x+40$이므로

$\frac{2}{3}x=40$에서 $x=60$

따라서 형이 동생을 앞지르기 시작한 것은 두 사람이 출발한 지 60초 후이다.

2-1 풀이 전략 형과 동생의 그래프를 각각 일차함수의 식으로 나타낸다.

형의 그래프의 식은 $y=\frac{1}{12}x$이고

동생의 그래프의 식은 $y=\frac{1}{6}x-\frac{5}{3}$이다.

두 사람이 만날 때는 위치가 같아질 때이므로

$\frac{1}{12}x=\frac{1}{6}x-\frac{5}{3}$

$\frac{1}{12}x=\frac{5}{3}$에서 $x=20$

따라서 두 사람이 만나는 것은 형이 출발한 지 20분 후이다.

3 풀이 전략 각 그래프의 기울기를 이용하여 A, B 호스가 1분당 빼는 물의 양을 구한다.

10분까지 그래프의 기울기가 -1이므로 A, B 호스를 모두 사용하면 1분에 1 m^3의 물을 뺀다.

10분에서 30분 사이의 그래프의 기울기가

$-\frac{8}{20}=-\frac{2}{5}$이므로 A 호스는 1분에 $\frac{2}{5}$ m^3만큼의 물을 빼고, B 호스는 1분에 $1-\frac{2}{5}=\frac{3}{5}(m^3)$만큼의 물을 뺀다.

처음에 수조에 물이 가득 차있으므로 수조에 있는 물의 양은 40 m^3이다.

B 호스만을 사용하여 물을 뺀다고 하면

$y=-\frac{3}{5}x+40$

물을 모두 빼려면

$0=-\frac{3}{5}x+40$에서 $x=\frac{200}{3}$

따라서 $\frac{200}{3}$분, 즉 1시간 6분 40초가 걸린다.

3-1 풀이 전략 각 그래프의 기울기를 이용하여 A, B 호스가 1분당 넣을 수 있는 물의 양을 구한다.

20분까지 그래프의 기울기가 $\frac{1}{10}$이므로 A 호스는 1분에 $\frac{1}{10}$ m^3의 물을 넣는다.

20분에서 30분 사이의 그래프의 기울기가 1이므로 B 호스는 1분에 $1-\frac{1}{10}=\frac{9}{10}(m^3)$만큼의 물을 넣는다.

B 호스만을 사용하여 물을 채운다고 하면 $y=\frac{9}{10}x$

18 m^3의 물을 가득 채우려면 $18=\frac{9}{10}x$에서 $x=20$

따라서 20분이 걸린다.

4 풀이 전략 x초 후의 $\triangle PBC$의 넓이를 $y\text{ cm}^2$라고 하고 시간과 넓이 사이의 관계를 일차함수로 나타낸다.

x초 후의 $\triangle PBC$의 넓이를 $y\text{ cm}^2$라고 하자.

$\overline{AP}=2x$ cm이고, $\overline{BP}=(12-2x)$ cm이므로

$y=\frac{1}{2}\times 16\times(12-2x)=-16x+96$

넓이가 64 cm^2이면 $64=-16x+96$에서 $x=2$

따라서 $\triangle PBC$의 넓이가 64 cm^2이 되는 것은 2초 후이다.

4-1 풀이 전략 $\overline{CP}$의 길이를 x에 대한 식으로 나타내고, 이를 이용하여 y를 x에 대한 식으로 나타낸다.

$\overline{CP}=x$이므로 x초 후의 $\triangle ACP$의 넓이는

$y=\frac{1}{2}\times\overline{CP}\times\overline{AD}=\frac{1}{2}\times x\times 15$

즉, $y=\frac{15}{2}x$

서술형 집중 연습

본문 60~61쪽

예제 1 풀이 참조	유제 1 오후 1시 45분
예제 2 풀이 참조	유제 2 2초 후
예제 3 풀이 참조	유제 3 64 cm
예제 4 풀이 참조	유제 4 3500원

예제 1 형이 출발하고 x분 지났을 때까지 형이 이동한 거리는 $\boxed{240x}$ m이고, 동생이 이동한 거리는 $\boxed{80(x+5)}$ m이므로 ··· 1단계

동생과 형이 만나기 전까지 두 사람 사이의 거리는 $y=\boxed{-160}x+\boxed{400}$이다. ··· 2단계

동생과 형이 만났을 때 $y=\boxed{0}$이므로

이때 $x=\boxed{\frac{5}{2}}$이다. 따라서 동생이 출발한 후 형과 만날 때까지 걸린 시간은 $\boxed{7}$분 $\boxed{30}$초이다. ··· 3단계

채점 기준표

단계	채점 기준	비율
1단계	시간에 따른 형과 동생의 이동한 거리를 x에 대한 식으로 나타낸 경우	30 %
2단계	x와 y 사이의 관계식을 구한 경우	30 %
3단계	형과 동생이 만날 때까지 걸린 시간을 구한 경우	40 %

유제 1 정민이가 출발하고 x시간 동안 민영이가 이동한 거리는 $4(x+3)$ km, 정민이가 이동한 거리는 $12x$ km이다. ··· 1단계

두 사람이 이동한 거리의 합을 y km라고 하면

$y=4(x+3)+12x=16x+12$ ··· 2단계

정민이가 B 지점에 도착한 후 바로 왔던 길로 되돌아가서 다시 민영이를 만날 때는 두 사람의 이동한 거리의 합이 40 km일 때이다.

$40=16x+12$에서 $x=\frac{7}{4}=\frac{105}{60}$이므로 정민이가 출발하고 1시간 45분이 지난 후이다. 따라서 정민이가 출발한 시간은 A 지점에서 오후 12시이므로 다시 민영이와 마주치는 시간은 오후 1시 45분이다. ··· 3단계

채점 기준표

단계	채점 기준	비율
1단계	시간에 따른 두 사람의 이동 거리를 나타낸 경우	30 %
2단계	두 사람이 이동한 거리의 합을 일차함수의 식으로 나타낸 경우	30 %
3단계	두 사람이 마주치는 시각을 구한 경우	40 %

예제 2 x초 후 $\overline{BP}=\boxed{3x}$ cm이므로

$\overline{CP}=(\boxed{16-3x})$ cm이다. ··· 1단계

$y=\frac{1}{2}\times\overline{CD}\times(\overline{AD}+\overline{CP})$

$=\frac{1}{2}\times\boxed{6}\times(\boxed{16}+\boxed{(16-3x)})$

$=\boxed{-9}x+\boxed{96}$ ··· 2단계

넓이가 60 cm^2일 때는 $y=\boxed{60}$이므로

$x=\boxed{4}$

따라서 사다리꼴 APCD의 넓이가 60 cm^2가 되는 것은 점 P가 점 B를 출발한 지 $\boxed{4}$초 후이다.

··· 3단계

채점 기준표

단계	채점 기준	비율
1단계	$\overline{CP}$의 길이를 x에 대한 식으로 나타낸 경우	30 %
2단계	x와 y 사이의 관계식을 구한 경우	40 %
3단계	넓이가 60 cm^2가 될 때까지 걸리는 시간을 구한 경우	30 %

유제 2 점 P가 점 A를 출발한 지 x초 후의 사다리꼴 APCD의 넓이를 y cm^2라고 하면 ··· 1단계

$\overline{AP}=2x$ cm이므로

$y=\frac{1}{2}\times\overline{AD}\times(\overline{AP}+\overline{CD})$

$=\frac{1}{2}\times10\times(2x+6)$

$=10x+30$ ··· 2단계

넓이가 50 cm^2일 때는 $y=50$이므로

$x=2$

따라서 사다리꼴 APCD의 넓이가 50 cm^2가 되는 것은 점 P가 점 A를 출발한 지 2초 후이다.

··· 3단계

채점 기준표

단계	채점 기준	비율
1단계	x, y를 정한 경우	30 %
2단계	사다리꼴 APCD의 넓이를 일차함수의 식으로 나타낸 경우	40 %
3단계	넓이가 50 cm^2가 될 때까지 걸리는 시간을 구한 경우	30 %

예제 3 10분마다 0.6 L의 비율로 물이 흘러나가므로 1분에 $\boxed{0.06}$ L의 비율로 물이 흘러나간다. ··· 1단계

x분 후에 물통에 남아 있는 물의 양을 y L라고 하면, $y=\boxed{-0.06}x+\boxed{50}$이다. ··· 2단계

1시간 20분은 $\boxed{80}$분이므로 1시간 20분 후에 물통에 남아 있는 양은 $\boxed{45.2}$ L이다. ··· 3단계

채점 기준표

단계	채점 기준	비율
1단계	일차함수의 기울기를 구한 경우	30 %
2단계	x와 y 사이의 관계식을 구한 경우	30 %
3단계	남아 있는 물의 양을 구한 경우	40 %

유제 3 물이 일정한 속도로 나가고 있고, 10분 동안 물의 높이가 16 cm 낮아졌으므로 1분에 1.6 cm씩 낮아진다. ··· 1단계

x분 후 물의 높이를 y cm라고 하면

$y=-1.6x+b$(b는 상수)로 놓을 수 있다.

10분 후 물의 높이가 48 cm이므로

$48=-1.6\times10+b=-16+b$, $b=64$

··· 2단계

따라서 $y=-1.6x+64$이므로 처음 물의 높이는 64 cm이다. ··· 3단계

채점 기준표

단계	채점 기준	비율
1단계	기울기를 구한 경우	30 %
2단계	일차함수의 식으로 나타낸 경우	40 %
3단계	물의 높이를 구한 경우	30 %

예제 4 주어진 그래프의 기울기는

$\frac{(y\text{의 값의 증가량})}{(x\text{의 값의 증가량})}=\frac{\boxed{-120}}{2}=\boxed{-60}$

··· 1단계

이고, 그래프가 점 (1, 320)을 지나므로

그래프를 식으로 나타내면 $y=\boxed{-60}x+\boxed{380}$이다.

··· 2단계

버스가 도착 지점까지 가는 것은 $y=\boxed{0}$일 때이므로

$x=\frac{\boxed{380}}{60}=\frac{\boxed{19}}{3}$

따라서 버스가 출발하여 도착 지점까지 가는데 $\boxed{6}$시간 $\boxed{20}$분이 걸린다. ··· 3단계

채점 기준표

단계	채점 기준	비율
1단계	그래프의 기울기를 구한 경우	30 %
2단계	x와 y 사이의 관계식을 구한 경우	40 %
3단계	걸리는 시간을 구한 경우	30 %

유제 4 주어진 그래프의 기울기는

$\frac{4500-3000}{5-2}=\frac{1500}{3}=500$ ··· 1단계

이고, 그래프가 점 (2, 3000)을 지나므로 그래프를 식으로 나타내면 $y=500x+2000$이다. ··· 2단계

따라서 무게가 3 kg인 물건을 배달시킬 때 배송비는 $x=3$일 때이므로

$500\times3+2000=1500+2000=3500$(원)

··· 3단계

채점 기준표

단계	채점 기준	비율
1단계	그래프의 기울기를 구한 경우	30 %
2단계	x와 y 사이의 관계식을 구한 경우	40 %
3단계	무게가 3 kg인 물건의 배송비를 구한 경우	30 %

중단원 실전 테스트 1회

본문 62~64쪽

01 ①	02 ④	03 ③	04 ①	05 ①
06 ⑤	07 ③	08 ④	09 ③	10 ③
11 ②	12 ②	13 풀이 참조		
14 풀이 참조		15 풀이 참조		
16 풀이 참조				

01 지아가 출발하고 x분 후 두 사람 사이의 거리를 y m라고 하면 지아가 출발할 때 두 사람 사이의 거리는 $40\times4=160$ (m)이고, 두 사람은 1분에 80 m씩 가까워지고 있으므로

$y=-80x+160$

$y=0$이면 $0=-80x+160$에서 $x=2$

따라서 지아가 출발한 후 처음으로 예지를 만날 때까지 달린 시간은 2분이다.

02 A의 시간에 따른 위치는 $y=\frac{1}{3}x+4$

B의 시간에 따른 위치는 $y=\frac{1}{2}x$

두 물체가 만나는 것은 같은 위치에 있을 때이므로

$\frac{1}{3}x+4=\frac{1}{2}x$에서 $4=\frac{1}{6}x$, $x=24$

따라서 두 물체 A와 B는 움직이기 시작한 지 24초 후에 만난다.

03 열차 A의 그래프의 기울기는 $\frac{400}{3}$, 열차 B의 그래프의 기울기는 200이다.

① 열차 A는 열차 B보다 1시간 빨리 출발한다. (○)

② 열차 A는 열차 B보다 200 km 앞에서 출발한다. (○)

③ 열차 B의 속력은 열차 A의 속력의 1.5배이다.

④ 열차 A의 속력은 열차 B의 속력보다 느리다. (○)

⑤ 열차 A와 열차 B 각각의 속도가 일정하므로 두 열차는 일정한 속도로 가까워지고 있다. (○)

04 남아 있는 책의 쪽수는 1시간에 10쪽씩 줄어들고 있으므로 x와 y 사이의 관계식은 $y=-10x+200$이다.

05 2분에 10 L의 물을 채워넣고 있으므로 1분에 5 L의 물이 채워진다.

따라서 x와 y 사이의 관계식은 $y=5x+4$이다.

06 200 m 높이에서 기온은 23 ℃, 800 m 높이에서 기온은 8 ℃이므로 600 m 올라갈 때 기온은 15 ℃ 낮아진다. 주어진 그래프의 기울기는 $\frac{8-23}{800-200}=-\frac{1}{40}$이고, 그래프가 점 (200, 23)을 지나므로 y절편은 28이다.

따라서 그래프의 식은 $y=-\frac{1}{40}x+28$이다.

$y=15$이면 $15=-\frac{1}{40}x+28$에서 $x=520$

즉, 기온이 15 ℃인 곳의 지면으로부터의 높이는 520 m이다.

07 x분 후 에탄올의 온도를 y ℃라고 하자.

온도가 일정하게 올라가므로 y는 x에 대한 일차함수이고 기울기는 6이다. 처음 온도가 25 ℃이므로

$y=6x+25$

$x=6$일 때 $y=36+25=61$

따라서 6분 후의 에탄올의 온도는 61 ℃이다.

08 주어진 그래프의 기울기는 $\frac{40-25}{6-0}=\frac{5}{2}$이고, y절편은 25이므로 그래프의 식은 $y=\frac{5}{2}x+25$이다.

따라서 가열한 지 10분 후 물의 온도는

$25+25=50$ (℃)

09 윗변의 길이가 x cm, 아랫변의 길이가 8 cm, 높이가 6 cm인 사다리꼴의 넓이는

$\frac{1}{2}\times(x+8)\times6=3x+24\ (\text{cm}^2)$

따라서 x와 y 사이의 관계식은

$y=3x+24$

10 하루에 20쪽씩 책을 읽고 있으므로 기울기는 -20이고, $x=0$일 때 $y=400$이므로

$y=-20x+400$

$x=9$이면 $y=-180+400=220$

따라서 9일이 지났을 때 남은 책은 220쪽이다.

11 처음 정오각형 하나를 만드는 데 5개의 성냥개비가 필요하고, 그 이후로는 추가로 정오각형 하나를 만들 때마다 성냥개비 4개가 추가로 필요하므로

$y=5+4(x-1)$

즉, $y=4x+1$이므로 $a=4$, $b=1$

따라서 $a+b=4+1=5$

12 자동차가 x km를 달렸을 때 남은 연료의 양을 yL라고 하면

$y=-\frac{1}{12}x+40$

$y=25$이면 $25=-\frac{1}{12}x+40$에서 $x=180$

따라서 달린 거리는 180 km이다.

13 물의 끓는 온도가 일정하게 낮아지므로 고도가 x m일 때 물의 끓는 온도를 y ℃라고 하면 y는 x에 대한 일차함수이다. ··· 1단계

고도가 305 m 높아질 때마다 끓는 온도는 1 ℃씩 내려가므로 기울기는 $-\frac{1}{305}$이고, 0 m에서 끓는 온도가 100 ℃이므로

$y=-\frac{1}{305}x+100$ ··· 2단계

$y=85$이면 $85=-\frac{1}{305}x+100$에서

$x=4575$

따라서 물의 끓는 온도가 85 ℃인 고도는 4575 m이다. ··· 3단계

채점 기준표

단계	채점 기준	비율
1단계	x, y를 정한 경우	20 %
2단계	x와 y 사이의 관계식을 구한 경우	50 %
3단계	물의 끓는 온도가 85 ℃가 될 때의 고도를 구한 경우	30 %

14 주어진 그래프의 식은

$y=-\frac{4}{5}x+40$ ··· 1단계

$y=12$이면 $12=-\frac{4}{5}x+40$에서 $\frac{4}{5}x=28$, $x=35$

따라서 디퓨저가 12 mL 남아 있을 때는 개봉하고 35일이 지난 후이다. ··· 2단계

채점 기준표

단계	채점 기준	비율
1단계	x와 y 사이의 관계식을 구한 경우	50 %
2단계	12 mL가 남아 있을 때까지의 기간을 구한 경우	50 %

15 x초 후 $\overline{DP}=2x$ m, $\overline{CP}=(20-2x)$ m이므로 ··· 1단계

$y=\frac{1}{2}\times\{20+(20-2x)\}\times30$

$=600-30x$ ··· 2단계

따라서 점 P가 점 D를 출발한 지 8초 후의 사다리꼴 ABCP의 넓이는 $x=8$이므로

$600-30\times8=600-240=360\ (\text{m}^2)$ ··· 3단계

채점 기준표

단계	채점 기준	비율
1단계	x초 후 $\overline{CP}$의 길이를 x에 대한 식으로 나타낸 경우	20 %
2단계	x와 y 사이의 관계식을 구한 경우	40 %
3단계	8초 후의 사다리꼴 ABCP의 넓이를 구한 경우	40 %

16 3분 동안 60 L의 물이 빠져나가고 있으므로 1분에 20 L의 물이 빠져나간다. 또한 처음에 들어 있던 물의 양이 300 L이므로 ··· 1단계

x와 y 사이의 관계식은

$y=-20x+300$ ··· 2단계

물이 다 빠져나가는 것은 $y=0$일 때이므로

$0=-20x+300$에서 $x=15$

따라서 물통에서 물이 다 빠져나갈 때까지 걸린 시간은 15분이다. ··· 3단계

채점 기준표

단계	채점 기준	비율
1단계	기울기와 y절편을 구한 경우	20 %
2단계	x와 y 사이의 관계식을 구한 경우	40 %
3단계	물이 다 빠져나갈 때까지 걸린 시간을 구한 경우	40 %

중단원 실전 테스트 2회 본문 65~67쪽

01 ④	02 ②	03 ①	04 ③	05 ②
06 ③	07 ⑤	08 ①	09 ②	10 ④
11 ⑤	12 ③	13 풀이 참조		
14 풀이 참조		15 풀이 참조		
16 풀이 참조				

01 두 사람이 출발한 지 x초 후의 두 사람 사이의 거리를 y m라고 하자.
희수가 출발할 때 두 사람 사이의 거리는 30 m이고 두 사람은 1초에 2 m씩 가까워지므로
$y=-2x+30$
두 사람이 만날 때는 $y=0$이므로
$0=-2x+30$에서 $x=15$
즉, 두 사람이 만날 때까지 걸린 시간은 15초이므로 15초 동안 희수가 달린 거리는 $15\times6=90$ (m)이다.

02 승강기가 일정한 속도로 내려오고 있으므로 y는 x에 관한 일차함수이다.
승강기가 초속 3 m로 내려오고 있으므로 기울기는 -3이고, 처음 높이가 60 m이므로 y절편은 60이다.
따라서 x와 y 사이의 관계식은
$y=-3x+60$

03 기차가 A 역을 출발한 지 x분 후에 기차와 A 역 사이의 거리는 $3x$ km이므로 x분 후 기차와 B 역 사이의 거리는 $(50-3x)$ km이다.
따라서 x와 y 사이의 관계식은
$y=50-3x=-3x+50$

04 1 L에 18 km를 달리는 자동차가 휘발유를 가득 채우면 720 km를 달릴 수 있으므로 가득 채운 휘발유의 양은 40 L이다.
휘발유를 40 L 채우고 x km 달린 후 남은 휘발유의 양을 y L라고 하면
$y=-\frac{1}{18}x+40$
$y=35$이면 $35=-\frac{1}{18}x+40$에서 $x=90$
따라서 남은 휘발유의 양이 35 L일 때, 자동차가 달린 거리는 90 km이다.

05 불을 붙인 지 x분 후의 남은 양초의 길이를 y cm라고 하면
$y=-2x+30$
$x=12$이면 $y=-24+30=6$
따라서 양초에 불을 붙인 지 12분 후의 남은 양초의 길이는 6 cm이다.

06 10분마다 0.3 L씩 연소하므로 기름은 1분에 0.03 L씩 연소한다.
따라서 x와 y 사이의 관계식은
$y=-0.03x+10$

07 15분 동안 물의 높이가 6 cm 높아졌으므로 1분에 $\frac{6}{15}=\frac{2}{5}$ (cm)씩 높아진다.
물을 채우기 시작한 지 x분 후의 물의 높이를 y cm라고 하면
$y=\frac{2}{5}x+b$ (b는 상수)로 놓을 수 있다. 15분 후에 물의 높이가 8 cm이므로 $8=\frac{2}{5}\times15+b$
$b=2$
따라서 $y=\frac{2}{5}x+2$이고, $y=50$일 때 $x=120$이므로 120분 후에 물의 높이가 50 cm가 된다.

08 물속으로 10 m 내려갈 때마다 1기압씩 압력이 높아지므로 물속으로 1 m 내려갈 때마다 $\frac{1}{10}$ 기압씩 압력이 높아진다.
따라서 x와 y 사이의 관계식은 $y=\frac{1}{10}x+1$이다.

09 x와 y 사이에는 $y=5.4x+100$의 관계가 있다.
$y=1720$이면 $1720=5.4x+100$에서 $x=300$
따라서 저금통의 무게가 1720 g이 되는 것은 100원짜리 동전을 300개 모았을 때이다.

10 속력이 1초에 9.8 m씩 일정하게 빨라지므로 기울기는 9.8이다. 처음 속력이 초속 3 m이므로 y절편은 3이다.
따라서 x와 y 사이의 관계식은 $y=9.8x+3$이다.

11 기체의 부피는 온도가 1 ℃ 오를 때마다

$\frac{630}{273}=\frac{30}{13}$ (cm^3)씩 증가한다.

압력이 일정할 때, x ℃에서 기체의 부피를 y cm^3라고 하면

$y=\frac{30}{13}x+630$

$y=900$이면 $900=\frac{30}{13}x+630$에서 $x=117$

따라서 117 ℃일 때 부피가 900 cm^3이다.

12 자동차가 x km 달린 후 남아 있는 휘발유의 양을 y L라고 하면

$y=-\frac{1}{14}x+25$

$x=210$이면 $y=-\frac{1}{14}\times 210+25=10$

따라서 210 km를 달린 후에 남아 있는 휘발유의 양은 10 L이다.

13 경사도가 15 %이므로

$\frac{(\text{수직 거리})}{(\text{수평 거리})}=\frac{15}{100}=\frac{3}{20}$ ··· 1단계

물체 B의 수직 거리를 x m라고 하면

$\frac{x-5}{40}=\frac{3}{20}$이므로 ··· 2단계

$x=11$

따라서 물체 B의 수직 거리는 11 m이다. ··· 3단계

채점 기준표

단계	채점 기준	비율
1단계	기울기의 의미를 이해한 경우	30 %
2단계	두 물체 A, B 사이의 수직 거리와 수평 거리의 관계를 식으로 나타낸 경우	40 %
3단계	물체 B의 수직 거리를 구한 경우	30 %

14 A(3, 0), B(12, 0)이므로 두 점 C, D의 x좌표는 각각 3, 12이다.

또 두 점 C, D는 일차함수 $y=\frac{1}{2}x$의 그래프 위의 점이므로

$C\left(3, \frac{3}{2}\right)$, D(12, 6) ··· 1단계

$\overline{AC}=\frac{3}{2}$ cm, $\overline{BD}=6$ cm,

$\overline{AB}=12-3=9$ (cm)이므로 ··· 2단계

사각형 ABDC의 넓이는

$\frac{1}{2}\times(\overline{AC}+\overline{BD})\times\overline{AB}$

$=\frac{1}{2}\times\left(\frac{3}{2}+6\right)\times 9$

$=\frac{135}{4}$ (cm^2) ··· 3단계

채점 기준표

단계	채점 기준	비율
1단계	두 점 C, D의 좌표를 구한 경우	30 %
2단계	$\overline{AC}$, $\overline{BD}$, $\overline{AB}$의 길이를 구한 경우	30 %
3단계	사각형 ABDC의 넓이를 구한 경우	40 %

15 10분에 27 L씩 물이 들어가는 호스와 10분에 10 L씩 물이 빠져나가는 호스를 동시에 사용하면 10분에 17 L씩 물이 들어간다.

x분 후 물통에 들어 있는 물의 양을 y L라고 하자.

물통에 15 L 물이 들어 있으므로

$y=\frac{17}{10}x+15$ ··· 1단계

물통에 물이 가득 차는 것은 $y=100$일 때이므로

$100=\frac{17}{10}x+15$에서 $x=50$

따라서 50분 후에 물통의 물을 가득 채울 수 있다.

··· 2단계

채점 기준표

단계	채점 기준	비율
1단계	물의 양을 시간에 관한 함수로 표현한 경우	50 %
2단계	물통에 물이 가득 찰 때의 시간을 구한 경우	50 %

16 x와 y 사이의 관계식은

$y=-7x+250$ ··· 1단계

남은 책이 40쪽이면 $40=-7x+250$ ··· 2단계

$7x=210$에서 $x=30$

따라서 남은 책이 40쪽인 것은 읽기 시작하고 30일 후이다. ··· 3단계

채점 기준표

단계	채점 기준	비율
1단계	x와 y 사이의 관계식을 구한 경우	40 %
2단계	$y=40$을 대입한 식을 구한 경우	30 %
3단계	책을 읽은 기간을 구한 경우	30 %

③ 일차함수와 일차방정식의 관계

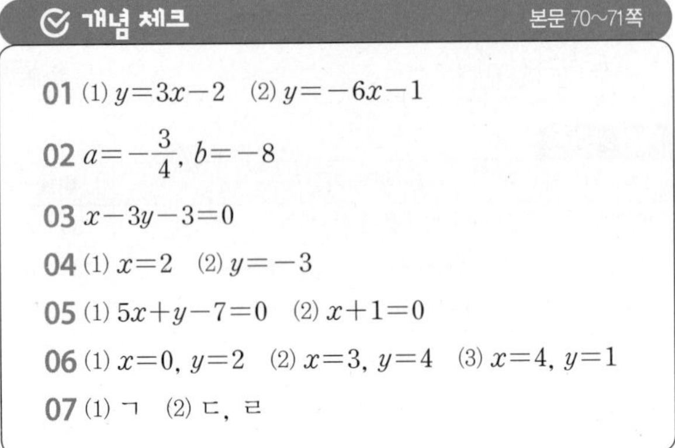
개념 체크 본문 70~71쪽

01 (1) $y=3x-2$ (2) $y=-6x-1$

02 $a=-\frac{3}{4}$, $b=-8$

03 $x-3y-3=0$

04 (1) $x=2$ (2) $y=-3$

05 (1) $5x+y-7=0$ (2) $x+1=0$

06 (1) $x=0$, $y=2$ (2) $x=3$, $y=4$ (3) $x=4$, $y=1$

07 (1) ㄱ (2) ㄷ, ㄹ

대표 유형 본문 72~75쪽

01 ⑤	02 ⑤	03 ①	04 ②	05 ④
06 ⑤	07 ④	08 ④	09 ④	10 ④
11 ②	12 ⑤	13 ②	14 ①	15 ④
16 ②	17 ④	18 ②	19 ⑤	20 ④
21 ①	22 ①	23 ③	24 ④	

01 일차방정식 $2x-y+3=0$에서 y를 이항하면 $2x+3=y$이다. 즉, 주어진 일차방정식의 그래프는 일차함수 $y=2x+3$의 그래프와 같다.
따라서 $a=2$, $b=3$이므로 $a+b=2+3=5$이다.

02 일차방정식 $3x-y+4=0$의 그래프는 일차함수 $y=3x+4$의 그래프와 같다.
따라서 기울기 a는 3이고, y절편 b는 4이므로
$ab=3\times4=12$

03 일차방정식 $x+ay+8=0$의 그래프는 일차함수 $y=-\frac{1}{a}x-\frac{8}{a}$의 그래프와 같다.
주어진 그래프는 두 점 $(-8,\ 0)$, $(0,\ 4)$를 지나므로 그래프의 기울기는 $\frac{4}{8}=\frac{1}{2}$이고, y절편은 4이므로 그래프의 식은 $y=\frac{1}{2}x+4$이다.
즉, $-\frac{1}{a}=\frac{1}{2}$, $-\frac{8}{a}=4$이므로 $a=-2$

04 일차방정식 $2x-y+6=0$의 그래프는 일차함수 $y=2x+6$의 그래프와 같다.

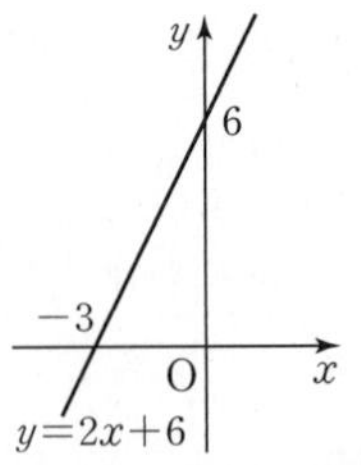

① 기울기가 양수이므로 x의 값이 증가할 때, y의 값도 증가한다. (○)
② 그래프가 오른쪽 위를 향하므로 제1사분면을 지난다.
③ 그래프의 기울기가 2이고, y절편이 6인 그래프이므로 일차함수 $y=2x$의 그래프와 평행하다. (○)
④ 일차함수 $y=2x+6$의 그래프와 일치한다. (○)
⑤ y절편이 6인 직선이므로 원점을 지나지 않는 직선이다. (○)
따라서 옳지 않은 것은 ② 나희의 설명이다.

05 두 그래프의 교점의 좌표가 $(3,\ -1)$이므로 두 일차방정식 $x+y=a$와 $x-y=b$의 그래프는 모두 점 $(3,\ -1)$을 지나고, $x=3$, $y=-1$은 각 일차방정식의 해가 된다.
즉, $3+(-1)=2=a$, $3-(-1)=4=b$이므로
$a=2$, $b=4$

06 일차방정식 $x-2y=5$의 그래프는 점 $(1,\ -2)$를 지나므로 두 그래프의 교점의 좌표는 $(1,\ -2)$이다.
즉, $x=1$, $y=-2$가 일차방정식 $ax+y=2$의 해이므로 $a-2=2$
따라서 $a=4$

07 두 그래프의 교점의 x좌표가 -2이다. 일차방정식 $x+2y=4$의 그래프는 점 $(-2,\ 3)$을 지나므로 두 그래프의 교점의 좌표는 $(-2,\ 3)$이다.
즉 $(-2,\ 3)$이 $y=ax+4$의 그래프 위의 점이므로
$3=-2a+4$
따라서 $a=\frac{1}{2}$

08 x축과 평행한 직선의 방정식은 y의 값이 일정하므로 $y=k$ 꼴이다. 이 그래프가 점 $(-3,\ 3)$을 지나므로 구하는 직선의 방정식은 $y=3$이다.

09 x축과 평행한 직선의 방정식은 y의 값이 일정하므로

$k-1=-2k+5$

따라서 $k=2$

10 y축에 수직인 직선은 y의 값이 일정하므로 $y=k$ 꼴이다. 이 그래프가 점 $(-3, 4)$를 지나므로 구하는 직선의 방정식은 $y=4$이다.

11 각 보기의 식을 간단히 하면

① $x=0$

② $x=2$

③ $x+y=3$

④ $y=1$

⑤ $y=-2$

주어진 두 일차함수의 그래프의 교점은 연립방정식

$\begin{cases} y=-3x+7 \\ y=2x-3 \end{cases}$ 의 해와 같다.

$-3x+7=2x-3$에서 $x=2$이므로

$y=-3\times2+7=1$이다. 즉, 두 그래프의 교점의 좌표는 $(2, 1)$이다. 점 $(2, 1)$을 지나고 y축에 평행한 직선의 방정식은 ② $x-2=0$이다.

12 주어진 그래프의 식은 $x=-1$ 즉, $4x+4=0$

일차방정식 $ax+by+4=0$의 그래프가 이 식과 일치하므로 $a=4$

$a=4$, $b=0$

따라서 $a+b=4+0=4$

13 일차방정식 $5x-2y+1=0$의 그래프는 일차함수

$y=\frac{5}{2}x+\frac{1}{2}$의 그래프와 같다.

기울기가 $\frac{5}{2}$이고, $(2, 1)$을 지나는 직선의 방정식을

$y=\frac{5}{2}x+k$ (k는 상수)로 놓고 $x=2$, $y=1$을 대입하면

$1=\frac{5}{2}\times2+k$이므로 $k=-4$

즉, $y=\frac{5}{2}x-4$

양변에 2를 곱하면 $2y=5x-8$이고, 이항하여 정리하면 구하는 직선의 방정식은

$-5x+2y+8=0$

따라서 $a=-5$, $b=2$이므로 $a+b=-5+2=-3$

14 주어진 두 일차방정식의 그래프의 교점은 연립방정식

$\begin{cases} 3x-2y=12 & \cdots\cdots ㉠ \\ y=3x-9 & \cdots\cdots ㉡ \end{cases}$ 의 해와 같다.

㉡을 ㉠에 대입하면 $3x-6x+18=12$이므로

$x=2$이고, ㉡에 대입하면 $y=3\times2-9=-3$

즉, 두 그래프의 교점의 좌표는 $(2, -3)$이다.

기울기가 $\frac{1}{2}$이고 교점을 지나는 직선의 방정식을

$y=\frac{1}{2}x+k$ (k는 상수)로 놓고 $x=2$, $y=-3$을 대입하면 $-3=\frac{1}{2}\times2+k$이므로 $k=-4$

따라서 구하는 직선의 방정식은 $y=\frac{1}{2}x-4$이므로 양변에 2를 곱하여 이항하여 정리하면

$x-2y-8=0$

15 직선 $y=-2x+3$에 평행한 그래프는 기울기가 -2이므로 구하는 직선의 방정식을 $y=-2x+k$ (k는 상수)로 놓으면 이 직선이 점 $(-4, 1)$을 지나므로

$1=-2\times(-4)+k$, $k=-7$

따라서 구하는 직선의 방정식은 $y=-2x-7$이므로 이항하여 정리하면

$2x+y+7=0$

16 연립방정식 $\begin{cases} 4x+y=9 \\ ax-2y=7 \end{cases}$ 의 각 일차방정식을 일차함수의 식으로 나타내면 $y=-4x+9$, $y=\frac{a}{2}x-\frac{7}{2}$이다. 이 두 직선이 서로 평행하므로 기울기가 서로 같아야 한다.

즉, $-4=\frac{a}{2}$이므로 $a=-8$

17 두 일차방정식의 그래프가 만나지 않는다면 두 그래프는 평행하다. 각 일차방정식을 일차함수의 식으로 나타내면 $y=-5x+3$, $y=-ax+6$이고, 두 함수의 그래프가 서로 평행하다면 기울기가 같으므로 $-5=-a$이다.

따라서 $a=5$이다.

18 두 일차함수의 그래프가 만나지 않으므로 두 그래프는 평행하다. 즉, 기울기가 서로 같으므로 $a=-\frac{1}{4}$이다.

$y=-\frac{1}{4}x-1$의 그래프의 y절편은 -1, $y=-\frac{1}{4}x+b$의 그래프의 y절편은 b이므로 점 A의 좌표는 $(0, -1)$, 점 B의 좌표는 $(0, b)$이다.

그런데 $b>0$이고, $\overline{AB}=9$이므로 $b=8$이다.

따라서 $ab=-\frac{1}{4}\times8=-2$

19 두 일차방정식의 그래프의 교점이 두 개 이상이라면 두 그래프는 일치한다. 각 일차방정식을 일차함수로 나타내면 $3x+4y-12=0$은 $y=-\frac{3}{4}x+3$,

$2x+ay+b=0$은 $y=-\frac{2}{a}x-\frac{b}{a}$로 나타낼 수 있다.

두 그래프가 일치하므로 기울기, y절편이 각각 같다.

즉, $-\frac{3}{4}=-\frac{2}{a}$, $3=-\frac{b}{a}$이다.

따라서 $a=\frac{8}{3}$, $b=-8$이므로 $a-b=\frac{32}{3}$

20 일차방정식 $x+2y+b=0$을 일차함수의 식으로 나타내면 $y=-\frac{1}{2}x-\frac{b}{2}$이다.

$y=ax+2$, $y=-\frac{1}{2}x-\frac{b}{2}$의 그래프가 일치하므로 기울기와 y절편이 서로 같다. 즉, $a=-\frac{1}{2}$, $2=-\frac{b}{2}$이다.

따라서 $a=-\frac{1}{2}$, $b=-4$이므로

$ab=-\frac{1}{2}\times(-4)=2$

21 연립방정식의 해가 무수히 많으면 두 일차방정식의 그래프가 일치한다.

$\begin{cases} 2x+y=a & \cdots\cdots ㉠ \\ bx-2y=8 & \cdots\cdots ㉡ \end{cases}$

㉠에서 $y=-2x+a$이므로 이것을 ㉡에 대입하면

$bx-2(-2x+a)=8$

즉, $(b+4)x-2a-8=0$

따라서 $b+4=0$, $-2a-8=0$이므로

$b=-4$, $a=-4$

그러므로 $a+b=-4+(-4)=-8$

22 직선 $ax+2y-12=0$의 x절편은 $\frac{12}{a}$이고, y절편은 6이다.

$a>0$에서 $\frac{12}{a}>0$이므로 직선 $ax+2y-12=0$과 x축, y축으로 둘러싸인 삼각형의 넓이는

$\frac{1}{2}\times\frac{12}{a}\times6=\frac{36}{a}$

즉, $\frac{36}{a}=4$이므로 $a=9$

23 $ax-5y+4a=0$, $y=0$의 그래프의 교점의 좌표는 $(-4, 0)$

$ax+3y-4a=0$, $y=0$의 그래프의 교점의 좌표는 $(4, 0)$

$ax-5y+4a=0$, $ax+3y-4a=0$의 그래프의 교점의 좌표는 $(1, a)$

구하는 삼각형은 세 점 $(-4, 0)$, $(4, 0)$, $(1, a)$를 꼭짓점으로 삼각형이므로 그 넓이는 $\frac{1}{2}\times8\times a=4a$

즉, $4a=16$이므로

$a=4$

24

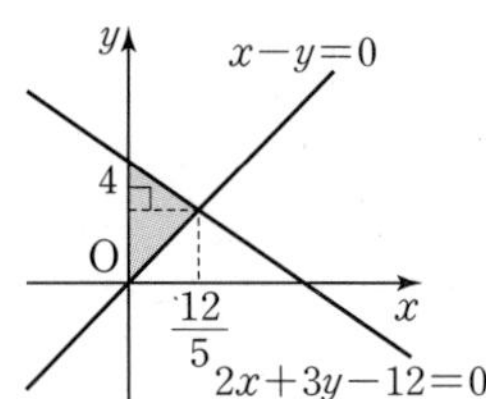

연립방정식 $\begin{cases} x-y=0 \\ 2x+3y-12=0 \end{cases}$의 해는

$x=\frac{12}{5}$, $y=\frac{12}{5}$이므로 주어진 두 직선의 교점의 좌표는 $\left(\frac{12}{5}, \frac{12}{5}\right)$이고, 직선 $2x+3y-12=0$의 y절편은 4이다.

따라서 구하는 삼각형의 넓이는

$\frac{1}{2}\times4\times\frac{12}{5}=\frac{24}{5}$

기출 예상 문제

본문 76~79쪽

01 ①	02 ⑤	03 ④	04 ④	05 ②
06 ⑤	07 ⑤	08 ⑤	09 ②	10 ④
11 ③	12 ⑤	13 ⑤	14 ②	15 ④
16 ④	17 ②	18 ①	19 ④	20 ⑤
21 ③	22 ④	23 ④	24 ②	

01 일차방정식 $ax+by-1=0$의 그래프는 일차함수 $y=-\frac{a}{b}x+\frac{1}{b}$의 그래프와 같다. 주어진 그래프에서 기울기는 음수, y절편은 양수이므로 $-\frac{a}{b}<0$, $\frac{1}{b}>0$이다. 따라서 $a>0$, $b>0$이다.

02 점 $(3, 1)$이 $x+ay-6=0$의 그래프 위의 점이므로
$3+a-6=0$
즉, $a=3$이므로 주어진 일차방정식은 $x+3y-6=0$이다.
점 $(0, b)$가 $x+3y-6=0$의 그래프 위의 점이므로
$3b-6=0$에서 $b=2$
따라서 $a=3$, $b=2$

03 ① $4\times(-5)-3\times(-9)-7=0$ (○)
② $4\times(-2)-3\times(-5)-7=0$ (○)
③ $4\times\left(-\frac{1}{2}\right)-3\times(-3)-7=0$ (○)
④ $4\times1-3\times1-7=-6$
⑤ $4\times4-3\times3-7=0$ (○)

04 두 일차방정식의 그래프의 교점은 연립방정식 $\begin{cases}2x-y=5\\-x+2y=-1\end{cases}$의 해와 같다. 연립방정식의 해가 $x=3$, $y=1$이므로 교점의 좌표는 $(3, 1)$이다.

05 주어진 두 그래프의 교점의 좌표는 $(-4, -1)$이므로 $x=-4$, $y=-1$은 각 일차방정식의 해이다.
즉, $3\times(-4)-4\times(-1)=a$이고
$-4+b\times(-1)=-6$이다.
따라서 $a=-8$, $b=2$이므로 $a+b=-8+2=-6$

06 $bx+2y=-10$의 그래프의 y절편은 -5이므로 일차방정식 $3x+4y=a$의 그래프의 y절편이 2이다. 그러므로 $a=3\times0+4\times2=8$
또한, $bx+2y=-10$의 그래프의 x절편은 -2이므로
$b\times(-2)+2\times0=-2b=-10$에서 $b=5$
따라서 주어진 연립방정식은 $\begin{cases}3x+4y=8\\5x+2y=-10\end{cases}$이고, 연립방정식의 해는 $x=-4$, $y=5$이다.

07 $ax+by=12$의 그래프가 y축에 평행하므로 $b=0$이다.
또한 점 $(2, 3)$이 $ax=12$의 그래프 위의 점이므로 $2a=12$이고, $a=6$이다.
따라서 $a=6$, $b=0$이다.

08 y축에 수직인 직선은 y의 값이 일정하므로
$2k-1=k+7$
따라서 $k=8$

09 주어진 그래프의 식은 $y=4$이다.
$ax+by-12=0$이 $y=4$와 같으므로 $a=0$, $b=3$

10 y축에 평행한 직선은 x의 값이 일정하므로
$k-1=5-2k$
따라서 $k=2$

11 주어진 두 그래프의 교점은 연립방정식
$\begin{cases}x+3y=5\\5x-2y=8\end{cases}$의 해와 같다.
이 연립방정식의 해가 $x=2$, $y=1$이므로 교점의 좌표는 $(2, 1)$이다.
점 $(2, 1)$을 지나고 x축에 평행한 직선의 방정식은 $y=1$이다.

12 주어진 두 그래프의 교점은 연립방정식
$\begin{cases}2x-y=4\\-x+3y+7=0\end{cases}$의 해와 같다. 연립방정식의 해가
$x=1$, $y=-2$이므로 교점의 좌표는 $(1, -2)$이다.
y절편이 2이고 점 $(1, -2)$를 지나는 직선의 방정식을 $y=ax+2$ (a는 상수)로 놓고 $x=1$, $y=-2$를 대입하면 $-2=a+2$이므로 $a=-4$
따라서 구하는 직선의 방정식은 $y=-4x+2$,
즉 $4x+y-2=0$이다.

13 주어진 두 그래프의 교점은 연립방정식

$\begin{cases} x+3y-1=0 \\ -x+2y+6=0 \end{cases}$의 해이다. 연립방정식의 해가

$x=4$, $y=-1$이므로 그래프의 교점의 좌표는

$(4, -1)$이다.

직선 $y=-2x+4$와 평행한 직선은 기울기가 -2이므로 구하는 직선의 방정식을 $y=-2x+k$ (k는 상수)로 놓으면 이 직선이 점 $(4, -1)$을 지나므로

$-1=-8+k$, 즉 $k=7$

따라서 구하는 직선의 방정식은

$y=-2x+7$, 즉 $2x+y-7=0$

14 두 점 $(k-1, 4)$, $(12, -7)$을 지나는 직선의 기울기는 $\frac{4-(-7)}{(k-1)-12}=\frac{11}{k-13}$

두 점 $(k+4, -1)$, $(12, -7)$을 지나는 직선의 기울기는 $\frac{-1-(-7)}{(k+4)-12}=\frac{6}{k-8}$이므로

$\frac{11}{k-13}=\frac{6}{k-8}$

$11k-88=6k-78$

$5k=10$이므로 $k=2$

따라서 세 점 $(1, 4)$, $(6, -1)$, $(12, -7)$을 지나는 직선의 기울기는 $\frac{-1-4}{6-1}=-1$이고, 구하는 직선의 방정식은 $y=-x+b$ (b는 상수)로 놓으면 이 직선은 점 $(1, 4)$를 지나므로 $b=5$

따라서 구하는 직선의 방정식은 $y=-x+5$, 즉 $x+y-5=0$

15 그래프의 교점이 없는 것은 연립방정식의 해가 없는 경우이다. 각 연립방정식의 해의 개수는 다음과 같다.

①, ②, ⑤의 해는 1개, ③ 해는 무수히 많다.

④ 해가 없다.

따라서 교점이 없는 것은 ④ $\begin{cases} -x+2y=1 \\ 2x-4y=2 \end{cases}$이다.

16 두 그래프가 만나지 않으면 두 그래프가 평행하다. 즉, 기울기는 같고 y절편은 다르다.

일차방정식 $-x+2y=3$의 그래프는 일차함수 $y=\frac{1}{2}x+\frac{3}{2}$의 그래프와 같고, 일차방정식 $ax-y=4$의 그래프는 일차함수 $y=ax-4$의 그래프와 같다.

따라서 $a=\frac{1}{2}$

17 연립방정식의 해가 무수히 많다면, 두 일차방정식의 그래프가 서로 일치한다.

$x-3y=2$의 양변에 3을 곱하면 $3x-9y=6$이다.

즉, $3x-9y-6=0$의 그래프와 $ax+by-6=0$의 그래프가 일치하므로

$a=3$, $b=-9$이다.

따라서 $a+b=3+(-9)=-6$

18 두 일차방정식 $x+ay=4$와 $-x+3y=b$의 그래프가 일치하므로 $a=-3$, $b=-4$이다.

19 주어진 두 일차방정식의 그래프의 교점은 연립방정식 $\begin{cases} 5x-8y-20=0 \\ 9x+8y-36=0 \end{cases}$의 해와 같다. 연립방정식의 해가

$x=4$, $y=0$이므로 그래프의 교점의 좌표는 $(4, 0)$이다.

각 일차방정식을 일차함수의 식으로 나타내면

$y=\frac{5}{8}x-\frac{5}{2}$, $y=-\frac{9}{8}x+\frac{9}{2}$이므로 y절편은 각각 $-\frac{5}{2}$, $\frac{9}{2}$이다.

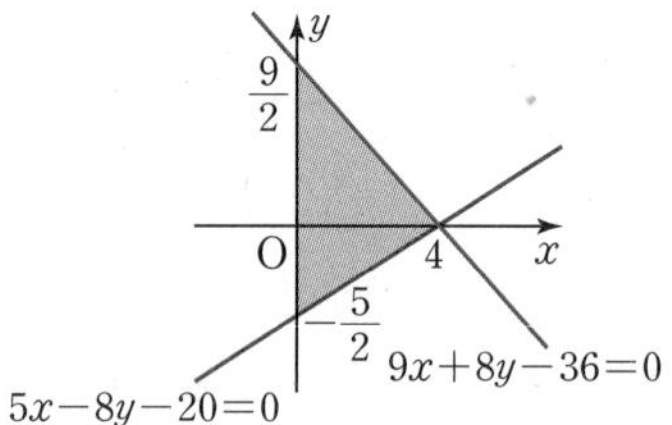

삼각형의 밑변의 길이는 $\frac{9}{2}-\left(-\frac{5}{2}\right)=7$이고 높이는 4이므로 삼각형의 넓이는

$\frac{1}{2}\times7\times4=14$

20 직선 $y=\frac{3}{4}x+3$의 x절편은 -4, 직선 $y=-x+2$의 x절편은 2이다. 두 직선의 교점의 좌표는 $\left(-\frac{4}{7}, \frac{18}{7}\right)$이다.

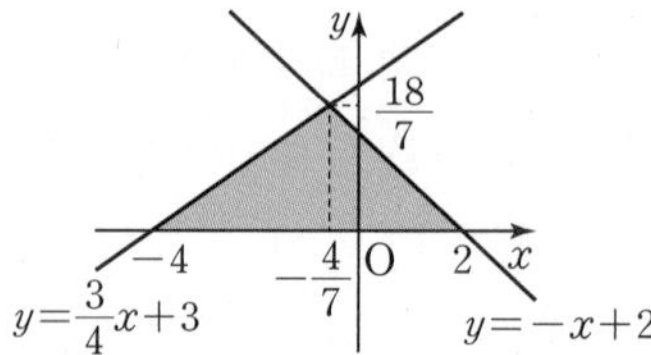

삼각형의 밑변의 길이는 $2-(-4)=6$이고

높이는 $\frac{18}{7}$이므로 삼각형의 넓이는

$\frac{1}{2}\times6\times\frac{18}{7}=\frac{54}{7}$

21 $ax-y+2a=0$의 그래프의 x절편은 -2, y절편은 $2a$이다.

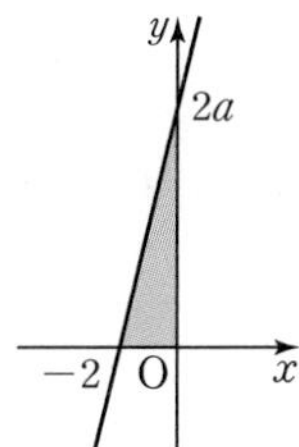

$ax-y+2a=0$의 그래프와 x축, y축으로 둘러싸인 삼각형의 넓이는

$\frac{1}{2}\times 2\times 2a=2a$

즉, $2a=8$이므로 $a=4$

22 $x+y-4=0$의 그래프의 y절편은 4, $2x-3y-3=0$의 그래프의 y절편은 -1이다.
두 일차방정식의 그래프의 교점은 연립방정식

$\begin{cases} x+y-4=0 \\ 2x-3y-3=0 \end{cases}$의 해와 같다. 연립방정식의 해가 $x=3$, $y=1$이므로 교점의 좌표는 $(3,\ 1)$이다.

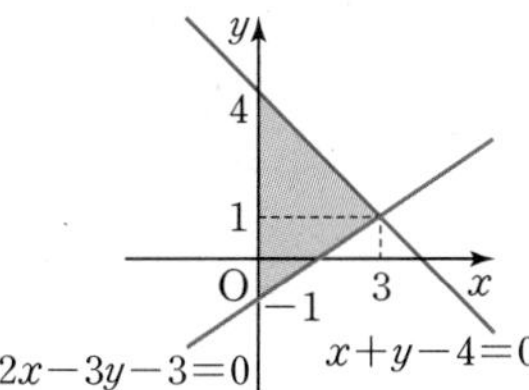

따라서 삼각형의 밑변의 길이는 $4-(-1)=5$, 높이는 3이므로 삼각형의 넓이는

$\frac{1}{2}\times 5\times 3=\frac{15}{2}$

23 직선 $2x+y-5=0$은 일차함수 $y=-2x+5$의 그래프와 같으므로 점 A의 좌표는 $(0,\ 5)$이다. $\overline{AO}=\overline{BO}$이므로 점 B의 좌표는 $(0,\ -5)$이다. 직선 p가 y축과 만나는 점의 좌표가 $(0,\ -5)$이고 직선의 기울기가 3이므로 직선 p는 $y=3x-5$의 그래프이다. 두 직선의 교점 C는 연립방정식

$\begin{cases} 2x+y-5=0 \\ y=3x-5 \end{cases}$의 해이므로 점 C의 좌표는 $(2,\ 1)$이다.

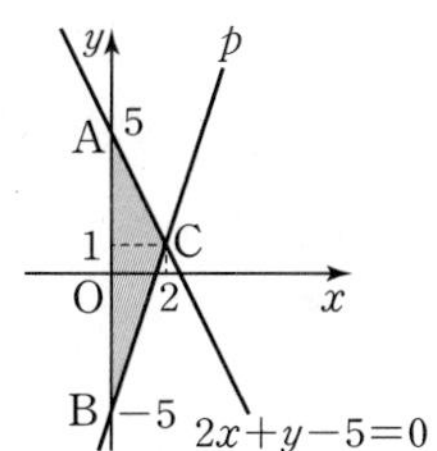

따라서 $\triangle ABC=\frac{1}{2}\times 10\times 2=10$

24 직선 $y=\frac{1}{3}x-4$의 x절편은 12, y절편은 -4이므로 삼각형의 넓이는 $\frac{1}{2}\times 12\times 4=24$이다.

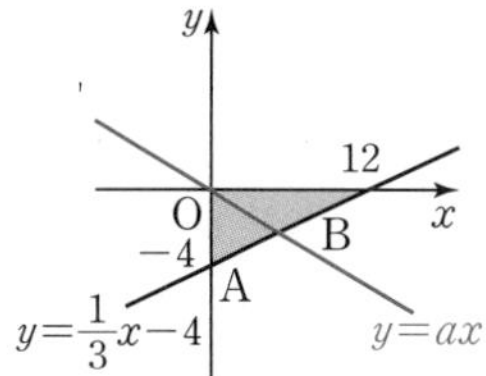

$A(0,\ -4)$라 하고, 두 직선 $y=\frac{1}{3}x-4$, $y=ax$의 교점을 B라고 하자.

$\triangle OAB=\frac{1}{2}\times 4\times$(B의 x좌표)이므로

$\frac{1}{2}\times 4\times$(B의 x좌표)$=24\times\frac{1}{2}$

즉, 점 B의 x좌표는 6이다.

점 B는 직선 $y=\frac{1}{3}x-4$ 위의 점이므로 점 B의 y좌표는 $\frac{1}{3}\times 6-4=-2$이다.

또한, 점 $B(6,\ -2)$는 직선 $y=ax$ 위의 점이므로

$-2=a\times 6$

따라서 $a=-\frac{1}{3}$

고난도 집중 연습 본문 80~81쪽

1 제4사분면	**1-1** 제2사분면
2 -2, -1, 1	**2-1** $\frac{49}{10}$
3 $a=2$, $b=10$	**3-1** 4
4 $y=7x+25$	**4-1** $-\frac{7}{54}$

1 풀이 전략 일차방정식을 일차함수 꼴로 변형하여 기울기, y절편의 부호를 살펴본다.

일차방정식 $ax+y+b=0$을 일차함수 꼴로 변형하면 $y=-ax-b$이다. 주어진 그래프에서 기울기는 양수, y절편은 음수임을 알 수 있으므로 $-a>0$, $-b<0$이다. 따라서 $a<0$, $b>0$이다.

일차함수 $y=bx-a$의 그래프는 기울기가 b, y절편은 $-a$이다. 즉, 기울기는 양수, y절편도 양수이므로 일차함수 $y=bx-a$의 그래프는 다음과 같다.

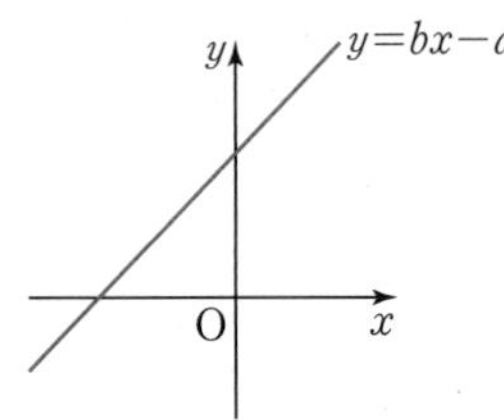

따라서 이 그래프는 제1사분면, 제2사분면, 제3사분면을 지나므로 제4사분면을 지나지 않는다.

1-1 풀이 전략 일차방정식을 일차함수 꼴로 변형하여 기울기, y절편의 부호를 살펴본다.

일차방정식 $ax+by-c=0$에서 $by=-ax+c$이므로 주어진 일차방정식의 그래프는 일차함수

$y=-\frac{a}{b}x+\frac{c}{b}$의 그래프와 같다.

즉, 기울기는 $-\frac{a}{b}$, y절편은 $\frac{c}{b}$이다.

$a>0$, $b<0$에서 $\frac{a}{b}<0$이므로 $-\frac{a}{b}>0$이다.

또한 $b<0$, $c>0$이므로 $\frac{c}{b}<0$이다.

즉, 기울기는 양수, y절편은 음수이므로 주어진 일차방정식의 그래프는 다음과 같다.

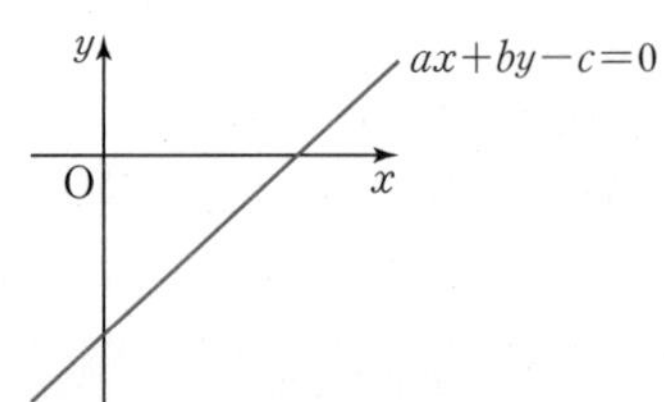

따라서 그래프는 제1사분면, 제3사분면, 제4사분면을 지나므로 제2사분면을 지나지 않는다.

2 풀이 전략 삼각형을 이루지 않는 경우를 세 가지로 나누어 생각한다.

두 직선 $2x+y-1=0$, $y=x-8$의 교점은 연립방정식 $\begin{cases}2x+y-1=0\\y=x-8\end{cases}$의 해와 같다. 연립방정식의 해가 $x=3$, $y=-5$이므로 교점의 좌표는 $(3, -5)$이다.

두 직선과 직선 $y=ax-2$가 삼각형을 이루지 않는 경우는 다음과 같다.

(i) 점 $(3, -5)$를 지나는 경우

$-5=3a-2$이므로 $a=-1$

(ii) 직선 $2x+y-1=0$과 평행한 경우

직선 $2x+y-1=0$은 일차함수 $y=-2x+1$의 그래프와 같으므로 $a=-2$

(iii) 직선 $y=x-8$과 평행한 경우

$a=1$

따라서 삼각형을 이루지 않도록 하는 a의 값은 -2, -1, 1이다.

2-1 풀이 전략 삼각형을 이루지 않는 경우를 세 가지로 나누어 생각한다.

두 직선 $3x-2y-1=0$, $2x-y=3$의 교점은 연립방정식 $\begin{cases}3x-2y-1=0\\2x-y=3\end{cases}$의 해와 같다. 즉, 두 직선의 교점의 좌표는 $(5, 7)$이다.

두 직선과 직선 $y=ax$가 삼각형을 이루지 않는 경우는 다음과 같다.

(i) 점 $(5, 7)$을 지나는 경우

$7=5a$이므로 $a=\frac{7}{5}$

(ii) 직선 $3x-2y-1=0$과 평행한 경우

직선 $3x-2y-1=0$은 일차함수 $y=\frac{3}{2}x-\frac{1}{2}$의 그래프와 같으므로 $a=\frac{3}{2}$

(iii) 직선 $2x-y=3$과 평행한 경우

직선 $2x-y=3$은 일차함수 $y=2x-3$의 그래프와 같으므로 $a=2$

따라서 삼각형을 이루지 않도록 하는 a의 값은 $\frac{3}{2}$, $\frac{7}{5}$, 2이고, 그 합은 $\frac{3}{2}+\frac{7}{5}+2=\frac{49}{10}$

3 풀이 전략 평행사변형의 높이를 이용하여 밑변의 길이를 구한다.

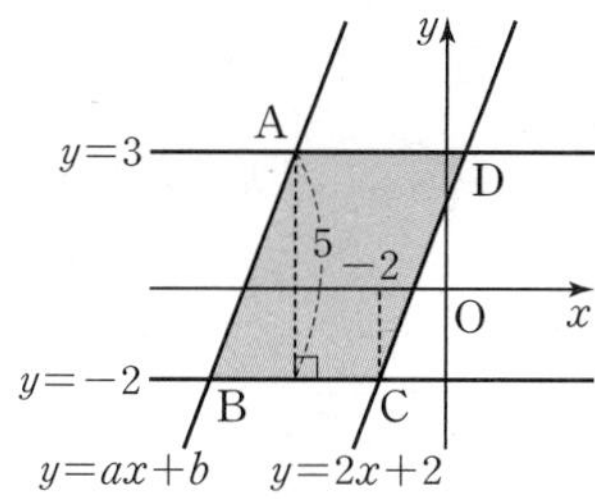

사각형 ABCD가 평행사변형이므로 $\overline{AB} /\!/ \overline{CD}$이다.
즉, 직선 $y=ax+b$의 기울기가 2이므로 $a=2$이다.
평행사변형의 높이는 $3-(-2)=5$이고 넓이는 20이므로 밑변의 길이는 $20\div5=4$이다.
점 C의 좌표가 $(-2, -2)$이므로 점 B의 좌표는 $(-6, -2)$이다. 점 B가 직선 $y=2x+b$ 위의 점이므로 $-2=2\times(-6)+b$이고, $b=10$이다.
따라서 $a=2$, $b=10$

3-1 풀이 전략 각 그래프의 교점을 구하여 도형의 넓이를 a에 관한 식으로 나타낸다.

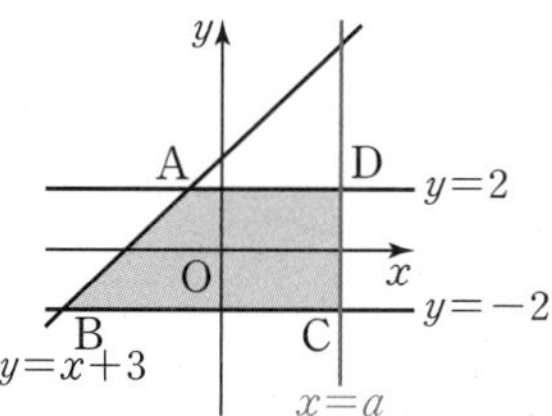

위의 그림과 같이 주어진 직선의 교점을 A, B, C, D라 하면
$A(-1, 2)$, $B(-5, -2)$, $C(a, -2)$, $D(a, 2)$
사다리꼴 ABCD의 아랫변의 길이는
$a-(-5)=a+5$, 윗변의 길이는 $a-(-1)=a+1$이고, 높이는 4이므로 사다리꼴의 넓이는
$\frac{1}{2}\{(a+5)+(a+1)\}\times4=4a+12$
따라서 $4a+12=28$이므로 $a=4$

4 풀이 전략 두 대각선의 교점을 구하여 교점과 점 $(-3, 4)$를 지나는 직선의 방정식을 구한다.
직사각형의 두 대각선을 포함하는 직선은
$(-7, -1)$, $(-1, -5)$를 지나는 직선과
$(-1, -1)$, $(-7, -5)$를 지나는 직선이다.
두 점 $(-7, -1)$, $(-1, -5)$를 지나는 직선의 방정식은 $y=-\frac{2}{3}x-\frac{17}{3}$
두 점 $(-1, -1)$, $(-7, -5)$를 지나는 직선의 방정식은 $y=\frac{2}{3}x-\frac{1}{3}$
두 대각선의 교점은 연립방정식
$\begin{cases} y=-\frac{2}{3}x-\frac{17}{3} \\ y=\frac{2}{3}x-\frac{1}{3} \end{cases}$ 의 해이다.
즉, 교점의 좌표는 $(-4, -3)$이다.
따라서 점 $(-4, -3)$을 지나면서 점 $(-3, 4)$를 지나는 직선의 방정식은 $y=7x+25$이다.

4-1 풀이 전략 직선 $y=ax+1$은 점 $(0, 1)$을 지남을 이용하여 직선의 방정식을 구한다.

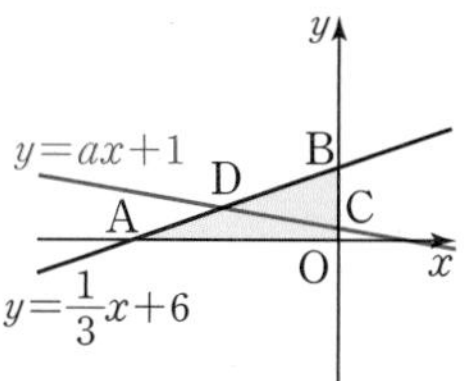

직선 $y=ax+1$과 y축과의 교점을 C라 하고, 두 직선 $y=ax+1$, $y=\frac{1}{3}x+6$의 교점을 D라고 하면 점 A의 좌표는 $(-18, 0)$, 점 B의 좌표는 $(0, 6)$, 점 C의 좌표는 $(0, 1)$이다.
이때 $\triangle AOB=\frac{1}{2}\times18\times6=54$이고, 직선 $y=ax+1$이 $\triangle AOB$의 넓이를 이등분하므로 $\triangle BDC$의 넓이는 $54\times\frac{1}{2}=27$이다.
$\overline{BC}=6-1=5$이므로
$\triangle BDC=\frac{1}{2}\times5\times|$점 D의 x좌표$|=27$에서
점 D의 x좌표는 $-\frac{54}{5}$이다. 점 D는 직선 $y=\frac{1}{3}x+6$ 위의 점이므로 D의 y좌표는
$\frac{1}{3}\times\left(-\frac{54}{5}\right)+6=-\frac{18}{5}+6=\frac{12}{5}$이다.
즉, 점 D의 좌표는 $\left(-\frac{54}{5}, \frac{12}{5}\right)$이다.
이때 점 D는 직선 $y=\frac{1}{3}x+6$ 위의 점이면서 동시에 직선 $y=ax+1$ 위의 점이므로
$\frac{12}{5}=-\frac{54}{5}a+1$
따라서 $a=-\frac{7}{54}$

서술형 집중 연습

본문 82~83쪽

예제 1 풀이 참조　　**유제 1** -1

예제 2 풀이 참조　　**유제 2** $a=6,\ b=-4$

예제 3 풀이 참조　　**유제 3** $\frac{15}{2}$

예제 4 풀이 참조　　**유제 4** 2

예제 1 두 그래프의 교점의 좌표를 $(k,\ 4)$라고 하자. 이 점이 일차방정식 $x-y+5=0$의 그래프 위의 점이므로 $k=\boxed{-1}$이다.

따라서 두 그래프의 교점의 좌표는

$(\boxed{-1},\ 4)$이다. ··· 1단계

이 점이 $ax-y=-2$의 그래프 위의 점이므로 대입하면 $a\times(\boxed{-1})-4=-2$ ··· 2단계

따라서 $a=\boxed{-2}$이다. ··· 3단계

채점 기준표

단계	채점 기준	비율
1단계	교점의 좌표를 구한 경우	40 %
2단계	교점의 좌표를 이용하여 a에 대한 식을 구한 경우	30 %
3단계	a의 값을 구한 경우	30 %

유제 1 두 그래프의 교점의 좌표를 $(1,\ t)$라고 하자. 이 점이 일차방정식 $x+y=3$의 그래프 위의 점이므로 $t=2$이다. 따라서 두 그래프의 교점의 좌표는 $(1,\ 2)$이다. ··· 1단계

이 점이 $3x-2y=k$의 그래프 위의 점이므로 대입하면 $3\times1-2\times2=k$ ··· 2단계

따라서 $k=-1$이다. ··· 3단계

채점 기준표

단계	채점 기준	비율
1단계	교점의 좌표를 구한 경우	40 %
2단계	교점의 좌표를 이용하여 k에 대한 식을 구한 경우	30 %
3단계	k의 값을 구한 경우	30 %

예제 2 $ay=2x+3$의 그래프는 $y=\boxed{\frac{2}{a}}x+\frac{3}{a}$의 그래프와 같으므로 그래프의 기울기는 $\boxed{\frac{2}{a}}$이고, y절편은 $\boxed{\frac{3}{a}}$이다. ··· 1단계

$x-4y=b$의 그래프는 $y=\frac{1}{4}x+\left(\boxed{-\frac{b}{4}}\right)$의 그래프와 같으므로 기울기는 $\boxed{\frac{1}{4}}$이고, y절편은 $\boxed{-\frac{b}{4}}$이다. ··· 2단계

두 그래프의 교점이 무수히 많다면, 두 그래프는 일치하므로 기울기와 y절편이 각각 같다.

즉, $\boxed{\frac{2}{a}}=\frac{1}{4},\ \frac{3}{a}=\boxed{-\frac{b}{4}}$

따라서 $a=\boxed{8}$이고, $b=\boxed{-\frac{3}{2}}$이다. ··· 3단계

채점 기준표

단계	채점 기준	비율
1단계	$ay=2x+3$의 그래프의 기울기와 y절편을 구한 경우	30 %
2단계	$x-4y=b$의 그래프의 기울기와 y절편을 구한 경우	30 %
3단계	$a,\ b$의 값을 구한 경우	40 %

유제 2 $3x-2y=12$의 그래프는 $y=\frac{3}{2}x-6$의 그래프와 같으므로 기울기는 $\frac{3}{2}$, y절편은 -6이다. ··· 1단계

$ax+by-24=0$의 그래프는 $y=-\frac{a}{b}x+\frac{24}{b}$의 그래프와 같다.

이 그래프의 y절편이 -6이므로 $\frac{24}{b}=-6$이다.

즉, $b=-4$ ··· 2단계

이 그래프의 기울기는 $\frac{3}{2}$이므로 $-\frac{a}{b}=\frac{a}{4}=\frac{3}{2}$이다.

즉, $a=6$ ··· 3단계

채점 기준표

단계	채점 기준	비율
1단계	$3x-2y=12$의 그래프의 기울기와 y절편을 구한 경우	40 %
2단계	b의 값을 구한 경우	30 %
3단계	a의 값을 구한 경우	30 %

예제 3 $x-2y+5=0$의 그래프의 x절편은 $\boxed{-5}$이고, $2x+y-5=0$의 그래프의 x절편은 $\boxed{\frac{5}{2}}$이다.

따라서 삼각형의 밑변의 길이는 두 x절편의 차인 $\boxed{\frac{15}{2}}$이다. ··· 1단계

주어진 두 일차방정식의 그래프의 교점은 연립방정식

$$\begin{cases} x-2y+5=0 & \cdots\cdots ㉠ \\ 2x+y-5=0 & \cdots\cdots ㉡ \end{cases}$$

의 해와 같다.

$x=2y-5$를 ㉡에 대입하여 정리하면 $\boxed{5}y=15$이므로 $y=\boxed{3}$이고,

$x=2y-5=2\times\boxed{3}-5=\boxed{1}$이다.

따라서 두 그래프의 교점의 좌표는 (1 , 3)이고, 삼각형의 높이는 3 이므로 ··· 2단계

구하는 삼각형의 넓이는

$\frac{1}{2}\times$(밑변의 길이)$\times$(높이)$=\frac{1}{2}\times\boxed{\frac{15}{2}}\times\boxed{3}=\boxed{\frac{45}{4}}$

이다. ··· 3단계

채점 기준표

단계	채점 기준	비율
1단계	삼각형의 밑변의 길이를 구한 경우	30 %
2단계	두 일차방정식의 그래프의 교점을 구한 경우	40 %
3단계	삼각형의 넓이를 구한 경우	30 %

유제 3 $x+y=4$의 그래프의 y절편은 4이고,

$-2x+3y+3=0$의 그래프의 y절편은 -1이다.

따라서 삼각형의 밑변의 길이는 두 y절편의 차인 5이다. ··· 1단계

주어진 두 일차방정식의 그래프의 교점은 연립방정식 $\begin{cases} x+y=4 \\ -2x+3y+3=0 \end{cases}$의 해와 같다.

두 일차방정식을 연립하여 풀면 $x=3$, $y=1$이다.

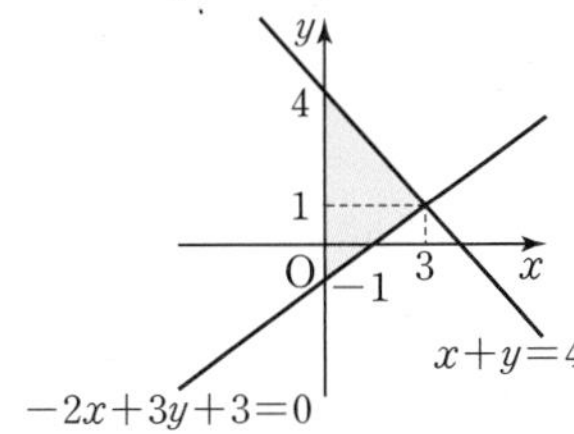

따라서 두 그래프의 교점의 좌표는 (3, 1)이고, 삼각형의 높이는 3이므로 ··· 2단계

구하는 삼각형의 넓이는

$\frac{1}{2}\times$(밑변의 길이)$\times$(높이)$=\frac{1}{2}\times5\times3=\frac{15}{2}$

··· 3단계

채점 기준표

단계	채점 기준	비율
1단계	삼각형의 밑변의 길이를 구한 경우	30 %
2단계	두 일차방정식의 그래프의 교점을 구한 경우	40 %
3단계	삼각형의 넓이를 구한 경우	30 %

예제 4 두 점을 지나는 직선이 y축에 평행하므로 두 점의 $\boxed{x}$좌표가 서로 같다. ··· 1단계

즉, $\boxed{3a+7}=\boxed{3-a}$이므로 ··· 2단계

$4a=\boxed{-4}$

$a=\boxed{-1}$이다. ··· 3단계

채점 기준표

단계	채점 기준	비율
1단계	y축과 평행한 직선의 특징을 찾은 경우	20 %
2단계	a에 대한 식을 세운 경우	40 %
3단계	a의 값을 구한 경우	40 %

유제 4 두 점을 지나는 직선이 x축에 평행하므로 두 점의 y좌표가 서로 같다. ··· 1단계

즉, $2a-1=a+1$이므로 ··· 2단계

$a=2$이다. ··· 3단계

채점 기준표

단계	채점 기준	비율
1단계	x축과 평행한 직선의 특징을 찾은 경우	20 %
2단계	a에 대한 식을 세운 경우	40 %
3단계	a의 값을 구한 경우	40 %

중단원 실전 테스트 1회

본문 84~86쪽

01 ⑤	02 ③	03 ②	04 ①	05 ④
06 ④	07 ④	08 ③	09 ④	10 ②
11 ⑤	12 ②	13 풀이 참조		
14 풀이 참조		15 풀이 참조		
16 풀이 참조				

01 $4x+ky+2=0$에 $x=5$, $y=-2$를 대입하면

$4\times5-2k+2=0$

따라서 $2k=22$이므로 $k=11$

02 일차방정식 $-x+2y+4=0$의 그래프의 x절편은 4이므로 x축에서 만나는 점의 좌표는 $(4, 0)$이다.

직선 $y=2x+5$와 평행한 직선의 기울기는 2이므로 구하는 직선의 방정식은 $y=2x+b$ (b는 상수)로 놓고 이 직선이 점 $(4, 0)$을 지나므로 $x=4$, $y=0$을 대입하면

$0=8+b$, $b=-8$

따라서 구하는 직선의 방정식은 $y=2x-8$, 즉 $2x-y-8=0$이다.

03 연립방정식 $\begin{cases} x-3y=7 & \cdots\cdots ㉠ \\ -x+2y+5=0 & \cdots\cdots ㉡ \end{cases}$의 ㉠에서

$x=3y+7$이고, 이 식을 ㉡에 대입하면

$-y-2=0$, $y=-2$이므로 $x=3\times(-2)+7=1$이다. 즉, 연립방정식의 해는 $x=1$, $y=-2$이다.

점 $(1, -2)$가 두 점 $(-1, 4)$, $(2, a)$를 지나는 직선 위에 있으므로 세 점은 한 직선 위에 있다.

두 점 $(1, -2)$, $(-1, 4)$를 지나는 직선의 방정식은 $y=-3x+1$

점 $(2, a)$가 이 직선 위의 점이므로

$a=-6+1=-5$이다.

04 두 그래프의 교점은 연립방정식

$\begin{cases} ax+y-3=0 & \cdots\cdots ㉠ \\ 3x-y=8 & \cdots\cdots ㉡ \end{cases}$의 해와 같다.

㉡에서 $y=3x-8$이고, 이를 ㉠에 대입하면

$ax+(3x-8)-3=0$

$(a+3)x=11$, $x=\dfrac{11}{a+3}$

$y=3\times\dfrac{11}{a+3}-8=\dfrac{33-8(a+3)}{a+3}=\dfrac{9-8a}{a+3}$

교점이 제3사분면 위에 있으려면 $\dfrac{11}{a+3}<0$이어야 하므로 $a+3<0$, 즉 $a<-3$이어야 한다.

이때 $a<-3$이면 $9-8a>0$이므로 $\dfrac{9-8a}{a+3}<0$

따라서 $a<-3$이어야 하므로 a의 값으로 가능한 것은 ① -7 뿐이다.

05 주어진 두 그래프의 교점의 y의 좌표가 -3이므로 연립방정식

$\begin{cases} y=\dfrac{3}{4}x-\dfrac{3}{2} \\ y=-\dfrac{3}{2}x-6 \end{cases}$의 해의 y의 값이 -3이다.

$-3=\dfrac{3}{4}x-\dfrac{3}{2}$에서 $x=-2$이므로 연립방정식의 해는 $x=-2$, $y=-3$이다.

06 주어진 두 그래프의 교점의 좌표는 $(3, -1)$이므로 각 일차방정식에 $x=3$, $y=-1$을 대입하면

$3-a-6=0$, $9-2=b$

따라서 $a=-3$, $b=7$이므로 $a+b=-3+7=4$

07 x절편이 4, y절편이 2인 직선의 방정식을 $y=ax+2$ (a는 상수)로 놓고 이 직선이 점 $(4, 0)$을 지나므로

$0=4a+2$에서 $a=-\dfrac{1}{2}$이다. 즉 $y=-\dfrac{1}{2}x+2$

두 점 $(-1, -5)$, $(4, 5)$를 지나는 직선의 기울기가 $\dfrac{5-(-5)}{4-(-1)}=\dfrac{10}{5}=2$이므로 직선의 방정식을 $y=2x+b$ (b는 상수)로 놓고 이 직선이 점 $(4, 5)$를 지나므로 $5=8+b$에서 $b=-3$이다.

즉, $y=2x-3$

두 직선 $y=-\dfrac{1}{2}x+2$, $y=2x-3$의 교점은

연립방정식 $\begin{cases} y=-\dfrac{1}{2}x+2 \\ y=2x-3 \end{cases}$의 해이므로 교점의 좌표는 $(2, 1)$이다.

08 x축에 평행한 직선은 y의 값이 일정하다.

즉, $2p-5=p-1$이므로 $p=4$이다.

09 ① 두 직선이 평행하면 해는 없다.

② 두 직선의 기울기가 같고 y절편이 다르면 해는 없다.

③ 두 직선의 y절편이 같고 기울기가 다르면 해는 y축 위에 있다.

⑤ 두 직선의 기울기와 y절편이 모두 같으면 해가 무수히 많으므로 그래프 위의 모든 점이 해가 된다.

10 두 일차방정식 $2x+y-1=0$, $x-y+7=0$의 그래프의 교점은 연립방정식 $\begin{cases} 2x+y-1=0 & \cdots\cdots ㉠ \\ x-y+7=0 & \cdots\cdots ㉡ \end{cases}$의 해와 같다. ㉠에서 $y=-2x+1$이고, 이 식을 ㉡에 대입하면

$x-(-2x+1)+7=0$

$3x+6=0$, $x=-2$

$x=-2$를 $y=-2x+1$에 대입하면

$y=-2\times(-2)+1=4+1=5$

즉, 두 그래프의 교점의 좌표는 $(-2, 5)$이다.

점 $(-2, 5)$가 $x+ay-8=0$의 그래프 위의 점이므로

$-2+5a-8=0$, $5a=10$

따라서 $a=2$

11 $x-y+4=0$의 그래프의 y절편이 4이므로 점 A의 좌표는 $(0, 4)$이다. $x+2y-5=0$의 그래프의 y절편은 $\frac{5}{2}$, x절편은 5이므로 점 B의 좌표는 $\left(0, \frac{5}{2}\right)$이고 점 C의 좌표는 $(5, 0)$이다.

두 그래프의 교점은 연립방정식 $\begin{cases} x-y+4=0 \\ x+2y-5=0 \end{cases}$의 해이므로 그 교점의 좌표는 $(-1, 3)$이다.

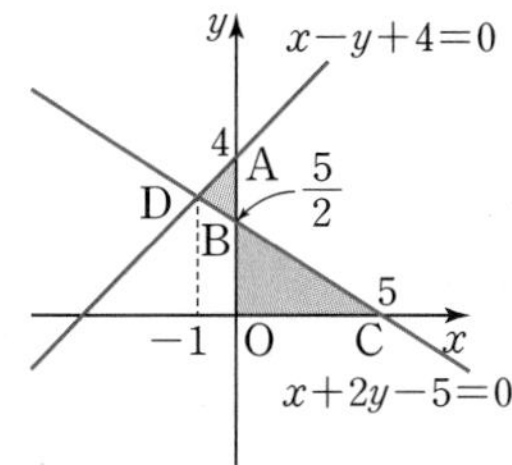

$\triangle ADB=\frac{1}{2}\times\left(4-\frac{5}{2}\right)\times1=\frac{3}{4}$

$\triangle BOC=\frac{1}{2}\times5\times\frac{5}{2}=\frac{25}{4}$

따라서 $\triangle ADB : \triangle BOC=\frac{3}{4} : \frac{25}{4}=3 : 25$

12 $x+y+2=0$의 그래프의 x절편은 -2이고, $3x-y-6=0$의 그래프의 x절편은 2이다.

두 그래프의 교점은 연립방정식 $\begin{cases} x+y+2=0 \\ 3x-y-6=0 \end{cases}$의 해와 같다. 연립방정식의 해가 $x=1$, $y=-3$이므로 교점의 좌표는 $(1, -3)$이다.

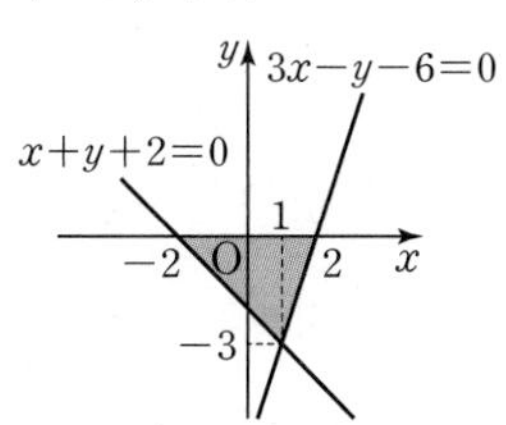

따라서 삼각형의 넓이는 $\frac{1}{2}\times4\times3=6$이다.

13 직선 $y=\frac{2}{3}x-4$와 x축이 만나는 점은 $(6, 0)$이다. ··· 1단계

직선 $y=-\frac{3}{5}x+4$와 y축이 만나는 점은 $(0, 4)$이다. ··· 2단계

두 점 $(6, 0)$, $(0, 4)$를 지나는 직선은 기울기가 $\frac{0-4}{6-0}=-\frac{2}{3}$이고 y절편이 4이므로 직선의 방정식은 $y=-\frac{2}{3}x+4$이다. ··· 3단계

채점 기준표

단계	채점 기준	비율
1단계	직선 $y=\frac{2}{3}x-4$와 x축의 교점을 구한 경우	30 %
2단계	직선 $y=-\frac{3}{5}x+4$와 y축의 교점을 구한 경우	20 %
3단계	직선의 방정식을 구한 경우	50 %

14 두 일차방정식 $2x+y-2=0$, $4x-y-1=0$의 그래프의 교점은 연립방정식 $\begin{cases} 2x+y-2=0 \\ 4x-y-1=0 \end{cases}$의 해와 같으므로 교점의 좌표는 $\left(\frac{1}{2}, 1\right)$이다.

두 일차방정식의 그래프와 일차방정식 $x+ay-3=0$의 그래프, 즉 일차함수 $y=-\frac{1}{a}x+\frac{3}{a}$의 그래프가 삼각형을 이루지 않는 경우는 다음과 같다.

(i) 점 $\left(\frac{1}{2}, 1\right)$을 지나는 경우

$\frac{1}{2}+a-3=0$이므로 $a=\frac{5}{2}$ ··· 1단계

(ii) $2x+y-2=0$의 그래프와 평행한 경우

$2x+y-2=0$의 그래프는 일차함수 $y=-2x+2$의 그래프와 같으므로 $a=\frac{1}{2}$ ··· 2단계

(iii) $4x-y-1=0$의 그래프와 평행한 경우

$4x-y-1=0$의 그래프는 일차함수 $y=4x-1$의 그래프와 같으므로 $a=-\frac{1}{4}$ ··· 3단계

따라서 삼각형을 이루지 않도록 하는 a의 값은 $-\frac{1}{4}$, $\frac{1}{2}$, $\frac{5}{2}$이다. ··· 4단계

채점 기준표

단계	채점 기준	비율
1단계	두 그래프의 교점을 지날 때의 a의 값을 구한 경우	30 %
2단계	$2x+y-2=0$의 그래프와 평행할 때 a의 값을 구한 경우	30 %
3단계	$4x-y-1=0$의 그래프와 평행할 때 a의 값을 구한 경우	30 %
4단계	삼각형을 이루지 않도록 하는 a의 값을 구한 경우	10 %

15 $x+ay+7=0$의 그래프가 점 $(1,\ -4)$를 지나므로
$1-4a+7=0,\ a=2$
직선 $y=bx+1$은 점 $(0,\ 1)$을 지나고 기울기가 b이므로 다음의 경우에 삼각형을 만들지 못한다.
(i) 점 $(1,\ -4)$를 지나는 경우
$-4=b+1$에서 $b=-5$ ··· 1단계
(ii) $x-y-5=0$의 그래프와 평행한 경우
$x-y-5=0$의 그래프는 일차함수 $y=x-5$의 그래프와 같으므로 $b=1$ ··· 2단계
(iii) $x+2y+7=0$의 그래프와 평행한 경우
$x+2y+7=0$의 그래프는 일차함수
$y=-\frac{1}{2}x-\frac{7}{2}$의 그래프와 같으므로 $b=-\frac{1}{2}$
··· 3단계
따라서 b의 값이 될 수 없는 수는 $-5,\ -\frac{1}{2},\ 1$이다.
··· 4단계

채점 기준표

단계	채점 기준	비율
1단계	두 그래프의 교점을 지날 때의 b의 값을 구한 경우	30 %
2단계	$x-y-5=0$의 그래프와 평행할 때 b의 값을 구한 경우	30 %
3단계	$x+2y+7=0$의 그래프와 평행할 때 b의 값을 구한 경우	30 %
4단계	b의 값이 될 수 없는 수를 모두 구한 경우	10 %

16 〈조건 1〉에서 두 일차방정식의 그래프는 일치하므로 두 일차방정식을 각각 일차함수의 식으로 나타내면
$y=-ax+1,\ y=-\frac{6}{b}x+1$이고 두 그래프의 기울기가 같으므로 $-a=-\frac{6}{b}$, 즉 $ab=6$ ··· 1단계
$ab=6$을 만족시키는 자연수 $a,\ b$의 순서쌍은 $(1,\ 6)$, $(2,\ 3)$, $(3,\ 2)$, $(6,\ 1)$이다.
〈조건 2〉에서 두 일차방정식의 그래프는 평행하다. 두 그래프의 기울기가 각각 $-a,\ -(b+1)$이므로
$-a=-(b+1)$, 즉 $a=b+1$ ··· 2단계
따라서 두 조건을 모두 만족시키는 경우는 $a=3,\ b=2$일 때이다. ··· 3단계

채점 기준표

단계	채점 기준	비율
1단계	〈조건 1〉을 이용하여 $a,\ b$ 사이의 관계식을 구한 경우	30 %
2단계	〈조건 2〉를 이용하여 $a,\ b$ 사이의 관계식을 구한 경우	30 %
3단계	$a,\ b$의 값을 구한 경우	40 %

중단원 실전 테스트 2회

본문 87~89쪽

01 ⑤	02 ④	03 ③	04 ④	05 ③
06 ⑤	07 ③	08 ⑤	09 ②	10 ①
11 ②	12 ①	13 풀이 참조		
14 풀이 참조		15 풀이 참조		
16 풀이 참조				

01 일차방정식 $3x-y+5=0$의 그래프는 일차함수 $y=3x+5$의 그래프와 같다.

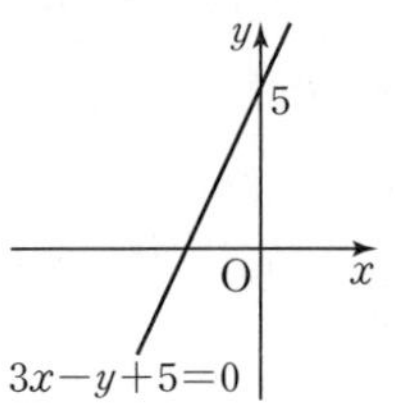

⑤ x의 값이 증가할 때 y의 값도 증가한다.

02 일차방정식 $ax+by-1=0$의 그래프는 일차함수 $y=-\frac{a}{b}x+\frac{1}{b}$의 그래프와 같다.
$a>0,\ b<0$이므로 $\frac{a}{b}<0$이고, $-\frac{a}{b}>0$이다.
$b<0$이므로 $\frac{1}{b}<0$이다. 즉, 기울기는 양수, y절편은 음수이므로 ④의 그래프와 같은 형태이다.

03 일차방정식 $5x+2y=1$에 $x=-1$을 대입하면 $y=3$이므로 그래프의 교점의 좌표는 $(-1,\ 3)$이다.
점 $(-1,\ 3)$이 $-2x+ay=5$의 그래프 위의 점이므로
$2+3a=5$
따라서 $a=1$

04 일차방정식 $ax+by+c=0$의 그래프는 일차함수 $y=-\frac{a}{b}x-\frac{c}{b}$의 그래프와 같다.
$a<0,\ b>0$에서 $\frac{a}{b}<0$이고, $-\frac{a}{b}>0$이므로 기울기는 양수이다.
$b>0,\ c>0$에서 $\frac{c}{b}>0$이고, $-\frac{c}{b}<0$이므로 y절편은 음수이다. 즉, 일차함수 $y=-\frac{a}{b}x-\frac{c}{b}$의 그래프는 기울기가 양수, y절편은 음수이므로 그래프는 다음과 같다.

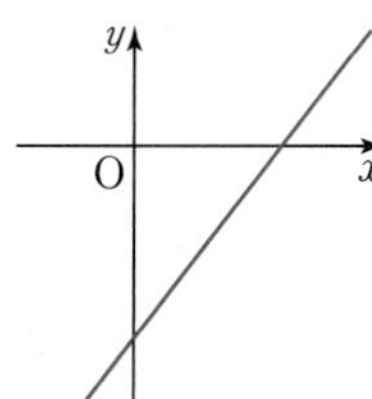

따라서 그래프가 지나는 사분면은 제1사분면, 제3사분면, 제4사분면이다.

05 $ax+y-3=0$의 그래프의 y절편은 3이므로 $3x-by=8$의 그래프의 y절편이 4이다.
즉, $-4b=8$이므로 $b=-2$
연립방정식 $\begin{cases} ax+y-3=0 \\ 3x+2y=8 \end{cases}$의 해의 x좌표가 2이므로
$3\times2+2y=8$에서 $y=1$이다.
즉, 연립방정식의 해가 $x=2$, $y=1$이다.
$ax+y-3=0$에 $x=2$, $y=1$을 대입하면
$2a+1-3=0$이므로 $a=1$

06 두 그래프의 교점의 좌표는 $(3, 0)$이므로 두 일차방정식에 각각 $x=3$, $y=0$을 대입하면
$3a=3$, $3=b$이므로 $a=1$, $b=3$
따라서 $a+b=1+3=4$

07 두 일차방정식 $3x+2y+1=0$, $4x+3y+3=0$의 그래프의 교점은 연립방정식 $\begin{cases} 3x+2y+1=0 \\ 4x+3y+3=0 \end{cases}$의 해이므로 교점의 좌표는 $(3, -5)$이다.
y축에 평행한 직선은 x의 값이 일정하므로 구하는 직선의 방정식은 $x=3$이다.

08 두 그래프의 교점이 없으므로 두 직선은 서로 평행하다. 즉, $\frac{1}{3}=\frac{2}{a}$이므로 $a=6$이다.

09 세 직선이 좌표평면을 여섯 개로 나누는 경우는 세 개 중 두 개의 직선이 평행하거나 세 직선이 한 점에서 만나는 경우이다.
두 직선 $x-y=4$, $2x-5y-5=0$의 교점은 연립방정식 $\begin{cases} x-y=4 \\ 2x-5y-5=0 \end{cases}$의 해와 같다.
연립방정식의 해가 $x=5$, $y=1$이므로 두 직선의 교점의 좌표는 $(5, 1)$이다.
두 직선 $x-y=4$, $2x-5y-5=0$과 직선 $ax+y-4=0$, 즉 $y=-ax+4$가 좌표평면을 여섯 개로 나누는 경우는 다음과 같다.
(i) 점 $(5, 1)$을 지나는 경우
$1=-5a+4$이므로 $a=\frac{3}{5}$
(ii) 직선 $x-y=4$와 평행한 경우
직선 $x-y=4$는 일차함수 $y=x-4$의 그래프와 같으므로 $a=-1$
(iii) 직선 $2x-5y-5=0$과 평행한 경우
직선 $2x-5y-5=0$은 일차함수 $y=\frac{2}{5}x-1$의 그래프와 같으므로 $a=-\frac{2}{5}$
따라서 가능한 a의 값은 $-\frac{2}{5}$, $\frac{3}{5}$, -1이다.

10

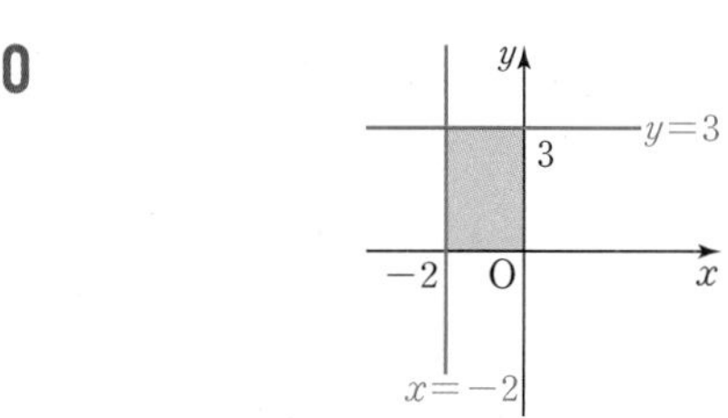

두 직선과 x축, y축으로 둘러싸인 직사각형의 넓이는 위의 그림과 같으므로 $2\times3=6$

11

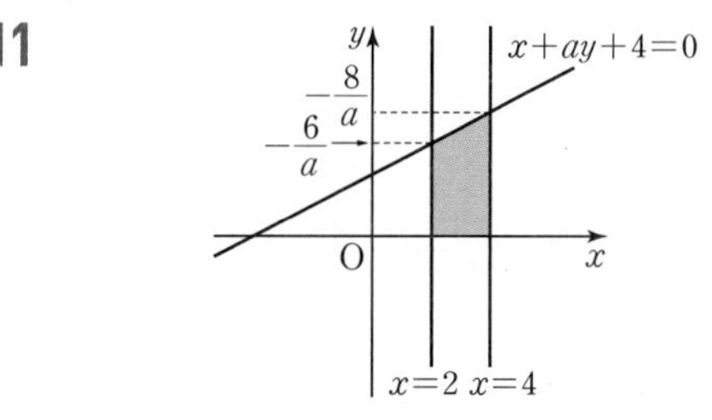

직선 $x+ay+4=0$과 직선 $x=2$의 교점의 좌표는 $\left(2, -\frac{6}{a}\right)$이고, 직선 $x+ay+4=0$과 직선 $x=4$의 교점의 좌표는 $\left(4, -\frac{8}{a}\right)$이다.
따라서 사다리꼴의 넓이가 7이므로
$\frac{1}{2}\times\left(-\frac{6}{a}-\frac{8}{a}\right)\times2=7$, $-\frac{14}{a}=7$
$a=-2$

12

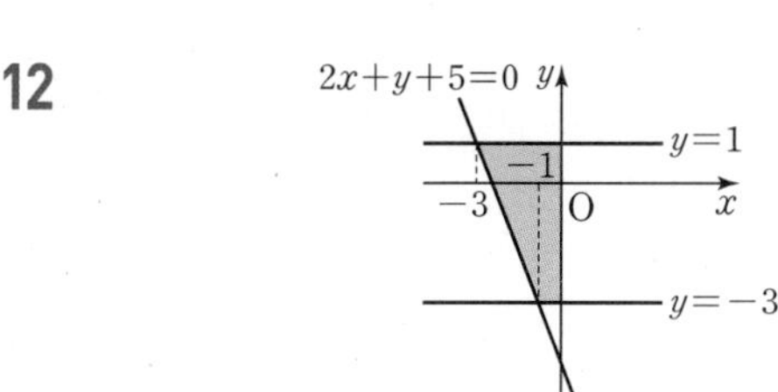

직선 $2x+y+5=0$과 직선 $y=1$의 교점의 좌표는 $(-3,\ 1)$이고, 직선 $2x+y+5=0$과 직선 $y=-3$의 교점의 좌표는 $(-1,\ -3)$이다.

따라서 사다리꼴의 넓이는 $\frac{1}{2}\times(3+1)\times4=8$이다.

13 일차방정식 $ax-2y+4=0$의 그래프는 일차함수 $y=\frac{a}{2}x+2$의 그래프와 같다. ··· 1단계

이 그래프를 y축의 방향으로 4만큼 평행이동하면

$y=\frac{a}{2}x+2+4$, 즉 $y=\frac{a}{2}x+6$ ··· 2단계

이 그래프가 점 $(2,\ 9)$를 지나므로 $9=a+6$

따라서 $a=3$ ··· 3단계

채점 기준표

단계	채점 기준	비율
1단계	일차방정식을 일차함수꼴로 변형한 경우	40 %
2단계	y축 방향으로 평행이동한 일차함수식을 구한 경우	30 %
3단계	a의 값을 구한 경우	30 %

14 일차방정식 $2x+ay-3=0$의 그래프가 점 $(-1,\ -5)$를 지나므로

$-2-5a-3=0$에서 $a=-1$이다. ··· 1단계

즉, 일차방정식 $2x-y-3=0$의 그래프가 점 $(b,\ 3)$을 지나므로

$2b-3-3=0$에서 $b=3$이다. ··· 2단계

또한 점 $(2,\ c)$도 일차방정식 $2x-y-3=0$의 그래프 위의 점이므로 $4-c-3=0$에서 $c=1$이다. ··· 3단계

따라서 $a=-1$, $b=3$, $c=1$이다.

채점 기준표

단계	채점 기준	비율
1단계	a의 값을 구한 경우	40 %
2단계	b의 값을 구한 경우	30 %
3단계	c의 값을 구한 경우	30 %

15 두 일차방정식의 그래프의 교점이 무수히 많으므로 두 그래프는 일치한다. $3x+2y=2$의 그래프는 일차함수 $y=-\frac{3}{2}x+1$의 그래프와 같고, $ax+by+4=0$의 그래프는 일차함수 $y=-\frac{a}{b}x-\frac{4}{b}$의 그래프와 같다.

··· 1단계

두 일차함수의 그래프의 기울기와 y절편이 각각 같으므로

$-\frac{3}{2}=-\frac{a}{b}$, $1=-\frac{4}{b}$ ··· 2단계

따라서 $b=-4$이고 $-\frac{3}{2}=\frac{a}{4}$에서 $a=-6$ ··· 3단계

채점 기준표

단계	채점 기준	비율
1단계	$3x+2y=2$의 그래프와 $ax+by+4=0$의 그래프가 일치함을 찾은 경우	30 %
2단계	각 그래프의 기울기와 y절편을 찾은 경우	40 %
3단계	a, b의 값을 구한 경우	30 %

다른 풀이 $3x+2y=2$의 그래프는 $-6x-4y+4=0$의 그래프와 일치한다.

즉, $ax+by+4=0$의 그래프와 $-6x-4y+4=0$의 그래프가 일치하므로 $a=-6$, $b=-4$이다.

16 $x-y+4=0$, $x+2y+4=0$의 그래프의 교점의 좌표는 $(-4,\ 0)$

$x+2y+4=0$, $2x+y-4=0$의 그래프의 교점의 좌표는 $(4,\ -4)$

$x-y+4=0$, $2x+y-4=0$의 그래프의 교점의 좌표는 $(0,\ 4)$이다. ··· 1단계

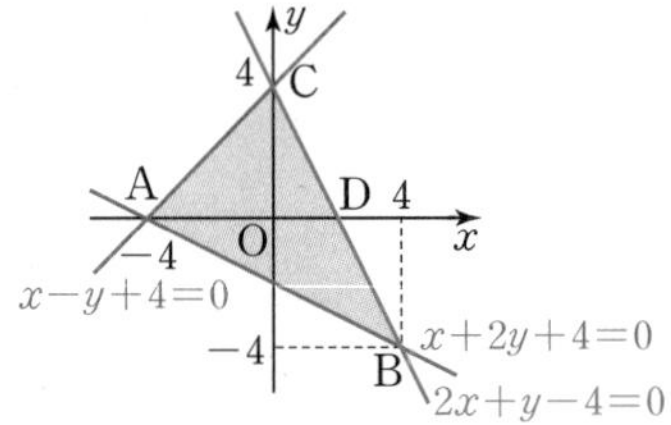

각 교점을 A, B, C라 하고 $2x+y-4=0$의 그래프와 x축이 만나는 점을 D라고 하면 D의 좌표는 $(2,\ 0)$이다.

$\triangle ABD=\frac{1}{2}\times6\times4=12$

$\triangle CAD=\frac{1}{2}\times6\times4=12$ ··· 2단계

따라서

$\triangle ABC=\triangle ABD+\triangle CAD$

$=12+12=24$ ··· 3단계

채점 기준표

단계	채점 기준	비율
1단계	삼각형의 세 꼭짓점의 좌표를 구한 경우	40 %
2단계	삼각형을 분할하여 각각의 넓이를 구한 경우	40 %
3단계	삼각형의 넓이를 구한 경우	20 %

부록

실전 모의고사 1회

본문 92~95쪽

01 ②	02 ②	03 ③	04 ④	05 ④
06 ①	07 ①	08 ⑤	09 ①	10 ②
11 ②	12 ③	13 ⑤	14 ②	15 ④
16 ②	17 ①	18 ③	19 ①	20 ②

21 풀이 참조 22 풀이 참조
23 풀이 참조 24 풀이 참조
25 풀이 참조

01 직사각형의 가로의 길이를 x cm, 세로의 길이를 y cm라고 하면

$\begin{cases} x=y+6 \\ 2(x+y)=72 \end{cases}$에서 $x=21$, $y=15$

따라서 가로의 길이는 21 cm이다.

02 가위바위보를 총 12번 했으므로 $x+y=12$

또한, 한슬이가 x번 이겼을 때 총 $3x$계단 올라가고, y번 졌을 때 총 y계단 올라가서 총 $(3x+y)$계단을 올라갔으므로 $3x+y=14$

따라서 이 상황을 식으로 나타내면 $\begin{cases} x+y=12 \\ 3x+y=14 \end{cases}$

03 채윤이가 하루에 전체 일 중 x만큼의 일을 하고, 동건이는 하루에 전체 일 중 y만큼의 일을 한다고 하면

$\begin{cases} 6x+y=1 \\ 4x+2y=1 \end{cases}$에서 $x=\frac{1}{8}$, $y=\frac{1}{4}$

따라서 채윤이는 하루에 전체 일 중 $\frac{1}{8}$만큼의 일을 하고, 혼자 일을 마치는데는 8일이 걸린다.

04 x의 값이 1만큼 증가할 때, y의 값은 2만큼 감소하므로 그래프의 기울기는 -2이다. 즉, $a=-2$

일차함수의 식이 $y=-2x+2$이고, x절편은 $y=0$일 때 x의 값이므로 $0=-2x+2$에서 $x=1$

따라서 x절편은 1이다.

05 일차함수의 기울기는 $\frac{2}{6}=\frac{1}{3}$이므로 $a=\frac{1}{3}$이다.

또한 y절편이 2이므로 $b=2$이다.

따라서 $ab=\frac{2}{3}$

06 $y=ax-3$의 그래프가 점 $(2, 1)$을 지나므로

$1=2a-3$에서 $a=2$

$y=2x-3$의 그래프의 x절편은 $\frac{3}{2}$이므로 일차함수 $y=-4x+b$의 그래프는 점 $\left(\frac{3}{2}, 0\right)$을 지난다.

즉, $0=-6+b$에서 $b=6$

따라서 $b-a=6-2=4$

07 점 (a, ab)가 제2사분면 위의 점이므로 $a<0$, $ab>0$이다. 즉, $a<0$, $b<0$이다.

$y=bx+a$의 그래프는 기울기가 음수이고 y절편도 음수이므로 그래프의 모양은 다음 그림과 같다.

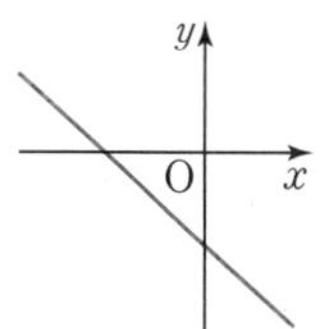

따라서 그래프는 제2사분면, 제3사분면, 제4사분면을 지나므로 제1사분면을 지나지 않는다.

08 $y=\frac{3}{2}x-3$의 그래프의 y절편이 -3이므로

$y=ax+b$의 그래프의 y절편도 -3이다. 즉, $b=-3$

또한 $y=\frac{3}{2}x-3$의 그래프의 x절편이 2이므로

$B(2, 0)$이고, $\overline{OA}=\overline{OB}$이므로 $A(-2, 0)$이다.

$y=ax-3$의 그래프가 점 $A(-2, 0)$을 지나므로

$0=-2a-3$에서 $a=-\frac{3}{2}$

따라서 $ab=-\frac{3}{2}\times(-3)=\frac{9}{2}$

09 두 점 $(-2, 5)$, $(3, k)$를 지나는 직선이 일차함수 $y=-2x+4$의 그래프와 평행하려면 기울기가 서로 같아야 한다.

따라서 $\frac{k-5}{3-(-2)}=-2$에서 $\frac{k-5}{5}=-2$이므로

$k=-5$

10 주어진 직선의 기울기는 $-\frac{3}{4}$이다.

기울기가 $-\frac{3}{4}$이므로 일차함수의 식을

$y=-\frac{3}{4}x+b$ (b는 상수)로 놓자.

이 그래프의 x절편이 3이므로 점 $(3, 0)$을 지난다. 그

러므로 $0=-\frac{9}{4}+b$에서 $b=\frac{9}{4}$

즉, 일차함수의 식은 $y=-\frac{3}{4}x+\frac{9}{4}$

이 그래프가 점 $(-1, a)$를 지나므로

$a=\frac{3}{4}+\frac{9}{4}=3$

11 주사액이 일정하게 들어가고 있으므로 y는 x의 일차함수이다. 남아 있는 주사액은 1분에 4 mL씩 줄어들고 있으므로 기울기는 -4이고, 처음 들어 있는 양이 100 mL이므로 x와 y 사이의 관계식은

$y=-4x+100$이다.

12 5분이 지날 때마다 6 ℃씩 온도가 내려가므로 1분이 지날 때마다 $\frac{6}{5}$ ℃씩 온도가 내려간다.

따라서 $y=-\frac{6}{5}x+80$이므로 40분이 지난 후의 물의 온도는

$-\frac{6}{5}\times40+80=32$ (℃)

13 $x+2y=7$의 그래프가 점 $(-1, 2a-4)$를 지나므로 $x=-1$, $y=2a-4$는 일차방정식의 해이다.

즉, $-1+2(2a-4)=7$에서 $4a-9=7$이므로 $a=4$

14 일차방정식 $ax-y+1=0$의 그래프는 일차함수 $y=ax+1$의 그래프와 같다. 즉, y절편이 1이고 기울기가 a인 직선이다.

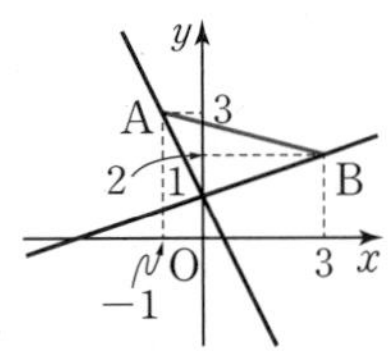

$a>0$이면 $a\geq\frac{1}{3}$이고 (점 B를 지날 때)

$a<0$이면 $a\leq-2$이므로 (점 A를 지날 때)

따라서 선분 AB와 만나도록 하는 상수 a의 값의 범위는 $a\leq-2$ 또는 $a\geq\frac{1}{3}$이므로 범위에 있지 않은 것은 ② -1이다.

15 $x+ay=1$의 그래프가 점 $(0, 1)$을 지나므로 $a=1$

$x+by=2a$에 $a=1$을 대입하면

$x+by=2$

이 그래프도 점 $(0, 1)$을 지나므로 $b=2$

따라서 $a+b=1+2=3$

16 주어진 그래프는 y절편이 6, x절편이 4이므로 일차함수 식은 $y=-\frac{3}{2}x+6$

$y=\frac{1}{2}x$의 그래프와 $y=-\frac{3}{2}x+6$의 그래프의 교점의 좌표는 $\left(3, \frac{3}{2}\right)$이므로

$\triangle POA=\frac{1}{2}\times4\times\frac{3}{2}=3$

17 두 직선 $kx-5y+24=0$, $x=-2$의 교점의 좌표는 $\left(-2, \frac{-2k+24}{5}\right)$이고, 두 직선 $kx-5y+24=0$, $x=3$의 교점의 좌표는 $\left(3, \frac{3k+24}{5}\right)$이다.

사각형의 넓이는

$\frac{1}{2}\times\left(\frac{-2k+24}{5}+\frac{3k+24}{5}\right)\times5=\frac{k+48}{2}$이므로

$\frac{k+48}{2}=25$

따라서 $k=2$

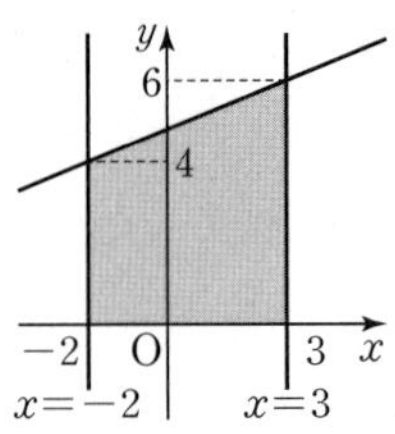

18 $2\times6-4=8$이므로 $x=6$의 그래프와 $y=2x-4$의 그래프의 교점의 좌표는 $(6, 8)$이다.

즉, $y=ax+5$의 그래프가 $(6, 8)$을 지나므로

$8=6a+5$

따라서 $a=\frac{1}{2}$

19 두 점 $(2, -3)$, $(4, 3)$을 지나는 직선을 그래프로 하는 일차함수의 식은 $y=3x-9$이다.

점 $(-1, a)$가 이 직선 위의 점이므로

$a=-3-9=-12$

20

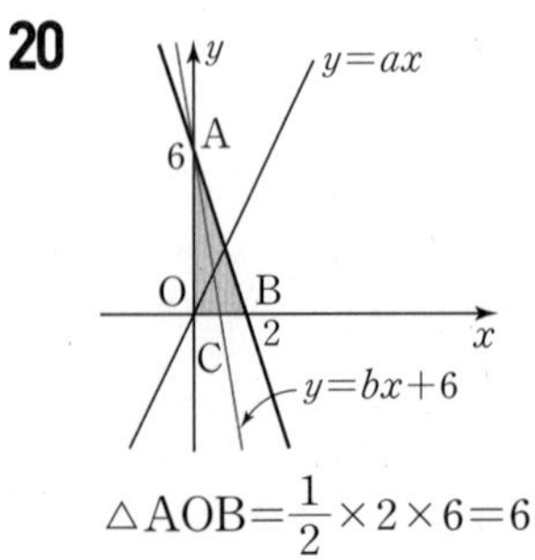

$\triangle AOB=\frac{1}{2}\times2\times6=6$

$y=ax$의 그래프가 $\triangle$AOB의 넓이를 이등분하므로 $y=ax$의 그래프와 $\overline{AB}$의 교점의 x좌표는 1, y좌표는 3이다.

즉, $y=ax$의 그래프가 점 (1, 3)을 지나므로 $a=3$

$y=bx+6$의 그래프가 x축과 만나는 점의 x좌표를 c라고 하면

$y=bx+6$의 그래프가 $\triangle$AOB의 넓이를 이등분하므로

$\frac{1}{2}\triangle AOB=\frac{1}{2}\times 6\times c=3c$에서 $3c=3$이므로 $c=1$

$y=bx+6$의 그래프가 점 (1, 0)을 지나므로 $b=-6$

따라서 $a+b=3-6=-3$

21 재민이가 맞춘 문제를 x개, 틀린 문제를 y개라고 하자. 맞춘 문제와 틀린 문제 수의 합이 20개이고, x문제를 맞추어 $3x$점을 얻고, y문제를 틀려서 $2y$점이 감점되었으므로 $\begin{cases} x+y=20 \\ 3x-2y=45 \end{cases}$ … 1단계

이 연립방정식을 풀면 $x=17$, $y=3$ … 2단계

따라서 재민이가 맞춘 문제는 17개이다. … 3단계

채점 기준표

단계	채점 기준	배점
1단계	연립방정식을 세운 경우	2점
2단계	연립방정식의 해를 구한 경우	2점
3단계	맞춘 문제의 개수를 구한 경우	1점

22 상품 A의 원가를 x원, 상품 B의 원가를 y원이라고 하자. 원가의 합이 5000원이므로 $x+y=5000$

상품 A의 정가는 $\left(1+\frac{20}{100}\right)=\frac{6}{5}x$(원)이므로 상품 A는 $\frac{6}{5}x\times\frac{9}{10}=\frac{27}{25}x$(원)에 팔았고,

상품 B의 정가는 $\frac{6}{5}y$(원)이므로

상품 B는 $\frac{6}{5}y\times\frac{7}{10}=\frac{21}{25}y$(원)에 팔았다.

따라서 총이익은

$\left(\frac{27}{25}x+\frac{21}{25}y\right)-(x+y)=\frac{2}{25}x-\frac{4}{25}y$(원)이다.

연립방정식으로 나타내면 $\begin{cases} x+y=5000 \\ \frac{2}{25}x-\frac{4}{25}y=160 \end{cases}$ … 1단계

이 연립방정식을 풀면 $x=4000$, $y=1000$ … 2단계

따라서 상품 A의 원가는 4000원, 상품 B의 원가는 1000원이다. … 3단계

채점 기준표

단계	채점 기준	배점
1단계	연립방정식을 세운 경우	2점
2단계	연립방정식의 해를 구한 경우	2점
3단계	각각의 원가를 구한 경우	1점

23 휘발유 1 L로 16 km를 갈 수 있으므로 1 km를 갈 때마다 휘발유는 $\frac{1}{16}$ L씩 줄어든다. … 1단계

x와 y 사이의 관계식은

$y=-\frac{1}{16}x+50$ … 2단계

따라서 200 km 이동한 후 남은 휘발유의 양은

$-\frac{1}{16}\times 200+50=-\frac{25}{2}+50=\frac{75}{2}$(L)이다.

… 3단계

채점 기준표

단계	채점 기준	배점
1단계	기울기를 찾은 경우	2점
2단계	x와 y 사이의 관계식을 구한 경우	2점
3단계	남은 휘발유의 양을 구한 경우	1점

24 주어진 식의 그래프를 좌표평면에 나타내면 다음과 같다.

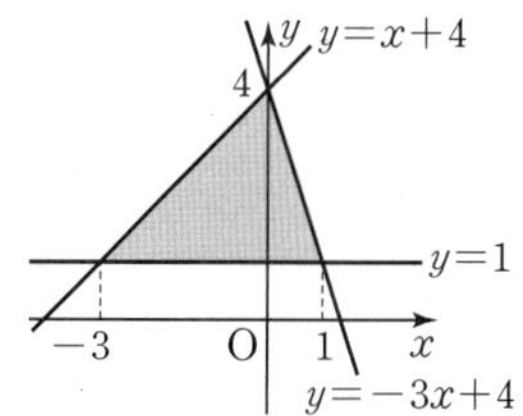

세 그래프로 둘러싸인 삼각형의 각 꼭짓점의 좌표는 $(-3, 1)$, $(1, 1)$, $(0, 4)$이므로 … 1단계

넓이는 $\frac{1}{2}\times 4\times 3=6$ … 2단계

채점 기준표

단계	채점 기준	배점
1단계	세 꼭짓점의 좌표를 구한 경우	3점
2단계	도형의 넓이를 구한 경우	2점

25 $\overline{BD}=(12-x)$ cm … 1단계

x와 y 사이의 관계식은

$y=\frac{1}{2}\times\overline{BD}\times\overline{AC}$

$=\frac{1}{2}\times(12-x)\times 6$

$=-3x+36$ … 2단계

따라서 $\triangle$ABD의 넓이가 24 cm^{2}이면

$24=-3x+36$에서 $x=4$

… 3단계

채점 기준표

단계	채점 기준	배점
1단계	$\overline{BD}$의 길이를 x의 식으로 나타낸 경우	1점
2단계	x와 y 사이의 관계식을 구한 경우	2점
3단계	x의 값을 구한 경우	2점

실전 모의고사 2회

본문 96~99쪽

01 ⑤	**02** ⑤	**03** ①	**04** ②	**05** ④
06 ①	**07** ③	**08** ⑤	**09** ③	**10** ③
11 ③	**12** ③	**13** ①	**14** ⑤	**15** ①
16 ②	**17** ①	**18** ②, ④	**19** ④	**20** ④
21 풀이 참조		**22** 풀이 참조		
23 풀이 참조		**24** 풀이 참조		
25 풀이 참조				

01 A 바구니 하나에 담을 수 있는 사탕을 x개, B 바구니 하나에 담을 수 있는 사탕을 y개라고 하면

$\begin{cases} 3x+4y=127 \\ 5x+y=121 \end{cases}$ 에서 $x=21$, $y=16$

따라서 B 바구니 1개로는 16개의 사탕을 담을 수 있다.

02 상황을 연립방정식으로 나타내면

$\begin{cases} 18x+15y=390 \\ x+y=23 \end{cases}$ 에서 $x=15$, $y=8$

따라서 $x-y=15-8=7$

03 처음 직사각형의 가로의 길이를 x cm, 세로의 길이를 y cm라고 하면

$\begin{cases} 2x+2y=30 \\ 2\left(\frac{1}{2}x+2y\right)=42 \end{cases}$ 에서 $x=6$, $y=9$

따라서 가로의 길이는 6 cm이다.

04 지현이 자전거는 분속 x m, 혜원이는 분속 y m의 속도로 이동한다고 하자.

둘이 같은 방향으로 돌면 3분 뒤에 이동한 거리가 1바퀴 만큼 차이가 나므로

$3x-3y=300$

둘이 반대 방향으로 돌면 1분 30초 동안 둘의 이동한 거리 합이 300 m이므로

$\frac{3}{2}x+\frac{3}{2}y=300$

즉, $\begin{cases} 3x-3y=300 \\ \frac{3}{2}x+\frac{3}{2}y=300 \end{cases}$ 에서 $x=150$, $y=50$

따라서 지현이 자전거의 속력은 분속 150 m이다.

05 ④ $a<0$일 때, x의 값이 감소하면 y의 값은 증가한다.

06 $y=3x+k$의 그래프의 y절편은 k이다.

또한, x절편이 4이므로 그래프는 점 $(4, 0)$을 지난다.

즉, $0=12+k$이므로 $k=-12$

따라서 그래프의 y절편은 -12이다.

07 $y=ax+5$의 그래프가 점 $(3, -4)$를 지나므로

$-4=3a+5$에서 $a=-3$

$y=-3x+3$의 그래프의 x절편은 $y=0$일 때 x의 값이므로 x절편은 1이다.

08 두 일차함수 $y=-x+4$, $y=ax+b$의 그래프가 평행하므로 기울기가 서로 같다. 즉, $a=-1$이다.

일차함수 $y=-x+4$의 그래프가 x축과 만나는 점의 좌표는 $(4, 0)$이므로 $c=4$이고, $c-d=2$에서 $d=2$이다.

$y=-x+b$의 그래프의 x절편이 2이므로 $b=2$이다.

따라서 $a+b+c+d=-1+2+4+2=7$이다.

09 $y=-3x+5$의 그래프가 점 $(2a+4, -2a-3)$을 지나므로

$x=2a+4$, $y=-2a-3$을 대입하면

$-2a-3=-3(2a+4)+5$

$4a=-4$

따라서 $a=-1$이다.

10 직선을 그래프로 하는 일차함수의 식이 $y=-\frac{4}{3}x+4$이므로 직선의 방정식은 $4x+3y-12=0$이다.

따라서 이 직선과 기울기가 같은 직선의 방정식은

③ $4x+3y-1=0$이다.

11 두 점 $(4, 5)$, $(1, -1)$을 지나는 일차함수의 그래프의 식은 $y=2x-3$ …… ㉠

$y=ax-1$의 그래프를 y축의 방향으로 b만큼 평행이동하면 $y=ax-1+b$ …… ㉡

㉠, ㉡은 일치하므로 $a=2$이고, $-1+b=-3$에서 $b=-2$이다.

따라서 $a+b=2+(-2)=0$

다른 풀이 $y=ax-1$의 그래프를 y축의 방향으로 b만큼 평행이동하면 $y=ax-1+b$이고, 이 그래프가 점 $(1, -1)$을 지나므로 $-1=a-1+b$

따라서 $a+b=0$

12 승강기가 출발한 지 x초 후 지면으로부터 승강기 바닥까지의 높이를 y m라고 하면

$y=-2x+60$

높이가 24 m인 지점에 도착하는 시간은

$24=-2x+60$에서 $x=18$이므로 출발한 지 18초 후이다.

13 $ab>0$이고 $ac<0$에서

$a>0$, $b>0$, $c<0$이거나 $a<0$, $b<0$, $c>0$이다.

일차방정식 $ax+by-c=0$의 그래프는 일차함수

$y=-\frac{a}{b}x+\frac{c}{b}$의 그래프와 같다.

$-\frac{a}{b}<0$이고, $\frac{c}{b}<0$이므로 $y=-\frac{a}{b}x+\frac{c}{b}$의 그래프의 기울기, y절편은 모두 음수이다.

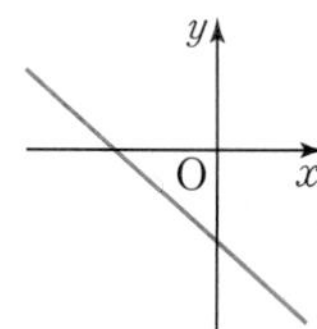

따라서 그래프는 제2사분면, 제3사분면, 제4사분면을 지나고 제1사분면을 지나지 않는다.

14 주어진 그래프가 두 점 $(-6, 0)$, $(3, 3)$을 지나므로

$y=\frac{1}{3}x+2$

양변에 3을 곱하여 정리하면 $x-3y+6=0$

따라서 $a=-3$, $b=6$이므로 $a+b=-3+6=3$

15 x절편이 -6, y절편이 2이므로 일차방정식 $x+ay+b=0$의 그래프는 두 점 $(-6, 0)$, $(0, 2)$를 지난다.

즉, $-6+b=0$, $2a+b=0$이므로 $a=-3$, $b=6$

따라서 $a-b=-3-6=-9$

16

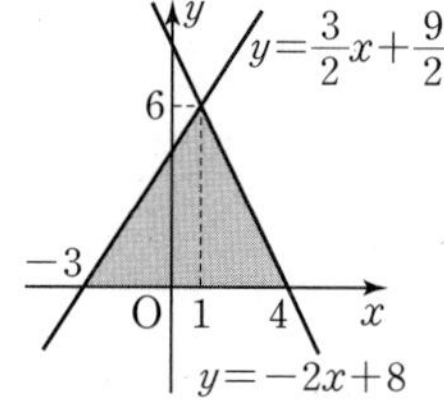

$y=-2x+8$에 $y=0$을 대입하면 $x=4$

$y=\frac{3}{2}x+\frac{9}{2}$에 $y=0$을 대입하면 $x=-3$

두 직선의 교점의 좌표는 $(1, 6)$이다.

따라서 두 직선과 x축으로 둘러싸인 삼각형의 넓이는

$\frac{1}{2}\times7\times6=21$

17

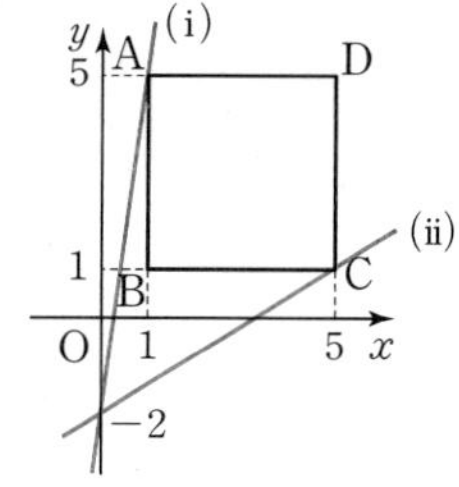

일차함수 $y=ax-2$의 그래프는 점 $(0, -2)$를 지나는 직선이다.

(i) $y=ax-2$의 그래프가 점 A를 지날 때,

$a=\frac{5-(-2)}{1-0}=7$

(ii) $y=ax-2$의 그래프가 점 C를 지날 때,

$a=\frac{1-(-2)}{5-0}=\frac{3}{5}$

$y=ax-2$의 그래프와 정사각형 ABCD의 교점이 존재하려면 $\frac{3}{5}\le a\le7$이므로 이 범위 안에 있지 않은 것은 ① $\frac{1}{2}$이다.

18 점 $(1, 2)$가 $ax-y-1=0$의 그래프 위의 점이므로

$a=3$

삼각형이 생기지 않는 경우는 일차방정식

$bx+y-4=0$의 그래프가 $x-y+1=0$ 또는 $3x-y-1=0$의 그래프와 평행하거나, 교점 $(1, 2)$를 지나는 경우이다.

(1) $x-y+1=0$의 그래프와 평행한 경우, $b=-1$

(2) $3x-y-1=0$의 그래프와 평행한 경우, $b=-3$

(3) 점 $(1, 2)$를 지나는 경우, $b=2$

따라서 보기 중 b의 값으로 가능한 것은 -1과 2이다.

19 총수입과 총비용이 같을 때는 두 그래프가 만날 때이므로 연립방정식 $\begin{cases} y=300x \\ y=100x+60000 \end{cases}$의 해와 같다.

연립방정식의 해가 $x=300$, $y=90000$이므로 300개를 판매했을 때 총수입과 총비용이 같아진다.

20 일차함수 $y=ax-5$의 그래프의 y절편은 -5,

$y=-\frac{1}{2}x+1$의 그래프의 y절편은 1이다.

삼각형의 밑변의 길이가 6, 넓이가 12이므로

$\frac{1}{2}\times6\times(\text{높이})=12$

즉, 높이는 4이므로 두 일차함수의 그래프의 교점의 x 좌표가 4이다.

따라서 $4a-5=-\frac{1}{2}\times4+1$이므로 $a=1$

21 학급의 남학생 수를 x명, 여학생 수를 y명이라고 하자. · · · 1단계

$\begin{cases} x+y=34 \\ \frac{1}{4}x+\frac{1}{5}y=8 \end{cases}$ · · · 2단계

계수를 정수가 되도록 정리하면

$\begin{cases} x+y=34 \\ 5x+4y=160 \end{cases}$에서 $x=24$, $y=10$

따라서 남학생 수는 24명, 여학생 수는 10명이다. · · · 3단계

채점 기준표

단계	채점 기준	배점
1단계	구하고자 하는 것을 x, y로 놓은 경우	2점
2단계	연립방정식을 세운 구한 경우	2점
3단계	남학생 수와 여학생 수를 구한 경우	1점

22 올해 은정이의 나이를 x살, 엄마의 나이를 y살이라고 하면

$\begin{cases} y=4x \\ y+3=3(x+3)+3 \end{cases}$ · · · 1단계

괄호를 풀어 정리하면

$\begin{cases} y=4x \\ y=3x+9 \end{cases}$에서 $x=9$, $y=36$ · · · 2단계

따라서 올해 은정이의 나이는 9살이다. · · · 3단계

채점 기준표

단계	채점 기준	배점
1단계	연립방정식을 세운 경우	2점
2단계	연립방정식의 해를 구한 경우	2점
3단계	은정이의 나이를 구한 경우	1점

23 작년 여학생 수를 x명, 남학생 수를 y명이라고 하면

$\begin{cases} x+y=200 \\ 0.9x+1.05y=192 \end{cases}$ · · · 1단계

계수를 정수가 되도록 정리하면

$\begin{cases} x+y=200 \\ 6x+7y=1280 \end{cases}$에서 $x=120$, $y=80$ · · · 2단계

따라서 작년 남학생 수는 80명이므로

올해 남학생 수는 80명에서 5 % 증가한 84명이다. · · · 3단계

채점 기준표

단계	채점 기준	배점
1단계	연립방정식을 세운 경우	2점
2단계	연립방정식의 해를 구한 경우	2점
3단계	올해 남학생 수를 구한 경우	1점

24 일차함수 $y=-3x+k$의 그래프를 y축의 방향으로 4만큼 평행이동한 그래프의 식은

$y=-3x+k+4$

그래프의 x절편은 $y=0$일 때 x의 값이므로

$0=-3m+k+4$에서 $m=\frac{k+4}{3}$ · · · 1단계

그래프의 y절편은 $k+4$이므로

$n=k+4$ · · · 2단계

따라서 $m+n=\frac{k+4}{3}+(k+4)=\frac{4k+16}{3}$

즉, $\frac{4k+16}{3}=4$이므로 $k=-1$이다. · · · 3단계

채점 기준표

단계	채점 기준	배점
1단계	x절편을 k에 대한 식으로 나타낸 경우	2점
2단계	y절편을 k에 대한 식으로 나타낸 경우	2점
3단계	k의 값을 구한 경우	1점

25 A의 좌표는 $(0,\ b)$, C의 좌표는 $\left(-\frac{2}{3}b,\ 0\right)$이고,

B의 좌표는 $(0,\ a)$, D의 좌표는 $(a,\ 0)$이다. · · · 1단계

$\overline{AO}:\overline{BO}=3:1$이므로 $b:a=3:1$, 즉 $b=3a$이다.

또한, $\overline{CD}=6$이므로

$a-\left(-\frac{2}{3}b\right)=a+\frac{2}{3}b=a+2a=3a=6$

따라서 $a=2$이고, · · · 2단계

$b=3a=6$이다. · · · 3단계

채점 기준표

단계	채점 기준	배점
1단계	네 점 A, B, C, D의 좌표를 구한 경우	2점
2단계	a의 값을 구한 경우	2점
3단계	b의 값을 구한 경우	1점

실전 모의고사 3회

본문 100~103쪽

01 ④	02 ④	03 ④	04 ⑤	05 ①
06 ④	07 ④	08 ①	09 ⑤	10 ②
11 ①	12 ③	13 ⑤	14 ⑤	15 ③
16 ⑤	17 ③	18 ②	19 ②	20 ④

21 풀이 참조 22 풀이 참조
23 풀이 참조 24 풀이 참조
25 풀이 참조

01 갑이 이긴 횟수를 x회, 을이 이긴 횟수를 y회라고 하고 둘의 위치를 연립방정식으로 나타내면

$\begin{cases} 5x-3y=25 \\ 5y-3x=1 \end{cases}$ 에서 $x=8$, $y=5$

따라서 갑이 이긴 횟수는 8회이다.

02 두 수의 합이 101이므로 $a+b=101$이고, a를 b로 나누면 몫과 나머지가 모두 5이므로 $a=5b+5$이다.

연립방정식 $\begin{cases} a+b=101 \\ a=5b+5 \end{cases}$ 의 해가 $a=85$, $b=16$이므로 $a-b=85-16=69$이다.

03 나영이가 산 복숭아가 x개, 사과가 y개라고 하자.
복숭아와 사과를 합쳐 14개를 샀고, 총
$19800-3200=16600$(원)을 지불하였다.
이를 연립방정식으로 나타내면

$\begin{cases} x+y=14 \\ 1400x+900y=16600 \end{cases}$ 에서 $x=8$, $y=6$

따라서 나영이가 산 복숭아는 8개이다.

04 현재 동생의 나이를 x살, 형의 나이를 y살이라고 하자.
두 사람의 나이의 합이 55살이므로 $x+y=55$
형이 동생보다 3살 위이므로 $y=x+3$

$\begin{cases} x+y=55 \\ y=x+3 \end{cases}$ 에서 $x=26$, $y=29$

따라서 현재 동생의 나이는 26살이다.

05 $f(a)=-\frac{a}{2}+1=-1$이므로 $a=4$

$b=f(8)=-\frac{8}{2}+1=-4+1=-3$

따라서 $a+b=4+(-3)=1$

06 두 점 $\mathrm{A}(-3, 2)$, $\mathrm{B}(1, -6)$을 지나는 일차함수의 그래프의 식은 $y=-2x-4$이다.

③ $y=0$을 대입하여 x의 값을 구하면 $x=-2$이므로 x절편은 -2이다.

④ 제1사분면을 지나지 않는다.

따라서 옳지 않은 것은 ④이다.

07 $y=2x-1$의 그래프를 y축의 방향으로 2만큼 평행이동하면 $y=2x+1$
$y=2x+1$의 그래프가 지나는 것은 제1사분면, 제2사분면, 제3사분면이고, 지나지 않는 것은 제4사분면이다.

08 $y=-3x+6$의 그래프가 x축과 만나는 점의 좌표가 $(2, 0)$이므로 $y=\frac{3}{2}x+k$의 그래프가 점 $(2, 0)$을 지난다. 즉, $0=3+k$이므로 $k=-3$

09 기울기가 $\frac{1}{3}$이고, y절편이 2인 직선을 그래프로 하는 일차함수의 식은

$y=\frac{1}{3}x+2$

이 그래프가 점 $(2a+1, a-1)$을 지나므로

$a-1=\frac{1}{3}(2a+1)+2$에서 $a=10$

10 두 점 $(4, 2)$, $(-2, 11)$을 지나는 일차함수의 그래프의 식은

$y=-\frac{3}{2}x+8$ …… ㉠

이때 일차함수 $y=ax+b$의 그래프를 y축의 방향으로 2만큼 평행이동하면

$y=ax+(b+2)$ …… ㉡

㉠, ㉡이 일치하므로 $a=-\frac{3}{2}$이고, $b+2=8$에서 $b=6$

따라서 $ab=-\frac{3}{2}\times 6=-9$

11 $y=\frac{a}{2}x+4$의 그래프의 x절편은 $-\frac{8}{a}$, y절편은 4이므로 삼각형의 넓이는

$\frac{1}{2}\times\frac{8}{a}\times 4=\frac{16}{a}$

즉, $\frac{16}{a}=16$이므로 $a=1$

12 무게가 x g인 물건을 매달았을 때의 용수철의 길이를 y cm라고 하면 $y=\frac{2}{5}x+30$

따라서 55 g인 물건을 매달았을 때 용수철의 길이는

$\frac{2}{5}\times55+30=22+30=52\,(\text{cm})$

13 $y=ax+b$의 그래프가 $y=-2x$의 그래프와 평행하므로
$a=-2$
$y=-2x+b$의 그래프가 점 $(2,\ 5)$를 지나므로
$5=-4+b,\ b=9$
또한, $y=x+c$의 그래프가 점 $(2,\ 5)$를 지나므로
$5=2+c,\ c=3$이다.
따라서 $a+b+c=-2+9+3=10$

14 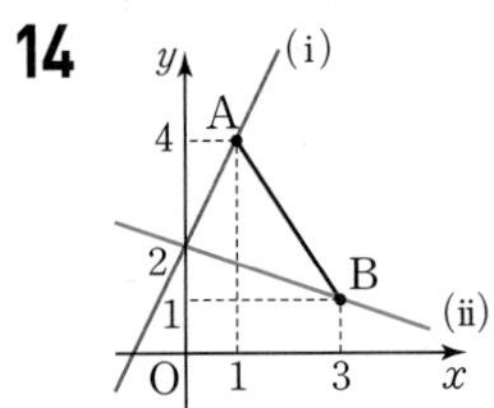

일차함수 $y=ax+2$의 그래프는 점 $(0,\ 2)$를 지나는 직선이다.

(i) $a>0$인 경우
이 직선과 선분 AB가 만날 때, 기울기가 최대인 경우는 점 A를 지나므로 $a=\frac{4-2}{1-0}=2$이다.
즉, $0<a\leq2$

(ii) $a<0$인 경우
기울기가 최소인 경우는 점 B를 지나므로
$a=\frac{1-2}{3-0}=-\frac{1}{3}$이다. 즉, $-\frac{1}{3}\leq a<0$

따라서 $0<a\leq2$ 또는 $-\frac{1}{3}\leq a<0$이므로 범위에 있지 않은 것은 ⑤ 3이다.

15 일차방정식 $x+ay+b=0$의 그래프의 x절편이 8이므로 그래프는 점 $(8,\ 0)$을 지난다.
즉, $8+b=0$에서 $b=-8$
또한, 일차방정식 $x+ay-8=0$의 그래프의 y절편이 -4이므로 그래프는 점 $(0,\ -4)$를 지난다.
즉, $-4a-8=0$에서 $a=-2$
따라서 $a-b=-2-(-8)=6$

16 일차방정식 $x+ay+b=0$의 그래프는 일차함수 $y=-\frac{1}{a}x-\frac{b}{a}$의 그래프와 같다. 각각의 경우에 대해 일차함수가 지나는 사분면은 다음과 같다.
① 제2사분면, 제3사분면, 제4사분면
② 제1사분면, 제2사분면, 제4사분면
③ 제2사분면, 제4사분면
④ 제1사분면, 제2사분면, 제3사분면
⑤ 제1사분면, 제3사분면, 제4사분면
따라서 제2사분면을 지나지 않는 것은 ⑤이다.

17 $y=2ax+3$의 그래프와 $y=-3x+b$의 그래프가 평행하므로
$2a=-3,\ a=-\frac{3}{2}$
즉, $y=-3x+b$의 그래프는
$y=-3x+3$의 그래프를 y축의 방향으로 -5만큼 평행이동한 것이므로 $b=3-5=-2$
따라서 $ab=-\frac{3}{2}\times(-2)=3$이다.

다른 풀이 $y=2ax+3$의 그래프를 y축의 방향으로 -5만큼 평행이동하면 $y=2ax-2$
이 그래프가 $y=-3x+b$의 그래프와 일치하므로
$2a=-3,\ -2=b$
따라서 $a=-\frac{3}{2},\ b=-2$이므로
$ab=\left(-\frac{3}{2}\right)\times(-2)=3$

18 네 직선으로 둘러싸인 도형은 직사각형이다.

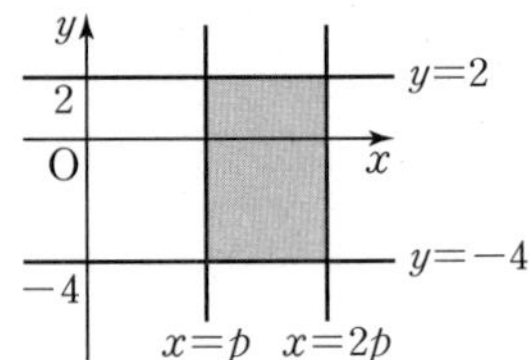

p가 양수이므로 가로의 길이는 p이고, 세로의 길이는 $2-(-4)=6$이므로 직사각형의 넓이는
$24=6p$
따라서 $p=4$

19 $y=-x+6$의 그래프의 x절편, y절편은 각각 6이므로 $y=-x+6$의 그래프와 x축, y축으로 둘러싸인 삼각형의 넓이는 $\frac{1}{2}\times6\times6=18$이다.
또한, $y=-\frac{1}{2}x+2$의 그래프의 x절편, y절편은 각각 4, 2이므로 $y=-\frac{1}{2}x+2$의 그래프와 x축, y축으로 둘러싸인 삼각형의 넓이는 $\frac{1}{2}\times4\times2=4$이다.
따라서 구하는 도형의 넓이는 $18-4=14$이다.

20 A(0, 3), B(0, −3)이다.

점 C의 좌표는 연립방정식 $\begin{cases} 2x-y+3=0 \\ x+y+3=0 \end{cases}$의 해이므로 C(−2, −1)이다.

$\overline{AB}$의 중점이 O(0, 0)이므로 $y=ax+b$의 그래프는 두 점 C(−2, −1)과 O(0, 0)을 동시에 지나는 직선이다.

두 점 C, O를 지나는 직선을 그래프로 하는 일차함수의 식은 $y=\frac{1}{2}x$

따라서 $a=\frac{1}{2}$, $b=0$이므로 $a+b=\frac{1}{2}$

21 어제 오전 방문객 수를 x명, 오후 방문객 수를 y명이라고 하자.

어제 방문객 수가 500명이었으므로 $x+y=500$이다.

오늘 오전 방문객 수는 $\frac{20}{100}x=\frac{1}{5}x$(명) 줄었고, 오후 방문객 수는 $\frac{10}{100}y=\frac{1}{10}y$(명) 만큼 늘었으므로

$-\frac{1}{5}x+\frac{1}{10}y=-4$이다.

이를 연립방정식으로 나타내면 $\begin{cases} x+y=500 \\ -\frac{1}{5}x+\frac{1}{10}y=-4 \end{cases}$ ··· 1단계

이 연립방정식을 풀면 $x=180$, $y=320$ ··· 2단계

따라서 오늘 오전 방문객 수는

$180-\frac{1}{5}\times180=144$(명)이다. ··· 3단계

채점 기준표

단계	채점 기준	배점
1단계	연립방정식을 세운 경우	2점
2단계	연립방정식의 해를 구한 경우	2점
3단계	오늘 오전 방문객 수를 구한 경우	1점

22 상현이가 2점 슛 x개, 3점 슛 y개를 성공했다고 하자. 총 9골을 넣었으므로 $x+y=9$이고, 점수의 합이 20점이므로 $2x+3y=20$이다.

이를 연립방정식으로 나타내면 $\begin{cases} x+y=9 \\ 2x+3y=20 \end{cases}$ ··· 1단계

이 연립방정식을 풀면 $x=7$, $y=2$ ··· 2단계

따라서 2점 슛은 7개, 3점 슛은 2개 성공하였다. ··· 3단계

채점 기준표

단계	채점 기준	배점
1단계	연립방정식을 세운 경우	2점
2단계	연립방정식의 해를 구한 경우	2점
3단계	2점 슛, 3점 슛의 개수를 구한 경우	1점

23 x와 y 사이의 관계를 식으로 나타내면

$y=-3x+50$ ··· 1단계

$x=8$일 때 $y=-24+50=26$

따라서 8분 후 도착한 위치에서 B 역까지의 거리는 26 km이다. ··· 2단계

채점 기준표

단계	채점 기준	배점
1단계	x와 y 사이의 관계를 식으로 나타낸 경우	2점
2단계	8분 후 B 역까지의 거리를 구한 경우	3점

24 넣을 수 있는 연료 양의 $\frac{1}{5}$이 10 L이므로 전체 눈금의 $\frac{2}{5}$일 때 자동차에 들어 있는 연료의 양은 20 L이다. ··· 1단계

x km를 달렸을 때 남아 있는 연료의 양을 y L라고 하면

$y=-\frac{1}{15}x+20$ ··· 2단계

따라서 90 km 달렸을 때 남아 있는 연료의 양은

$-\frac{1}{15}\times90+20=-6+20=14$ (L)이다. ··· 3단계

채점 기준표

단계	채점 기준	배점
1단계	연료의 양 20 L를 구한 경우	1점
2단계	x와 y 사이의 관계식을 구한 경우	2점
3단계	90 km 달렸을 때 남아 있는 연료의 양을 구한 경우	2점

25 주어진 그래프는 두 점 (2, 0), (0, 6)을 지나므로

$y=-3x+6$

이 직선과 평행한 직선의 기울기는 −3이다. ··· 1단계

기울기가 −3이고, 점 (1, −2)를 지나는 직선을 그래프로 나타낸 일차함수의 식은 $y=-3x+1$ ··· 2단계

$y=-3x+1$의 그래프의 x절편은 $\frac{1}{3}$이고 y절편은 1이므로 구하는 도형의 넓이는 $\frac{1}{2}\times\frac{1}{3}\times1=\frac{1}{6}$ ··· 3단계

채점 기준표

단계	채점 기준	배점
1단계	$y=-3x+6$의 기울기를 구한 경우	1점
2단계	$y=-3x+1$을 찾은 경우	2점
3단계	넓이를 구한 경우	2점

최종 마무리 50제 본문 104~111쪽

01 ⑤	02 ④	03 ③	04 ⑤	05 ①
06 ①	07 ③	08 ②	09 ③	10 ①
11 ①	12 ④	13 ③	14 ④	15 ①
16 ②	17 ②, ④	18 ②, ③	19 ①	20 ②
21 ②	22 ②	23 ②	24 ④	25 ⑤
26 ①	27 ③	28 ④	29 ③	30 ⑤
31 ②	32 ③	33 ④	34 ⑤	35 ③
36 ③	37 ④	38 ②	39 ①	40 ③
41 ③	42 ②	43 ②	44 ②	45 ②
46 ③	47 ④	48 ①	49 ③	50 ⑤

01 선아가 뛰어간 시간을 x시간, 걸어간 시간을 y시간이라고 하면

$\begin{cases} 6x+3y=4 & \cdots\cdots ㉠ \\ x+y=\frac{5}{6} & \cdots\cdots ㉡ \end{cases}$

6×㉡−㉠을 하면 $3y=1$이므로 $y=\frac{1}{3}$

$y=\frac{1}{3}$을 ㉡에 대입하면 $x=\frac{5}{6}-\frac{1}{3}=\frac{1}{2}$

따라서 선아가 뛰어간 시간은 $\frac{1}{2}$시간이고, 거리는

$\frac{1}{2}\times 6=3(\text{km})$이다.

02 볼펜 한 자루를 x원, 형광펜 한 자루를 y원이라고 하면

$\begin{cases} 2x+2y=5600 \\ x+5y=8000 \end{cases}$에서 $x=1500$, $y=1300$

따라서 볼펜 1자루의 값은 1500원이다.

03 두 자리 자연수의 십의 자리 숫자를 x, 일의 자리 숫자를 y라고 하자. 두 자리 자연수는 $10x+y$이고, 십의 자리와 일의 자리를 바꾼 자연수는 $x+10y$이다. 바꾼 두 자리 자연수가 처음 수보다 18이 작으므로

$\begin{cases} x+y=8 \\ x+10y=(10x+y)-18 \end{cases}$

정리하면 $\begin{cases} x+y=8 \\ 9x-9y=18 \end{cases}$

연립방정식을 풀면 $x=5$, $y=3$이다.

따라서 처음 두 자리 자연수는 53이다.

04 제품 Ⅰ을 x개, 제품 Ⅱ를 y개 만들었다고 하면

$\begin{cases} 2x+5y=20 \\ 3x+2y=19 \end{cases}$에서 $x=5$, $y=2$

즉 제품 Ⅰ을 5개, 제품 Ⅱ를 2개 만들었으므로 총이익은 $5\times 4+2\times 6=32$(만 원)이다.

05 형이 출발하고 x분 후, 동생이 출발하고 y분 후에 만난다고 하면

$\begin{cases} x=y+20 & \cdots\cdots ㉠ \\ 60x=300y & \cdots\cdots ㉡ \end{cases}$

㉠을 ㉡에 대입하면 $60y+1200=300y$

$240y=1200$이므로 $y=5$

$y=5$를 ㉠에 대입하면 $x=25$

따라서 형이 집을 출발한 지 25분 후에 동생과 만난다.

06 큰 수를 x, 작은 수를 y라고 하면 큰 수를 작은 수로 나누면 몫이 2이고 나머지가 10이므로

$x=2y+10$

큰 수의 3배를 작은 수로 나누면 몫이 7이고 나머지가 6이므로 $3x=7y+6$

$\begin{cases} x=2y+10 \\ 3x=7y+6 \end{cases}$에서 $x=58$, $y=24$

따라서 두 수의 합은 $24+58=82$이다.

07 어제 남자 관객 수를 x명, 어제 여자 관객 수를 y명이라고 하면 총관객 수가 1200명이므로 $x+y=1200$

오늘 감소한 남자 관객 수는 $\frac{5}{100}x$명,

오늘 증가한 여자 관객 수는 $\frac{20}{100}y$명이므로

$-\frac{5}{100}x+\frac{20}{100}y=60$

이를 연립방정식으로 나타내면

$\begin{cases} x+y=1200 \\ -\frac{5}{100}x+\frac{20}{100}y=60 \end{cases}$

정리하면 $\begin{cases} x+y=1200 \\ -x+4y=1200 \end{cases}$

따라서 $x=720$, $y=480$이므로 오늘 입장한 남자 관객 수는 $720\times\left(1-\frac{5}{100}\right)=684$(명)

08 윗변의 길이를 x cm, 아랫변의 길이를 y cm라고 하면

$\begin{cases} x=y-3 \\ \frac{1}{2}\times(x+y)\times 6=51 \end{cases}$

정리하면 $\begin{cases} x=y-3 \\ x+y=17 \end{cases}$

따라서 $x=7$, $y=10$이므로 윗변의 길이는 7 cm이다.

09 닭을 x마리, 토끼를 y마리라고 하면
닭의 다리는 2개, 토끼의 다리는 4개이므로
$\begin{cases} x+y=100 \\ 2x+4y=268 \end{cases}$
➡ $\begin{cases} x+y=100 \\ x+2y=134 \end{cases}$에서 $x=66$, $y=34$
따라서 닭은 66마리이다.

10 경복궁에 간 학생이 x명, 창경궁에 간 학생이 y명이라고 하면
$\begin{cases} x+y=32 \\ 3000x+1000y=54000 \end{cases}$에서 $x=11$, $y=21$
따라서 경복궁을 관람한 학생은 11명이다.

11 민희가 x번 이기고, 채영이가 y번 이겼다고 하면
$\begin{cases} 2x-y=4 \\ 2y-x=1 \end{cases}$에서 $x=3$, $y=2$
따라서 가위바위보를 한 전체 횟수는
$x+y=3+2=5$(회)이다.

12 희수가 맞춘 4점짜리 문제를 x개, 5점짜리 문제를 y개라고 하면
$\begin{cases} x+y=18 \\ 4x+5y=80 \end{cases}$에서 $x=10$, $y=8$
따라서 맞춘 4점짜리 문제는 10개이다.

13 의자의 개수를 x개, 학생 수를 y명이라고 하면
$\begin{cases} y=5x+4 \\ y=7(x-2)+6 \end{cases}$에서 $x=6$, $y=34$
따라서 의자의 개수는 6개이다.

14 올해 혜수의 나이를 x살, 아버지의 나이를 y살이라고 하면
$\begin{cases} x+y=79 \\ y+10=2(x+10) \end{cases}$
괄호를 풀어 간단히 하면
$\begin{cases} x+y=79 \\ 2x-y=-10 \end{cases}$
따라서 $x=23$, $y=56$이므로 올해 혜수의 나이는 23살이다.

15 y가 x의 함수라는 것은 x의 값이 하나로 정해질 때 y의 값이 하나로 정해진다는 것이다.
① $x=12$라고 하면 약수는 1, 2, 3, 4, 6, 12이므로 하나로 정해지지 않는다.

16 $f(-2)+f(1)=\{-2\times(-2)+1\}+\{(-2)\times1+1\}$
$=5-1=4$

17 y가 x에 대한 일차함수이면 $y=ax+b\ (a\neq0)$으로 나타낼 수 있다.
② $y=-\frac{x}{2}$는 $a=-\frac{1}{2}$, $b=0$인 일차함수이다.
④ $y=12x-3$은 $a=12$, $b=-3$인 일차함수이다.

18 각각을 식으로 나타내어 보면 다음과 같다.
① $y=24-x$ (일차함수이다.)
② 일차함수가 아니다.
③ $y=\frac{48}{x}$ (일차함수가 아니다.)
④ $y=x+5$ (일차함수이다.)
⑤ $y=3x$ (일차함수이다.)

19 x의 값이 3만큼 증가할 때, y의 값이 4만큼 감소하는 일차함수의 그래프의 기울기는 $-\frac{4}{3}$이다.

20 $y=\frac{3}{2}x-6$의 x절편은 $y=0$일 때의 x의 값이므로
$0=\frac{3}{2}m-6$에서 $m=4$
y절편은 -6이므로 $n=-6$
따라서 $m+n=4-6=-2$

21 $y=ax+b$의 그래프가 오른쪽 위로 향하고 있으므로 $a>0$, y절편이 양수이므로 $b>0$이다.
$y=bx-a$의 그래프의 기울기는 양수, y절편은 음수이므로 그래프의 모양은 오른쪽 위로 향하면서 y절편이 음수인 ②와 같다.

22 ① x절편은 2이다.
② $y=-\frac{1}{2}x+1$에 $x=-4$, $y=3$을 대입하면 $3=2+1$이므로 점 $(-4, 3)$을 지나는 직선이다.
③ $y=-\frac{1}{2}x+1$의 그래프는 제3사분면을 지나지 않는다.
④ (기울기)$=-\frac{1}{2}<0$이므로 오른쪽 아래로 향하는 그래프이다.

⑤ $y=\frac{1}{2}x-1$의 그래프와 기울기가 다르므로 평행하지 않다.

23 $y=2x-3$의 그래프를 y축의 방향으로 2만큼 평행이동한 그래프의 식은 $y=2x-3+2$, 즉 $y=2x-1$이다.

24 주어진 그래프의 식이 $y=-\frac{3}{5}x-3$이므로 기울기가 같고 y절편이 다른 ④ $y=-\frac{3}{5}x+5$의 그래프가 주어진 그래프와 평행하다.

25 $y=3x+4$의 그래프를 y축의 방향으로 k만큼 평행이동하면
$y=3x+(4+k)$
이 그래프가 점 $(1,\ 0)$을 지나므로 $0=3+(4+k)$
따라서 $k=-7$

26 주어진 그래프가 두 점 $(-6,\ 0)$, $(0,\ 4)$를 지나므로
$\frac{4-0}{0-(-6)}=\frac{2}{3}$
기울기가 $\frac{2}{3}$이고 x절편이 3인 일차함수의 그래프 식을 $y=\frac{2}{3}x+b$ (b는 상수)로 놓자.
이 그래프는 $(3,\ 0)$을 지나므로
$0=2+b$에서 $b=-2$
따라서 $y=\frac{2}{3}x-2$의 그래프가 점 $(6,\ k)$를 지나므로
$k=\frac{2}{3}\times6-2=2$

27 기울기가 $\frac{7-1}{1-(-2)}=\frac{6}{3}=2$이므로 일차함수의 식을 $y=2x+b$ (b는 상수)로 놓자.
이 그래프가 점 $(-2,\ 1)$을 지나므로 $1=-4+b$에서 $b=5$
따라서 구하는 일차함수의 식은 $y=2x+5$

28 두 점 $(-3,\ 2)$, $(1,\ 6)$을 지나는 직선을 그래프로 하는 일차함수의 식은 $y=x+5$이다.
점 $(4,\ k)$가 이 직선 위의 점이므로
$k=4+5=9$

29 $y=-2x+2$의 그래프와 $y=mx+n$의 그래프가 평행하므로 기울기가 서로 같다. 즉, $m=-2$이다.
$y=-2x+2$의 그래프와 x축이 만나는 점 A의 좌표는 $(1,\ 0)$이고, $y=-2x+n$의 그래프와 x축이 만나는 점 B의 좌표는 $\left(\frac{n}{2},\ 0\right)$이다.
$n>0$이고, $\overline{AB}=3$이므로 $\frac{n}{2}=4$이고, $n=8$이다.
따라서 $m+n=-2+8=6$

30 일차함수의 식을 $y=ax+b$ (a, b는 상수)라 하자.
y절편이 -2이므로 $b=-2$이다.
x절편이 4이므로 $y=ax-2$에 $x=4$, $y=0$을 대입하면 $0=4a-2$에서 $a=\frac{1}{2}$
따라서 일차함수의 식은 $y=\frac{1}{2}x-2$이므로 그래프 위의 점은 $(2,\ -1)$이다.

31 승강기가 일정한 속력으로 내려오므로 y는 x의 일차함수이다. 높이가 매초 3 m의 속력으로 내려오므로 기울기는 -3이고, 처음 높이가 150 m이므로 y절편은 150이다. 따라서 x와 y 사이의 관계식은 $y=-3x+150$이다.

32 윤지가 출발하고 x분 후 지원이와 윤지 사이의 거리를 y m라고 하자.
윤지가 출발하고 x분 후 지원이가 이동한 거리는 $90(2+x)$ m, 윤지가 이동한 거리는 $40x$ m이므로
$y=90(2+x)-40x=50x+180$
지원이가 윤지보다 한 바퀴 앞설 때는 두 사람이 이동한 거리 차이가 480 m일 때이다.
$480=50x+180$에서 $x=6$
따라서 지원이가 한 바퀴 앞서는 것은 윤지가 출발하고 6분 후이다.

33 x분 후 물의 온도를 y ℃라고 하면
$y=3x+25$
$y=70$이면 $70=3x+25$에서 $x=15$이다.
따라서 15분이 지나서 물의 온도가 70 ℃가 된다.

34 원이 한 개 늘어날 때마다 직사각형의 둘레의 길이가 8 cm씩 늘어난다. 또한 $x=1$일 때 직사각형의 둘레의 길이가 16 cm이므로 x와 y 사이의 관계식은 $y=8x+8$이다.

35 x분 후 물의 양을 y L라 하면
물통 A: $y=2x+10$
물통 B: $y=0.5x+20$
두 물통의 물의 양이 같아지는 것은
$2x+10=0.5x+20$에서 $x=\frac{20}{3}$
따라서 $\frac{20}{3}$분, 즉 6분 40초 후에 물의 양이 같아진다.

36 주어진 그래프의 일차함수의 식은 $y=\frac{2}{5}x-2$이다.
형이 집에서 2 km 떨어진 곳까지 가는데 걸린 시간은 $y=2$일 때 x의 값이므로 $2=\frac{2}{5}x-2$
따라서 $x=10$이고, 형이 집에서 2 km 떨어진 곳에 도달하는 것은 동생이 출발하고 10분 후이다.

37 관객이 1명 늘어날 때마다 성금은 3만 원씩 일정하게 늘어나므로 y는 x의 일차함수이고, 기울기는 3이다. 또한 이미 모금된 성금이 150만 원이므로 x와 y 사이의 관계식은 $y=3x+150$이다.

38 일차방정식 $3x-y+2=0$의 그래프는 일차함수 $y=3x+2$의 그래프와 같다.
② $6\neq8$이므로 점 $(2, 6)$을 지나지 않는다.

39 $y=-\frac{1}{2}x+1$의 그래프와 평행한 그래프의 기울기는 $-\frac{1}{2}$이다. 기울기가 $-\frac{1}{2}$이고, y절편이 -3인 그래프의 식은 $y=-\frac{1}{2}x-3$이므로 $ax+by-6=0$에서 $y=-\frac{1}{2}x-3$의 그래프와 일치한다.
$ax+by-6=0$의 그래프는 $y=-\frac{a}{b}x+\frac{6}{b}$의 그래프와 같으므로 $\frac{6}{b}=-3$에서 $b=-2$이고,
$-\frac{a}{b}=\frac{a}{2}=-\frac{1}{2}$에서 $a=-1$이다.
따라서 $a+b=-1+(-2)=-3$

40 두 일차방정식 $2x-3y-5=0$, $-x+y+4=0$의 그래프의 교점은 연립방정식
$\begin{cases}2x-3y-5=0 & \cdots\cdots ㉠\\ -x+y+4=0 & \cdots\cdots ㉡\end{cases}$의 해와 같다.
㉡에서 $x=y+4$이므로 ㉠에 대입하면
$-y+8-5=0$에서 $y=3$이고, $x=y+4=3+4=7$
따라서 두 그래프의 교점의 좌표는 $(7, 3)$이므로
$a-b=7-3=4$

41 $x-y+a=0$의 그래프와 $x+by+4=0$의 그래프가 모두 점 $(2, -3)$을 지나므로 $x=2$, $y=-3$을 대입하면 $2-(-3)+a=0$에서 $a=-5$이고
$2-3b+4=0$에서 $b=2$이다.
따라서 $a+b=-5+2=-3$

42 두 점을 지나는 직선이 y축에 평행하므로
$a+5=-a+1$
따라서 $a=-2$

43 두 일차방정식 $4x+3y=2$, $2x+y=2$의 그래프의 교점은 연립방정식 $\begin{cases}4x+3y=2\\2x+y=2\end{cases}$의 해이다.
$\begin{cases}4x+3y=2\\2x+y=2\end{cases}$의 해가 $x=2$, $y=-2$이므로 교점의 좌표는 $(2, -2)$이다. 이 점을 지나고 x축에 평행한 직선의 방정식은 $y=-2$이다.

44 두 직선의 교점은 연립방정식 $\begin{cases}3x+7y-1=0\\x+3y+1=0\end{cases}$의 해와 같다. 이 연립방정식의 해가 $x=5$, $y=-2$이므로 교점의 좌표는 $(5, -2)$이다.
또한 일차방정식 $x-5y-1=0$의 그래프는 일차함수 $y=\frac{1}{5}x-\frac{1}{5}$의 그래프와 같으므로 기울기는 $\frac{1}{5}$이다.
따라서 기울기가 $\frac{1}{5}$이고 점 $(5, -2)$를 지나는 직선의 방정식은 $y=\frac{1}{5}x-3$, 즉 $x-5y-15=0$이다.

45 x축에 수직인 직선은 x의 값이 일정하므로 구하는 직선의 방정식은 $x=1$이다.

46 각 일차방정식의 그래프는 직선이다. 두 직선의 교점이 두 개 이상이면 그 직선은 서로 일치하므로
$ax+8y+6=0$의 그래프와 $\frac{1}{2}x-4y+b=0$의 그래프는 일치한다. 각 일차방정식을 일차함수의 식으로 나타내면 $y=-\frac{a}{8}x-\frac{3}{4}$, $y=\frac{1}{8}x+\frac{b}{4}$이므로
각각의 기울기와 y절편이 같다.
따라서 $-\frac{a}{8}=\frac{1}{8}$에서 $a=-1$이고,

$-\frac{3}{4}=\frac{b}{4}$에서 $b=-3$이다.

다른 풀이 $\frac{1}{2}x-4y+b=0$의 양변에 -2를 곱하면

$-x+8y-2b=0$

$-x+8y-2b=0$의 그래프와 $ax+8y+6=0$의 그래프가 일치하므로 $a=-1$, $b=-3$이다.

47 연립방정식 $\begin{cases} ax-3y+12=0 \\ y=\frac{2}{3}x+b \end{cases}$ 의 해가 무수히 많다는 것은 두 일차방정식의 그래프가 같다는 것이다. 각 일차방정식을 일차함수의 식으로 나타내면 $y=\frac{a}{3}x+4$, $y=\frac{2}{3}x+b$이므로 $a=2$, $b=4$이다.

$3ax+y-4b=0$에서 $6x+y-16=0$이므로 이 직선의 기울기는 -6이다.

두 직선 $6x+y-16=0$과 $x+cy=0$은 서로 평행하므로 직선 $x+cy=0$ 즉, $y=-\frac{x}{c}$의 기울기도 -6이다.

따라서 $-\frac{1}{c}=-6$이므로 $c=\frac{1}{6}$

48

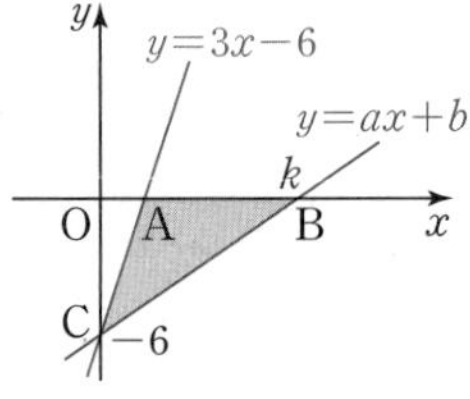

직선 $y=3x-6$이 x축과 만나는 점의 좌표는 $(2, 0)$이고 y절편은 -6이다.

두 직선의 y절편이 같으므로 $b=-6$이다.

직선 $y=ax-6$의 x절편을 k라 하자.

$\triangle ABC=\frac{1}{2}\times\overline{AB}\times 6=3\overline{AB}=30$이고 $\overline{AB}=10$이다. 이때 $a>0$이므로 $k=10+2=12$이다.

즉, 직선 $y=ax-6$이 점 $(12, 0)$을 지나므로

$0=12a-6$, $a=\frac{1}{2}$

따라서 $a+b=\frac{1}{2}-6=-\frac{11}{2}$

49 $x-y-3=0$의 그래프의 y절편은 -3, $2x+y-3=0$의 그래프의 y절편은 3이다.

두 그래프의 교점은 연립방정식 $\begin{cases} x-y-3=0 \\ 2x+y-3=0 \end{cases}$의 해와 같으므로 두 그래프의 교점의 좌표는 $(2, -1)$이다.

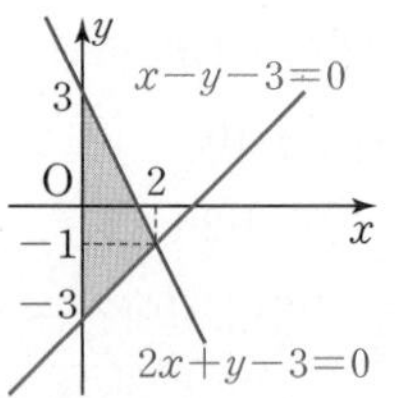

따라서 구하는 도형의 넓이는

$\frac{1}{2}\times 6\times 2=6$

50 직사각형 ABCD의 넓이를 이등분하는 직선은 두 대각선의 교점을 지난다. 이 교점은 두 점 $A(-5, 4)$, $C(-1, 2)$의 중점과 같으므로 교점의 좌표는

$\left(\frac{-5-1}{2}, \frac{4+2}{2}\right)$, 즉 $(-3, 3)$

이 점을 지나고 y절편이 -2인 직선을 그래프로 하는 일차함수의 식을 $y=ax-2$ (a는 상수)로 놓고 $x=-3$, $y=3$을 대입하면

$3=-3a-2$에서 $a=-\frac{5}{3}$

따라서 기울기는 $-\frac{5}{3}$이다.